T0226105

كيمياء الكم ومجموعة الزمر
بين النظرية والتطبيق

بسم الله الرحمن الرحيم

إهداء

إلى

والدى ووالدتى حبا وإعزازا .

المؤلف

كيمياء الكم ومجموعة الزمر
بين النظرية والتطبيق

الأستاذ الدكتور
عبد العليم سليمان أبو المجد
أستاذ الكيمياء الفيزيائية
جامعة الأزهر

2010م

الأكاديمية الحديثة للكتاب الجامعى

الكتاب: كيمياء الكم ومجموعة الزمر بين النظرية والتطبيق
المؤلف: الأستاذ الدكتور عبد العليم سليمان أبو المجد

مراجعة لغوية: قسم النشر بالدار
رقم الطبعة: الأولى
تاريخ الإصدار: 2010 م

حقوق الطبع: محفوظة للناشر

الناشر: الأكاديمية الحديثة للكتاب الجامعى
العنوان: 82 شارع وادى النيل المهندسين ، القاهرة ، مصر
تلفاكس: 561 3034 (00202) 012/1734593
البريد الإليكترونى: J_hindi@hotmail.com
رقم الإيداع: 2010 / 2523
الترقيم الدولى: 9 - 49 - 6149 - 977

تحذير :

المقدمة

يسرني أن أقدم هذا الكتاب إلي المكتبة العربية الزاخرة بعلوم المعرفة بهدف تبسيط العلوم للطالب العربي من المشرق إلي المغرب.

وكتاب كيمياء الكم ومجموعة الزمر بين النظرية والتطبيق الذي يحتوي علي أربعة عشرة بابا ومزودا بالمسائل المحلولة عن كل باب.

وتتضمن مقدمة تاريخية عن كيمياء الكم وتوضح عن مبدأ نشأة علم الكم، كذلك دراسة خواص الأجسام وحركتها في حيز ادني الفراغ، تفسير التركيب الالكتروني للذرة أو الجزئ بالنظريات التي تناولت هذا الموضوع. تناول حركة الأجسام بدءا من نظرية الكم لبلانك، بوهر، هيستبرج.

والعلاقات التي تناولت تلك الدراسة وأيضا تناول الكتاب نظرية المجموعات (الزمر) وأخيرا مسائل أخري غير محلولة يتناولها الكتاب لتكون بمثابة مراجعة لمن يتناوله. وقد آليت أن يكون الكتاب مشتملا علي كل ما هو مفيد لمستوي الطالب والسهلة المنال.

والهدف من هذا الكتاب هو الحصول علي معرفة علمية من نظريات ومعالجات رياضية في كيمياء الكم والطالب في اشد المسيس إلي معرفة التركيب المادي لتلك الذرات والجزئيات.

وفي الختام أتوجه إلي اللـه أن يجعل هذا الكتاب يسرا في العلم وفي التذكير وخير معين لفهم المزيد عن كيمياء الكم في البحوث النظرية والتجريبية مستقبلا.

المؤلف

عبد العليم سليمان أبو المجد

الأستاذ بكلية العلوم جامعة الأزهر - القاهرة

الباب الأول

مقدمة تاريخيه عن كيمياء الكم

التمثيل التنائي الأبعاد والثلاثية الأبعاد لدالة الموجه الكمية ونظرية ميكانيكا الكم الأساسية الفيزيائية ما هي إلا تعديل لنظرية نيوتن الكلاسيكية والتي تطبق علي المادة ذات الأجسام في الميكانيكا وهو ما هو خاص بالجسيم الذري أو ما دونه.

وأما الوصف لميكانيكا الكم فهي المطبقة لوصف اصغر ما دون تلك الكميات السابقة الذكر والي كميات الطاقة المحددة والتي تنبعث سواء أكانت مستمرة أو متقطعة. وعموما يمكن إستخدام مرادف أخر وهو فيزياء الكم أو ميكانيكا الكم غير النسبي.

فما هي إذا ميكانيكا الكم ؟

لتوضيح تلك النظرة عن مبادئ ميكانيكا الكم :

لنفترض أن جسيم له خاصية ويمكن قياسه أو تحديده في مكانين بقيمتين أحدهما في مكان جسيم للمكان (أ) وللمكان (ب) وهذه الخاصية القياسية نلاحظ أن المكان (أ) أو المكان (ب) هو المتوقع كلاسيكيا.

ولكن نظرية الكم تنص عكس ذلك بأن الجسيم يمكن أن يتواجد في المكانين معا وهذا ما لا نستطيع تخيل هذا التصور بواسطة النظريات الكلاسيكية. وهذا الغرابة للشخص العادي عن أهمية الكم حيث إننا نتصور أن عقل أينشتاين شئ ونحن شئ أخر. ولكن أنه نفسه لم يتأمل بان نظرية الكم صحيحة. وعموما عندما نبدأ بالقياس لحالة الجسيم لسوف يتغير من مكانه وليكن المكان أ. وهذا يعني إن تغيرت عملية القياس لحالة الجسيم لنراه في احد المكانين. وإذا لم نحاول التصرف لحالة القياس لظل علي حالته قبل القياس وهما المكانين معا. انظر إلي ما في حولك من أشياء. لنفرض انك بعيد عن موقف معين ولك أن تتخيل موقف أو مكان لشخص ما في أي مكان وفي أي اتجاه ولك

أن تتخيله في أي مكان وزمان معا. ولكن التأكد للمكان والزمان معا ربما يكون منعدم. وذلك ربما نصف أو تتخيل لشخص أخر معك له مكان الشخص الأخر الذي لا يعرفه هو ولكن هو نوع من التصور. ولكن بناءا علي نظرية ميكانيكا الكم فهذا لا يجدي. فإذا حاولت تصور وقياس المكان فلسوف أغير الموقف وهذا غير معقول. حيث لربما يكون المكان تتغير في كذا اتجاه للشخص الأخر الموصوف.

لذا فان ميكانيكا الكم لتصف مثل تلك الأمور بإحداثيات كثيرة وليست من بعدا واحد فقط لذا تلك التخيلات ربما تكون أعدادا تخيلية أو ربما تربيع تلك الأعداد التي تؤدي في لحظة قياسية لوجود المكان. وهذا يعني إن الاحتمالات كثيرة ولربما تصف المكان بأكثر من إحداثي وهذا ما نريد أن تصفه لأحد الأشخاص مثلا لزيارة منزلك وهو لا يعرفه بل تقول له أمامك خلفك علي جانبك كذا وكذا. وهو ما يكون مربع القياس وهذا فعلا ميكانيكا الكم. تلك الإحداثيات كثيرا ما تعرف بالدالة الموجية للجسيم.

التطور التاريخي لميكانيكا الكم :

بدأ هذا التاريخ من عام 1900 لبحث قدم بواسطة ماكس بلانك عن الطيف الضوئي الصادر عن الجسم الأسود الساخن حتى حالة التوهج، حيث وصفها بالطاقة الصادرة هذه الطاقة إنما تصدر علي هيئة وحدات- لكميات محددة وعرفت بالكوانتا quanta كمه وذلك في عام 1900.

بينما في 1905 بحث اينشتاين عن الظاهرة الكهرومغناطيسية التي تنص "علي أن الأشعة الكهرومغناطيسية تنتقل في الجو علي هيئة صفائح لكتل عرفت بالفوتونات Photons."

ثم في عام 1913 اصدر بوهر (فيلر بوهر) تجربته عن الذرة التي نص "أن الالكترونات تدور في أفلاك تلك الالكترونات ثابتة الطاقة ما لم

تتغير من مكانها لفقد تلك الطاقة أو اكتسابها، وسميت أيضا فوتونات".

كما بين لويس في 1923 بإقتراح "أن الالكترونات وغيرها من الجسيمات المتناهية علي حد الاقتراح تسلك مسلكا تشبه الموجات المستقرة". ثم قدم باولي أطروحوه وهي مبدأ عدم التأكد والذي ينص علي أنه لا يمكن لأي جسيمين لهما نفس الحالة الكمية أن يتواجدا في المستوي الطاقي الكمي نفسه ومن ناحية أخري قدم شرودنجر عالم الرياضيات وصفا رياضيا لمعادلة ميكانيكا الكم وذلك في عام 1926 وفي عام 1927 تناول هيزنبرج اقتراحا وهو مبدأ عدم التأكد ثم طور مع ماكس بورن وبسكال جوردان صياغة ربما تكون مكافئه لمعادلة شرودنجر.

وفي عام 1928 بدأ التقدم والوصف لمعادلة ميكانيكا الكم والإكتشافات حيث قدم بول ديراك تلك المعادلة التي تأخذ النسبية وسيمت بمعادلة الإلكترون مع الأخذ في الاعتبار قيمة الدوران أو اللف وفي عام 1932 تم اكتشاف الإلكترون المضاد ولنا أن نتخيل أن النواة والتي كان من المفترض أنها تحتوي علي بروتون ونيوترون فقط بل ظهر فيها لأكثر من 30 جسيما أخر (الكيمياء النووية والإشعاعية- دار الرشد للمؤلف) ثم في عام 1947 (ظهرت نظرية المجال الكمية) بواسطة فاين مان وآخرين من العلماء، والتي بها تم حساب التفاعلات بين الفوتونات والالكترونات بصورة دقيقة. ثم بدأت نظرية أخري والتي تعرف بنظرية الكوارك بواسطة موراي جيلمان 1964 لتفسير البناء الداخلي للذرة. ثم ظهرت نظرية التوحد بين القوة الكهرومغناطيسية والقوة النووية الطيفية في عام 1969 بواسطة عبد السلام وفينبرج. وأخيرا في 22 ابريل 1994 تم اكتشاف أخر للكوارك والذي من المفترض وجوده في بناء الذرة (كوارك القمة) بل وصلت فيما بعد إلي

سبعمائة جسيم أخر. حسب النموذج المعياري لذرة. فبينما نتأمل إشكالية الجسيم الأسود، وهو جسيم يمتص الإشعاع الساقط عليه كاملا ليعيد مرة أخري الإشعاع علي هيئة طاقة وهذه الطاقة فشلت كل المحاولات المستندة علي الميكانيكا الكلاسيك في توصيف هذا الإشعاع عند الترددات العالية، حيث وجد انحرافا كبيرا عن المتوقع وهذا ما عرف بعد ذلك باسم الكارثة البنفسجية الفوقية.

لذا نجد أن ماكس افترض فكرة التنبؤ بتناقص الدورات العالية التردد لإشعاع الجسم الأسود، وهذا الافتراض ينص " علي إن الاهتزازات الكهرومغناطيسية إنما تصدر علي هيئة كموم، وبالنص القانوني أي أن $E = h\nu$، حيث E طاقة الكم، h ثابت بلانك، ν تعبر عن التردد.

وحين يؤكد نيوتن أن طبيعة الضوء جسيم بمعني أنه مؤلف من جسيمات صغيرة، وأيدته العديد من التجارب ونجد من ناحية أخري يانج Young يؤكد إن الضوء ذو طبيعة موجية من ناحية التداخل الضوئي. ثم لويس مرة أخري الذي ينظر إلي جسيمات المادة يمكن أن تسلك الشكل الموجي في بعض الأحيان واقترح معادلة هو الآخر والتي تشبه معادلة بلانك $\lambda = \dfrac{h}{p}$ حيث p العزم، λ الطول الموجي.

ومن هنا بدأت الأمور تتكشف لملامح صورة جديدة للكون تتداخل فيه الجسيمات والوسط المهتز، بحيث يصعب التعرف والتمييز بينهما، حيث إن تلك الأمور مهدت الطريق لظهور ميكانيكا الكم بنظرية نيلز بوهر الشهيرة الذرية والتي لا تسمح للاندفاع الزاوي بأخذ قيم سوي المضاعفات الصحيحة للقيمة بالقانون $L = n.h = n\dfrac{h}{2\pi}$ حيث L قيم الإندفاع الزاوي، n عدد صحيح، وعليه فقد ظهرت مستويات الطاقة أو الأفلاك علما بان $p = m.v$ العزم. ثم بعد ذلك بدأت الأمور تعطي

انطباعا آخر عندما قدم هينزيبنرج - ميكانيكا المصفوفات Matrix Mechanics وتوجد نظريات عديدة انتهت بنظرية التحويل Theory Transformation

وإذا كانت الصورة الموجودة في الأذهان عن الذرة ما هي إلا أفلاك حاملة بمجموعة من الالكترونات تدور حول نواه موجبه الشحنة، فهذه الصورة قد تلاشت من عام 1970 حيث بدأت هذه الفكرة تتلاشي لتظهر صورة أخري للاماكن الأكثر احتمالا لوجود الإلكترون مثلا في ذرة (H) حيث تكون النواة في مركز الشكل، لكل مخطط مثلا. شكل (1)

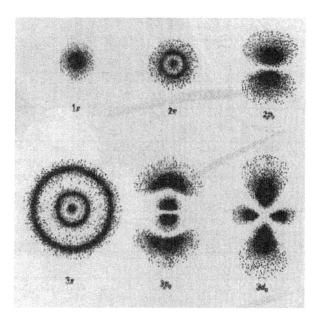

شكل (*1*) شكل الذرة العام

إذا ما أهمية ميكانيكا الكم ؟

توجد بعض الأمور تستطيع ميكانيكا الكم إن تصفها، بينما النظرية الكلاسيكية الفيزيائية لا تستطيع وصفها ومن بين تلك الأمور هي:

1-عدم اتصال الطاقة.

2-الازدواجية الموجية والجسمية للضوء والمادة.

3-النفق الكمي.

4-مبدأ الشك لهيزينبرج.

5-الغزل.

أولا: عدم اتصال الطاقة :

من البديهيات بالنظر إلي طيف صادر من لمبة صوديوم لضوء اصفر -برتقالي أو لضوء ابيض مزرق -بخار الزئبق. بشرط عملية النظر حصرها في فتحة ضيقة بالعين وليست بفتحة العين كاملة نلاحظ وجود الضوء الصادر مكون من خطوط مفرده الألوان ومختلفة. هذه الخطوط منفصلة وهذا يمثل مستويات لطاقة الالكترونات لتلك الذرات المختلفة المثارة..

وهذا يدل علي أن الإلكترون عندما ينتقل من مدار إلي مدار أعلي فعليه إكتساب لطاقة، وعندما ينتقل من مدار إلي مدار أعلي فعلية إكتساب لطاقة وعندما ينتقل من مدار إلي مدار ادني فانه يفقد تلك الطاقة علي هيئة إشعاعات فوتونية مطابقة للفرق بين هذين المستويين. وكلما كان الفرق في الطاقة كبيرا كلما كان الضوء (الفوتونات) نشط واقترب لونه من النهاية البنفسجية من الطيف.

وإذا كانت الفوتونات مقيده في مستويات طاقة منفصلة، فان طيف الذرة المثارة ستعطي ألوانا متصلة من الأحمر إلي البنفسجي بلا خطوط مفردة. فالمصباح ذو الدرجة 4401751115 واط له أن يعطي هذه القيم فقط، وعندما تنتقل من وضع إلي وضع آخر يليه، فان القدرة تنقل إلي الوضع الآخر مباشرة بدون اللجوء للانتقال التدريجي شكل (2)، شكل (3).

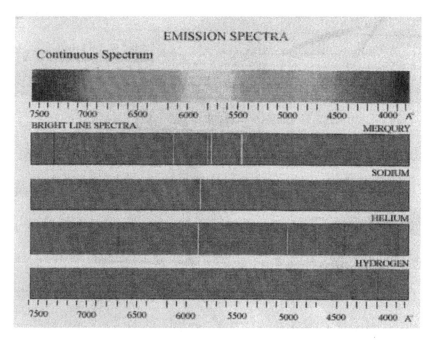

يبين مستويات الطاقة واكتسابه لكمية من الطاقة وانبعاث الإشعاعات عند العودة

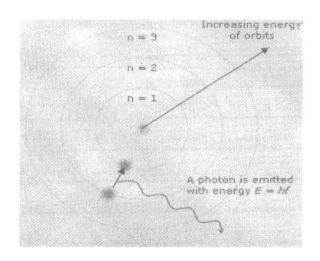

شكل (3)

يظهر مدي انتقال الإلكترون من مدار واكتسابه لكمية الطاقة وانبعاث الإشعاعات عند العودة

ثانيا: الازدواجية :

ففي عام 1690 توجد نظرية وهي أن الضوء مؤلف من موجات بواسطة كريستان هايجنز، ولكن نيوتن في عام 1704 وضح أن الضوء مؤلف من جسيمات صغيرة. وكلا النظريتين مدعمتا بالتجارب. ولكن كلاهما لم يفسرا الظواهر المرتبطة بالضوء. ومن هنا بدأت فكرة الإرتباط بينهما، ففي عام 1923 افترض لويس دي برولي إن الجسيم المادي يمكن إن يظهر له خصائص موجية، كما انه في 1927 ظهرت نظرية بواسطة دينيسون وجيرمر إن الالكترونات تتصرف بحق مثل تلك الموجه ولكن عند ظروف معينه.

وهذا ما نلاحظ لجسيم ما إن يكون ماديا أو موجه في نفس اللحظة ولكن متى يكون ذلك؟

فلنا أن نقول ليس من المعتقد أن الضوء عبارة عن سيل من الجسيمات تتحرك في أي اتجاه بطريقة موجية، ولكن ربما في الحقيقة أن الضوء والمادة عبارة عن جسيمات، وما يكون موجيا هو إحتمال أن يكون جسيما.

ثالثا: الانفاق الكمية :

وهذه الظاهرة التي يمكن أن تتضح من ميكانيكا الكم وبدون هذه الظاهرة ما كانت لرقائق الكومبيوتر في الظهور، وربما كان الكمبيوتر الشخصي مثلا بحجم غرفة مثلا، وعموما من المحتمل فالموجه ربما تعين الجسيم. وعندما يتلاقي هذا الاحتمال أي حاجز لطاقة فان معظم الموجه سوف يرتد منعكسا تاركا فجوه سوداء، ولكن جزء صغير سوف يخترق خلال الحاجز معتمدا علي سمك الحاجز، حتى ولو كان الجسيم يمتلك لطاقة كافية لإجتياز الحاجز، إذا ستكون هناك احتماليه إن يخترق نفقيا من خلال الحاجز. ولنا أن نتخيل وجود كره من أي مادة وتقذف بسرعة معتدلة علي حائط فإنها لا تمكث أن ترتد

ولكن إذا تصورت كرة من الطين لازب وقذفت بسرعة عالية فإنها لا تمكث أن تخترن الحائط حادثة فجوه بدون التأثير علي الحائط وما شأنك في إلكترون الذي يسير بسرعة ضخمة وهائلة فان النفق حادث لا محالة.

رابعا: مبدأ الشك لهيسنبرج :

من المعلوم القياسات العينية شئ مألوف أي التي تري بالعين. فمثلا بناءا معينا يمكن للقياس أن يقيس هذا المبني بشئ من الدقة طولا وعرضا وارتفاعا. ومهما يكن المقياس الذري لميكانيكا الكم، عملية القياس حساسة جدا ولنفترض معرفة مكان الإلكترون في مداره ولمعرفة ذلك يجب أن تكون السرعة اكبر من الحد المسموح لسرعة الإلكترون أو أنك تحضر شيئا ما ذات قدرة عالية لمعرفة مكان الإلكترون وليكن ميكروسكوبا عملاقا. وآيا كانت الوسيلة فان عملية البحث سوف تعتمد علي الضوء الساقط والذي هو مكون من فوتونات، وهي تمتلك قدرا كافيا من كمية التحرك الزخم ما إن تلاقيه ستغير مساره. فكان هيزنبرج أول من أدرك أن بعض الأزواج من القياسات تحوي في جوهرها شكا (لا حقيقة حتمية) تشترك معها. لأننا لو كان لدينا شيئا ما معلوما الموقع لدرجة معينه، فستكون لديك فكرة غير مؤكدة عن مدي تلك السرعة، وأننا لا نلاحظ ذلك في حياتنا العملية العادية لذا فان ميكانيكا الكم تنص علي "انه من المستحيل الحصول علي تلك القياسات تماما" وان مبدأ الشك لهيزنبرج هو حقيقة طبيعية حيث في ضوء تلك المفاهيم من المستحيل بناء أداه قياس تصل إلي الدقة المطلوبة.

خامسا: غزل الجسيم (الدوران المغزلي للجسيم) :

أدت تجربة أجريت بواسطة اوتوستيرن ووالترجيرللاك عام 1922 إلي نتائج لا تفسر بالطريقة التقليدية الفيزيائية وتدل علي أن الجسيمات

الذرية لها كمية حركة زاوية، وتلك الحركة لها طاقة كمية، وتأخذ قيما منفصلة معينه فقط. فمن المهم أن نعلم أن غزلية الجسيم الذري ليست القياس لكيفية الغزل وخصوصا لجسيم صغير في صغر الإلكترون والذي يدور حول المحور أم ساكن.

فالتصوير بواسطة الرنين المغناطيسي تستلهم حقيقة أنه تحت شروط معينه فان غزل نويات مثلا الإيدروجين يمكن أن تنقلب من حالة إلي حالة أخري. وبالتالي يمكن لنا قياس تكوين صورة لموقع الإيدروجين في الجسم كجزء أساسي من الماء.

نظرية الكم لبلانك :

افترض بلانك أن متوسط الطاقة الكلية للموجه الموقوفة تعتمد علي تردد الموجه، وان الطاقة الكلية للموجه الموقوفة لها أن تأخذ قيما منفصلة وليست قيما متصلة" (Continuous) (Discrete) كما تفرضه الفيزياء الكلاسيكية.

وقد افترض بلانك أن قيم الطاقة الممكنة تأخذ صورا منفصلة ومنتظمة لنأخذ الشكل التالي:

$$E = O \ , \ \Delta E, \ 2\Delta E, \ 3\Delta E, 4\Delta E, \ldots\ldots$$

و ΔE تمثل الفرق في الطاقة بين القيم المتتالية المسموحه والفرض كالتالي:

$$\Delta E = h v$$

(1) -1

h ثابت بلانك مساويا المقدار $6.63 \times 10^{-34} \ JS$ وتصبح قيم الطاقة المنفصلة للأمواج الموقوفة علي الصورة التالية شكل (4)

$$E = O, h v, \ 2h v, \ 3h v, 4h v, \ldots\ldots$$

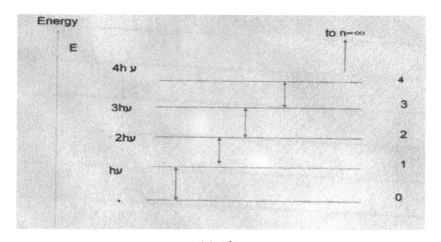

3
2
1

شكل (4)

قيمة الطاقة من مدار إلي مدار أخر

كما يمكن لتلك الاهتزازات التوافقية أن تصور أشعة كهرومغناطيسية محددة القيمة، بناءا علي عملية الانتقال من مدار إلي مدار أخر للاكتساب وللفقد بناءا عل شكل الانتقال من أدني إلي أعلي اكتساب والعكس من ادني إشعاع لطاقة. وبناءا علي ذلك فان (n) تعني مستويات الأفلاك .... ,1, 2, 3, 4 وهو عدد صحيح لمستوي الطاقة ويعرف بفرض الكم لبلانك Plank's quantum theory ومن العلاقة إذا:

$$E_n = nh\nu$$ 1- (2)

فمثلا إذا حدث الانتقال من 1 وحتى 5 فان الفرق إذا هو 4 بمعني $4h\nu$ وبالتالي توصل بلانك إلي قانون لتوزيع كثافة الطاقة للجسيم الأسود كدالة في طول الموجه الصادر علي هيئة إشعاعات كهرومغناطيسية علي النحو :

$$u(\lambda)d\lambda = \frac{8\pi hc}{\lambda 5} \cdot \frac{1}{hc/\lambda kT - 1} d\lambda$$ 1- (3)

وكما هو ملاحظ انتقال تطبيق القانون مع نتائج القياسات المعملية لطيف الجسم الأسود شكل (5)

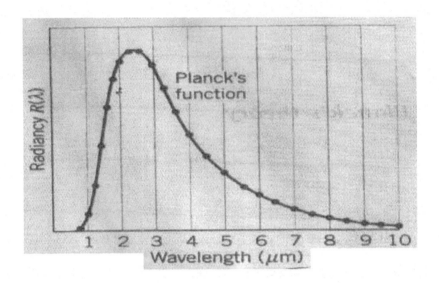

شكل (5) يبين ثوابت بلانك المطابقة للنتائج الملاحظة تماما

مقدمة في كيمياء الكم :

الأشعة الكهرومغناطيسية : lectromagnetic Radiation

الدراسة عن الكهربية المغناطيسية الإشعاعية، فصفاتها وتفاعلاتها مع المادة مدخلا مهما لكيمياء الكم، فدراسة بلانك تعتبر الأساس لطاقة الكم، والتحليل الطيفي الذري من ناحية إكتساب طاقة أو فقد تلك الطاقة علي هيئة إشعاع لدراسة تقدمت بواسطة نيلز بوهر ونظريته مقبولة عن ذرة الهيدروجين والتي أدت إلي معلومات تفسيريه حول التركيب الذري والجزيئات بناءا علي الكهربية الإشعاعية المغناطيسية.

فالمعلومات المجردة والتي كلها تقريبا معلومة لدينا مثل موجات الراديو، الطاقة التي تصلنا من الشمس إنما تصل لجميع الكواكب الاخري علي شكل إشعاع.

وعندما نناقش الإشعاع الكهرومغناطيسي من ناحية الموجة وعندنا الكثير من نوعية الموجات وحركة الموجه علي شاطئ البحر، انخضاع خيوط الكمان، النغمات الواصلة إلينا عن طريق الموجات الصوتية كل تلك الموجات متضمنة لحركة واحدة وهي حركة الذبذبة وتتميز بواسطة السعة (التردد) طول الموجه، حركة الموجات خلال الفراغ، سرعة التعاقب كل تلك الذبذبات متعلقة بصيغه لمعادلة.

$$C = \lambda v \qquad 1\text{-}\ (4)$$

حيث λ طول الموجة (المسافة الفراغية بين المواضع علي الموجات المتعاقبة)، γ التردد (عدد الأطوال الموجية التي تمر علي المرقب (المنظار- العداد) لكل دورة زمنيه، C سرعة الموجات المتعاقبة.

لنأخذ أنواعا معلومة لدينا مثل موجات الراديو، الضوء المرئي، أشعة اكس علي أساس لهم نفس الظواهر ولكن مختلفة فقط في طول الموجة أو التردد وذلك للكشف عن الإشعاع الكهرومغناطيسي. والسرعة إنما تؤخذ علي أنها حالة ثابتة أو من الثوابت الأساسية في الطبيعة وتؤخذ علي مقياس سرعة الضوء في الفراغ وهي :

$$C = 2.99782250 \times 10^{8}\ m\,Sec^{-1}$$

$$\approx 3 \times 10^{10}\ Cm\,Sec^{-1}$$

انظر الجدول (1)

يبين الطيف الكهرومغناطيسي يقابله التردد والطول الموجي.

المدى	التردد	الطول الموجي
1- الراديو	$\gamma = 1\times10^{5}\ H$	$\lambda = 3\times10^{3}\ m$
2- موجة كهرومغناطيسية صغيرة	$\gamma = 3\times10^{9}\ H$	$\lambda \approx 1m$
3- تحت الحمراء	$\gamma = 3\times10^{13}\ H$	$\lambda \approx 1\times 10_{-5}\ m$
4- الضوء المرئي	$\gamma = 3.75\times10^{14}\ H$	$\lambda = 8\times10^{-7}\ m$
	$\gamma = 7.5\times10^{14}\ H$	$\lambda = 4\times10^{-7}\ m$
5- فوق البنفسجية	$\gamma = 1.5\times10^{15}\ H$	$\lambda = 2\times10^{-7}\ m$
6- فوق البنفسجية الفراغي	$\gamma = 3\times10^{15}\ H$	$\lambda = 1\times10^{-7}\ m$
7- أشعة اكس	$\gamma = 3\times10^{18}\ H$	$\lambda = 1\times10^{-10}\ m$
8- أشعة جاما	$\gamma = 3\times10^{20}\ H$	$\lambda = 1\times10^{-7}\ m$

أشعة الجسم الأسود Black body radiation

من المعلوم بان الجسم الأسود هو الذي يمتص أو يشع كل الترددات الكهرومغناطيسية فالانبعاث الحراري الناتج يمكن التعرف عليه بواسطة فرن مغلق. وقد تجري تلك التجارب عن الانبعاث الحراري بواسطة فتحة ضيقة من الفرن. ونفترض كمية طاقة مستمدة من دراسة كثافة الطاقة المنبعثة من الجسم الأسود، عند درجة حرارة معينه كدالة للتردد أو الطول الموجي للإشعاع، وعليه يمكن تعيين الكثافة لتلك الطاقة بواسطة العلاقة الآتية:

$$\rho = \frac{4}{C} E \qquad 1-(5)$$

E قوة الطاقة المنبعثة، C سرعة الضوء. وحدات الطاقة (الطاقة لكل وحدة مساحة لكل وحدة زمن) ρ كثافة الطاقة، من العلاقة الآتية

$$\rho_v = \frac{4\Pi}{C} \beta_v \qquad 1-(6)$$

حيث β قوة الانطلاق (الانبعاث) لكل وحدة تردد (H_Z) وهي تساوي دورة لكل ثانية لتردد (v) لكل متر لكل تدريج (زاوية قائمة) لكل ثانية في الاتجاه العمودي علي سطح الجسم الأسود والقيم E, β_V, ρ وكذلك ρ_V دوال للحرارة، ρ مساوية للتكامل $\left(\int \rho_v \, d_v\right)$ انظر الشكل (6) وخلال الفترة الأخيرة من القرن التاسع عشر، تناول مجموعة لتفسير شدة الطاقة نظريا، منهم استيفان-بولتزمان Stephan-Boltzmann حيث نصا علي أن مجموع الطاقة المنبعثة من الجسم الأسود تتناسب طرديا للأس الرابع لدرجة الحرارة المطلقة بالقانون:

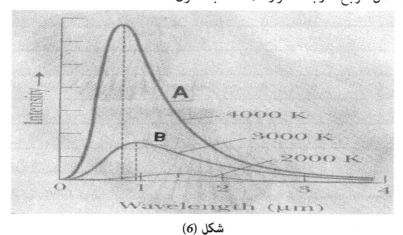

1

شكل (6)

يبين Pv مقابل v عند A ، B لدرجات حرارة عالية الاخري منخفضة مثلا

$$E = \sigma T^4 \qquad 1\text{- }(7)$$

وأن σ – ثابت التناسب. وهذا يعطي مساحة المنحني وفيما بعد أدت معالجة ناجحة جزئيا عن التردد بواسطة وين Wien – 1896، معرفا تماثليه الشكل ρ_V بمنحين توزيع سرعات جزئ الغاز وافترض القانون

$$\rho_v = \alpha v^3 \; e^{-Bv/T} \qquad 1\text{- }(8)$$

كما نص أن كثافة الطاقة تكون اكبر ما يمكن عند اعلي درجة حرارة للجسم الأسود ووضع علاقة تجريبية.

$$T.\lambda_{\max} = b \qquad 1\text{- }(9)$$

حيث b مقدار ثابت بقيمة : $b = 2.898 \times 10^{-3}\ mK$

ويعرف هذا القانون "بقانون الإزاحة" Displacement law وأما ثابت ستيفان-بولتزمان علي النحو: $\sigma = 5.67 \times 10^{-8} \quad W / m^2 K^4$

ومن الملاحظ من الشكل (7) (β, α) ثوابت المتوافقة للثوابت (σ, b).

ثم تناول ريلبغ لتعريف بعض الأخطاء في قانون وين، ثم اجري جي. اتش جينز تصحيحات أخري إلي نتائج ريليغ بالعلاقة :

Lord Ray leigh & J. H- jeans

$$\rho_v = \frac{8\pi \upsilon^2 \, KT}{C^3} \qquad 1\text{- }(10)$$

قانون ريليغ - جينز ثم انظر الشكل الذي يبين التطابق

حيث K ثابت بولتزمان والصيغة الأخيرة أعطت تطابقا ممتازا عند ترددات منخفضة (طول موجه طويلة) ولكن دون المستوي عند ترددات عالية، لتزداد باستمرار مع زيادة التردد انظر شكل (8) .

وفي عام 1900 توصل ماكس بلانك لمعادلة مطبقة تماما علي المنحني بالعلاقة :

$$P_v = \frac{8\pi \upsilon^3}{C^3} \frac{h}{\exp^{(hv/kT-1)}} \qquad 1\text{- }(11)$$

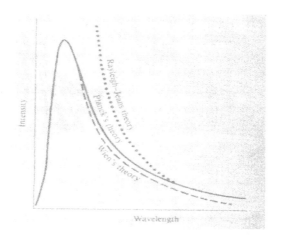

شكل (7) يبين المقارنة بين وين وجينز، لبلانك والتي تتبع التجربة

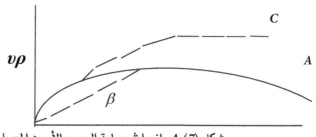

شكل (7) A انبعاث حرارة الجسم الأسود المعملي

مقارنة مع قانون إزاحة وين (β) وقانون جينز (C)

وهذه المعادلة اشتقت لملائمة المنحني، حيث قاس بلانك في دراسته عند تغير المنحني أي عند ترددات عالية ومنخفضة، والمشكلة هنا كيف يكون الربط بينهما. حيث ادخل ثابت أخر بـ h – ثابت بلانك بالقيمة 6.55×10^{-27} ارج ثانية، والمشتقة من جداول الجسم الأسود وهو قريب للقيمة الحديثة 6.626×10^{-27} ارج ثانية أو 6.626×10^{-34} جول ثانية.. وأفضل ميزه للنتيجة ليست في المعادلة ذاتها، لكن الحقيقة إن هذا الاشتقاق يتطلب أن v- التردد لا يكون مستمرا، وعلي الأصح يكون منفصلا وهذا فرض أو بقيمة مكممة. وعليه فان hv تأخذ وحدات طاقة مكممة، كما إن العديد من العلماء بينوا اشتمال ثابت بلانك ما

هو إلا صناعة حسابية أخذت الخطأ والصواب trial and error بدون معني فيزيائي.

وعلي أي حال في 1905 تناول اينشتاين تأثير الضوء الكهربي، كما تناول ديباي السعة الحرارية للأصلاب وتغلبت علي معظم الشكوك. وظهرت هذين الظاهرتين ليستا مرتبطة لمشكلة إشعاع الجسم الأسود، وفوق ذلك كلاهما فسرتا إدخال الطاقة الكمية (المكممه) للنظريات. احد المنحنيات يطابق الطاقة المكممه التي تظهر ربما صناعية. علي أي حال هو التفسير النظري للظواهر الثلاثة (بلانك، اينشتاين، ديباي) يتطلب التكمم، التي يجب امتلاكها لمعني فيزيائي.

ولنا الآن التصور للكمية للطاقة بالمعادلة (1) الآتية كما يلي:

$$E = h\nu \qquad (1)\ 1 - 1$$

وهذه المعادلة حقيقية راسخة في العلوم الحديثة ففي ضوء المعادلة الأخيرة، تعتبر الترددات المطابقة لبعض وحدات الطاقة والشائعة.

1ev/molecule = 2.41805×10^{14} Hz = 8.06573×10^{3} Cm^{-1}

1erg/molecule = 1.50931×10^{26} Hz = 5.03451×10^{15} Cm^{-1}

1J/molecule = 1.50931×10^{33} Hz = 5.03451×10^{22} Cm^{-1}

1Kcal/molecule = 1.04855×10^{13} Hz= 3.49758×10^{2} Cm^{-1}

ففي المعادل (1) نستخدم وحدة سم$^{1-}$ مثل Hz- هرتز هذه الإعداد تطابق الطاقات المعبرة في أعداد الموجه، والتردد مساويا - C/λ سهم للكيميائيين، العدد الموجي

$\bar{\upsilon}$ - الذي يعين بالعلاقة $1/\lambda$ ووحداته سم$^{1-}$

مثال : احسب كمية الطاقة المنطلقة من داخل فتحة حجمها 1سم^{3} له الطول الموجي الأتي:

1- ضوء أصفر 550- 575 nm
2- دون الحمراء 1000- 1025 nm

الحل

1- متوسط الطول الموجي - 562.5, $d\lambda = 25\,nm$ الفرق بينهما. بالتعويض في معادلة بلانك لقانون التوزيع :

$$U(\lambda)\, d\lambda = \frac{8\pi\, hc}{\lambda^5} \, \frac{1}{e^{hc/\lambda kT - 1}} d\lambda$$

والتي يمكن كتابتها في الصورة :

$$= \frac{8\pi\, hc}{\lambda^5} \, \frac{e^{-hc/\lambda kT}}{1 - e^{-hc/\lambda kT}}$$

وبالتعويض بالقيم :

$$\pi = 22/7, \quad h = 6.626 \times 10^{-34}\ JS \ ، \ C = 2.998 \times 10^8\ ms$$

بولتزمان $\lambda = (562.5 \times 10^{-9}\ m)^5 ، \ TK = 1500,\ K = 1.38 \times 10^{-23}$

$$,\ d\lambda = 25 \times 10^{-9}$$

وعند2-نجد متوسط الطول الموجي $d\lambda = 25nm, 1012.5nm$ وبمقارنـة القـيم الخارجـة من الناتج الحسابي نجد إن (2) اكبر من (1) بالمقدار 10^3 المصاحبة في الضوء الأصفر.

نظرية بوهر (بور): Boher theory

أبسط الذرات علي الإطلاق ألا وهي ذرة الايدورجين. ولطيف تلك الذرة تقريبا ما يكون شبيها للذرات الاخري، مكونه خطوط طيف حادة واضحة، مبينة الإمتصاص أو الانبعاث للإشعاع الكهرومغناطيسي من إنتقال الإلكترون المفرد وتحركه بين المدارات السبعة عند ترددات محدده حيث يوجد فقط أربعه خطوط في المنطقة المرئية، وهي:

$$6.17 \times 10^{14}\ Hz - 2.06 \times 10^4\ Cm ، \ 4.57 \times 10^{14}\ Hz - 1.52 \times 10^4\ Cm^{-1}$$

$$7.32 \times 10^{14}\ Hz - 2.44 \times 10^4\ Cm^{-1} ، \ 6.91 \times 10^{14}\ Hz - 2.30 \times 10^4\ Cm^{-1}$$

وهذه السلسلة التي تعرف بسلسلة بالمر Balmer Series وتطبق بالعلاقة :

$$\bar{v} = R\left(\frac{1}{4} - \frac{1}{2^2}\right) \qquad 1\text{-}\ (12)$$

حيث (n) تمثل رقم الأغلفة والتي تكون اكبر من (2) وهي قيم صحيحة ثابتة 3،4 وهكذا،R-ثابت ريدبيرج Rydberg Constant

تلك السلسلة تعرف بسلسلة باشن Baschen Series والتي تقع في منطقة دون الحمراء والأشعة الحمراء، وتطبق علي النحو:

$$\bar{v} = R\left(\frac{1}{9} - \frac{1}{n^2}\right) \qquad 1\text{-}\ (13)$$

n أكبر من الغلاف رقم 3 لمثل تلك الأطياف فسرت بواسطة النظرية البسيطة, وقد صدرت معادلة بواسطة نيلز بوهر في عام 1913. (أتم رسالته في 1911 ثم ذهب إلي كمبردج للعمل مع طوسون J. J. Tomson وعارض طوسون في النموذج الخاص به عن الذرة ثم ترك كمبردج للعمل مع رازرفورد في مانشستر Ratherford – Manchester حيث إن الأخير يري الذرة مكونة من كتلة صغيرة نسبيا لنواه شحنه موجبة محاطة بأجسام أخري سالبة وضعيفة جدا وسماها الإلكترون.

وقد اقترح رازر بأن الذرة عبارة عن مدارات لنموذج مسطح من حيث إن تلك الالكترونات تدور حول النواة لمدارات محدده، بما يشبه الكواكب حول الشمس. وتلك الحركة افترضها مثل قوة الطرد المركزية في حركة دوران الإلكترون والمتزنة بواسطة التجارب الكهراستاتيكي فيما بين النواة الموجبة والالكترونات السالبة. (لمؤلف كتاب أساسيات الكيمياء الفيزيائيه).

$$\text{Negative of electrostatic force} = \frac{,\ Ze^9}{r^2}$$

حيث Z-شحنة النواة، e-شحنة الإلكترون، r-نصف قطر المدار، m-كتلة الإلكترون، V-سرعة الدوران. وبما إن قوة الطرد المركزية = قوة التجاذب الكهرواستايكي أي أن:

$$\frac{Ze^2}{r^2} = \frac{mv^2}{r}$$

ونحن نعلم أن الطاقة يمكن التعبير عنها بالمجموع للطاقة الحركية (طاقة الوضع-T)

و(الطاقة الحركية بالمقدار - $\frac{1}{2}mv^2$) وبالنسبة لإلكترون واحد فان طاقة الوضع هي

$\frac{Ze^2}{r^2}$ لنحصل علي :

$$E = T + V = \frac{1}{2}mv^2 - \frac{Ze^2}{r} \qquad 1\text{-}\ (14)$$

ونعلم أن :

$$\frac{Ze^2}{r} = mv^2$$

وبالتعويض لنحصل :

$$E = -\frac{1}{2}mv^2 = -\frac{Ze^2}{2r} \qquad 1\text{-}\ (15)$$

لنجد:

$$E = -T = \frac{1}{2}v \qquad 1\text{-}\ (16)$$

وتعرف بالمعادلة للميكانيكا الكلاسيكية. تلك البراهين تعتبر تطبيقها للكواكب الشمسية مع قوة الجاذبية الأرضية جيدة.

ولكن مع التطبيق علي انويه والكترونات صغيرة الحجم بالإضافة إلي الشخصيات الموجبة والسالبة يوجد خطأ. كما أن الديناميكا الكهربية تقودنا علي أن حركة الشحنات المتواجدة في مدار دائري تشع طاقة، لذا ففي نموذج رازر، فان الإلكترون سوف يفقد جزء من الطاقة أثناء الدوران وبطريقة مستمرة، الأمر الذي يجعله يقل تدريجيا وفي النهاية يصل إلي قلب الذرة- النواة. وبالنسبة لذره الأيدروجين، الدوران لها بالقيمة 10^{-8} Sec. وهذا مضاد للحقيقة أن الذرة ثابتة وموجودة.

بعد تلك الفترة عاد إلي الوطن الدنمارك Denmark واصدر بوهر الجزء المفقود إلي نظريته لذره الأيدروجين وهذا الافتراض هو العزم الزاوي $\overline{\mathrm{P}}\phi$.

$$P\phi = mvr = \frac{nh}{2\pi} \qquad 1\text{- } (17)$$

حيث n- عدد صحيح والمعادلة الأخيرة ستحل لنصف القطر (r) لتعطي :

$$r = \frac{nh}{2\pi\, mv} \qquad 1\text{- } (18)$$

وبالتعويض في المعادلة عند قيمة (r) لنحصل علي :

$$mv^2 = \frac{2\pi\, ze^2 mv}{nh} \qquad 1\text{- } (19)$$

من المعادلة : $\frac{ze^2}{r} = mv^2$

$$v = \frac{2\pi\, ze^2}{nh} \qquad 1\text{- } (20)$$

وبحل المعادلة (v) للمعادلة عن قيمة (r) السابقة لنحصل علي الثوابت الأساسية والعدد الصحيح (n)

$$r = \frac{n^2 h^2}{4\pi^2\, ze^2 m} \qquad 1\text{- } (21)$$

وهذا يدل علي أن المدارات تمتلك قيما عديدة لأنصاف الأقطار وبالتالي لا يوجد فقد في الطاقة بناءا علي الدوران أو التلاشي في النهاية. ولو استبدلنا المعادلة $v = \frac{4\pi\, ze^2}{nh}$

في المعادلة $(E = -\frac{1}{2} mv^2 = \frac{ze^2}{2r})$

$$E = -\frac{1}{2} mv^2 = \frac{-2\pi^2\, mz^2 e^4}{n^2 h^2} \qquad 1\text{- } (22)$$

وهذا يدل أن المعادلة (E) دالة للعدد الصحيح (n) ولو أضفنا علاقة للطاقة (E) لتدل علي العدد الصحيح (n) لسوف يمكننا التعبير عن التغير المصاحب للانتقال الطبيعي حيث بوهر عرفها بالمقدار hv كما يلي :

$$\Delta E_{ji} = E_j - E_i \qquad 1\text{- } (23)$$

أو بجزئية التردد

$$v_{ji} = \frac{1}{h}(E_j - E_i) \qquad 1\text{- } (24)$$

فلو أن E_j هي الحالة النهائية، E_i- الحالة الابتدائية. إذا قيمة ΔE موجبة تدل علي الامتصاص لكمية من الطاقة، وإذا كانت سالبة، لتدل علي فقد كمية من الطاقة علي هيئة إشعاع لضوء والمعادلات السابقة تدلنا علي أن الإلكترون يدور في مدار ثابت حول النواة، وكل مدار له طاقة محدده ولا ينتقل إلي مدار اعلي إلا إذا اكتسب كمية من الطاقة، وإذا فقد تلك الطاقة عاد إلي المدار الأدنى علي هيئة إشعاع. ولو أن (n) مساوية لصفر فهذا يعني أن الذرة تمتلك طاقة سالبة عالية لا نهائية. ملاحظة، النظرية لا تعطي كيف للشحنة الالكترونية يمكن أن تتحرك في حركة دائرية ولا تفقد كمية من الطاقة.

ولننظر مرة أخري لتردد الطيف في المعادلة الأخيرة وهي :

$$r\,v_{ji} = \frac{1}{h}(E_j - E_i) \qquad 1\text{- } (25)$$

لو عوضنا في المعادلة $E = -\frac{1}{2}mv^2$ لنحصل علي :

$$v_{ji} = \frac{2\pi^2 m z^2 e^4}{h^3}\left[-\frac{1}{n_j^2} - (-\frac{1}{n_i^2})\right] \qquad 1\text{- } (26)$$

$$v_{ji} = \frac{2\pi^2 m z^2 e^4}{h^3}(\frac{1}{n_j^2} - \frac{1}{n_i^2}) \qquad 1\text{- } (27)$$

أو

$$\bar{v}_{ji} = \frac{2\pi^2 m z^2 e^4 -}{h^3 C}(\frac{1}{n_i^2} - \frac{1}{n_j^2}) \qquad 1\text{- } (28)$$

فلو أخذنا z =1 لذرة الأيدروجين. تأخذ سلسلة بالمر فتكون n =1 ولسلسلة باشن $n_i = 3$ ولتقييم التردد الأول للقيمة $n_i = 1$، $n_i = 2$ نجد إمكانية حدوثه في المنطقة فوق البنفسجية عند $8.23 \times 10^4 \ Cm^{-1}$ والسلسلة الاخري ستحدث عند ترددات عالية.

ولقد أشارت نظرية بوهر لطيف ذره الأيدروجين، وأيضا لأي إلكترون احادي ولو أن z تغيرت إلي قيمة مناسبة في غياب أي تأثير خارجي كهربي أو مجال مغناطيسي. فسوف تحدث بعض التعديلات للنظام الذري احادي الإلكترون في وجود المؤثر الخارجي.

ثم أدخلت إلي نظرية الكم الحديثة بعض التعديلات للتغلب علي تلك الصعوبات منها ميكانيكية المصفوفات لهيسنبرج W-Heisenberg (1925) وميكانيكية الموجه عام 1926- شرودنجر E-Schrödinger ولأول وهلة مختلفة بناءا علي الفروق في الشكل الرياضي الداخل حيث وضعت نظرية هيسنبرج علي الرياضة الجبرية للمصفوفات بينما شرودنجر استخدم معادلات مختلفة كما أن شرودنجر اوجد الشكل التقريبي لمكافئين غالبا الاثنين مرتبطين في التطبيقات الحديثة لنظرية الكم، ومع الشرح الكيفي فعديد من الأشخاص يميل بالارتياح مع إظهار شرودنجر.

وقبل أن ننهي مناقشتنا لنظرية بوهر سوف نضع وحدات الطاقة ووحدات المسافة من نظرية بوهر المستخدمة في الميكانيكا الذرية، والميكانيكا الجزيئية الكمية، فوحدة الطاقة الشائعة تعتبر ضعف قيمة الطاقة لذرة الأيدروجين في الحالة الأرضية (الساكنة) وهذا يعني قيمة طاقة الوضع لذرة الأيدروجين والتي تعرف بوحدة الطاقة الذرية لهارتري (Hartree atomic energy unit) .

$$1\ \ Hartree = mv^2 = \frac{Ze^2}{r} = \frac{2\pi^2 mz^2 e^4}{h^2} = 27.211652\ e.v$$

1- (29)

ووحدات المسافة في نصف قطر ذرة بوهر في الحالة الأرضية لذرة الأيدروجين

$$1\ \ Boher = \frac{h^2}{2\pi^2 mz^2 e^4} = 0.52917715 A^o = a_o \quad 1\text{- } (30)$$

وهما مساوية أو مكافئة للوضع $h/_{2\pi}$ ،m- مساوية للوحدة .

ميكانيكية المصفوفات لهيسنبرج :

الصفة المنطقية لمداخلة هيسنبرج لميكانيكا الكم البسيطة تقريبا حيث افترض وجود مصفوفات تقابل لكل نظام، وقواعد الكم تشتق من مصفوفات جبرية والاهم موضوعة على الصفات والتعويضات للمصفوفات.

فإذا كان المقدار (AB) للمصفوفة B, A فيمكن إيجادها كما يلي

$$[A.B] = [AB.BA] \quad 1\text{- } (31)$$

والمعادلة تلك ليست بالضرورة مساوية للصفر حيث B, A هي المصفوفة ولنفترض (اثنين × اثنين) لمصفوفة كما يلي :

$$A = \begin{bmatrix} \bar{a} & b \\ c & d \end{bmatrix} \alpha \quad B = \begin{bmatrix} e & f \\ g & h \end{bmatrix} \quad 1\text{- } (32)$$

فيكون المعكوس هو :

$$[A, B] = \begin{bmatrix} a & b \\ c & d \end{bmatrix} \begin{bmatrix} e & f \\ g & h \end{bmatrix} - \begin{bmatrix} e & f \\ g & h \end{bmatrix} \begin{bmatrix} a & b \\ c & d \end{bmatrix} = Zero \quad 1\text{- } (33)$$

وكما هو واضح من حاصل الضرب الأقواس تؤول للصفر في حالات مقيده وفي هذه الحالة يمكن القول أن المصفوفة تغيرت عندما المعكوس (آداه العاكس) مساويا للصفر. وتنشأ قواعد الكم عند افتراض لاثنين من الخواص معاكسين احدهما معاكس لأي ملاحظة مع الطاقة

(مصـفوفة تعـبر عـن الطاقـة والتـي تعـرف بمصـفوفة هاميلتونيـان (Hamiltonian matrix- H) لتعطي التغير في الـزمن الملحـوظ مضروبة بالمقـدار $\left(i = \sqrt{-1}\right)$ وكـذلك بواسطة ثابت بلانك مقسوما بالمقدار 2π (h تعين كما في $h/2\pi$) .

$$A.\ H = ih\ \frac{dA}{dt} \equiv ihA \qquad 1\text{-}\ (34)$$

لو A- التعويض مع (H) فان العاكس Commutator بصفر الصفات، ذلـك التعـويض مع (H)- هاميلتونيان لا يتغير مع الزمن وبالتالي يعرفا بثوابـت الحركـة. الافـتراض الثـاني للعلاقة وهو الأساس من مبدأ عدم التأكد لهسنبرج. الشائع وهو :

$$\Delta A.\Delta B = -\frac{1}{2}\left[A, B\right] \qquad 1\text{-}\ (35)$$

حيث $\Delta B.\Delta A$ هي اقل قيمة في عدم التأكد في ملاحظات A, B والتعبـير الشـائع هو $\Delta E.\Delta T$ مساويا للمقدار $h/2$ ولسوف نحاول تثبيت نظرية هسنبرج هنا.

افتراضات دي بروجلي وميكانيكا الموجه لشرودنجر :

تتطلب معالجة أينشتاين للتأثير الضوئي الكهربي طاقة كـم إشـعاع كهرومغناطيسـية والتي تعرف بالفوتون – وحدة الكم الضوئي تمتلك أو تسلك الجسيم المتحرك. ففي رسالة الدكتوراه في عام 1925 – باريس أكد لويس دي بروجلي انه تحت ظروف خاصة الإشعاع الكهرومغناطيسي يأخذ مسلك الجسيم بدلا من الموجه، بينما تحت ظروف محددة يأخذ شل الجسيم. فمن نظرية اينشتاين النسبية:

$$E = mc^2 \qquad 1\text{-}\ (36)$$

ومن علاقة بلانك :

$$E = h\nu = \frac{hc}{\lambda} \qquad 1\text{- } (37)$$

وبمساواة المعادلتين والقسمة علي (C) نحصل علي :

$$mc = \frac{h}{c} \qquad 1\text{- } (38)$$

هذا يتضمن انه بالنسبة للجسيم، ربما تكتب :

$$mv = -\frac{h}{\lambda} \qquad 1\text{- } (39)$$

أو :

$$\lambda = \frac{h}{mv} = \frac{h}{p} \qquad 1\text{- } (40)$$

حيث m- كثافة الجسيم عند سرعة mv,v كمية التحرك الخطي - العـزم p وطبيعـة الموجه للموجه حققت بواسطة وافيسون وجيرمر (Davisson and Germer) حيث وجـدا أن ضوء أو شعاع الإلكترون ينحرف بواسطة الفراغ المنتظم في البللورة مثل الضوء عنـدما يحيد بواسطة الفراغ المنتظم للخطوط في الانحراف الشبكي.

وظروف الكم لبوهر للعزم الزاوي يمكن أن يشـتق مـن علاقـة دي بـروجلي، فلـو أن الإلكترون في مدار بوهر يمتلك سلوك الموجه يجب أن يكـون المـدار مثـل الموجـه النائمـة المتلونة. بمعني حدود المدار الذي يجب أن يكون عدد صـحيح مضروبا في طـول الموجـه بمعني:

$$2\pi r = n\lambda \qquad 1\text{- } (41)$$

أو :

$$\lambda = \frac{2\pi r}{n}$$

ومن علاقة بروجلي :

$$mv = \frac{h}{\lambda} = \frac{nh}{2\pi r} \qquad 1\text{- } (42)$$

وبإعادة التعديل سوف نحصل علي ظروف الكم لبوهر :

$$mvr = \frac{nh}{2\pi}$$

كما ادخل دي بروجلي ميكانيكا الموجه بأخـذ معـادلات الموجـه للإشـعاع الكلاسـيكي الكهرومغناطيسي واستبدلت علاقة دي بروجلي معادلة ماكسويل لتوالـد تعاقـب الموجـه لأحد الأبعاد وهي :

$$\frac{\partial^2 \psi}{d x^2} = \frac{1}{v^2} = \frac{\partial^2 \psi}{d t^2} \qquad 1\text{- } (43)$$

حيث ψ- دالة نصف الموجة

x – اتجاه التعاقب، v-سرعة التعاقب، t-الزمن، والحل العام لمعادلة تفاضلية ثنائيـة الرتبة للمعادلة السابقة:

$$\psi(x,t) = a\tau \exp\left[2\pi i(\frac{x}{\lambda} - vt)\right] \qquad 1\text{- } (44)$$

حيث a- السعة ويوجد حلين آخرين ومقولين وهما:

$$\psi(x,t) = a \sin 2\pi(\frac{x}{\lambda} - vt) \qquad 1\text{- } (45)$$

$$\psi(x,t) = a \cos 2\pi(\frac{x}{\lambda} - vt) \qquad 1\text{- } (46)$$

ولنعتبر الشكل الآسي لحل معادلة الموجه والتي يمكن كتابتها علي النحو :

$$\psi = a e^{2\pi i x/\lambda} e^{-2\pi i v t} \qquad 1\text{- } (47)$$

ولنا أن نوضح :

$$a \ \exp^{2\pi i x/\lambda} \ as \ \psi(x) \qquad 1\text{- } (48)$$

لنحصل علي :

$$\psi = \psi(x) e^{-2\pi i v t} \qquad 1\text{- } (49)$$

وبالتفاضل مرتين مع الاحتفاظ للحد (x) نحصل علي :

$$\frac{\partial^2\psi}{dx^2}=\frac{\partial^2\psi(x)}{\partial x^2}\,e^{-2\pi ivt} \qquad 1\text{- }(50)$$

وبتفاضل مع الاحتفاظ للزمن (t) نحصل علي :

$$\frac{\partial^2\psi}{dt}=-\psi(x)4\pi^2i^2v^2e^{-2\pi ivt} \qquad 1\text{- }(51)$$

وبالتفاضل مرة أخري :

$$\frac{\partial^2\psi}{dt^2}=-\psi(x)4\pi^2i^2v^2e^{-2\Pi ivt} \qquad 1\text{- }(52)$$

وباستبدال المعادلة (50) في المعادلة (52) لنحصل :

$$\frac{\partial^2\psi(x)}{dx^2}e^{-2\Pi ivt}=-\frac{1}{v^2}\psi(x)4\pi^2v^2e^{-2\Pi ivt} \qquad 1\text{- }(53)$$

وبإهمال الحد الآسي وبتساوي v^2/v^2 للحد λ^{-2} نحصل علي:

$$\frac{\partial^2\psi(x)}{dx^2}=-\frac{4\pi^2}{\lambda^2}\psi(x) \qquad 1\text{- }(54)$$

ولنستبدل طول الموجة من علاقة دي برجولي في المعادلة $mv=\frac{h}{\lambda}$ لتعطي:

$$\frac{\partial^2\psi}{dx^2}=-\frac{4\pi^2m^2v^2}{h^2}\psi \qquad 1\text{- }(55)$$

<u>ملاحظة:</u> تلك الاشتقاقات ما هي إلا لمتغير واحد فقط للمحور χ المعادلة (55 - 1) لطاقة النظام. والطاقة لمجموع الطاقة الحركية T وطاقة الوضع V إذا:

$$E=T+V=\frac{1}{2}mV^2+V \qquad 1\text{- }(56)$$

والحل بالنسبة للسرعة V^2 نحصل علي :

$$V^2 = \frac{2}{m}(E-V)$$

بالتعويض في المعادلة (55) نجد :

$$\frac{\partial^2\psi}{dx^2} = -\frac{8\Pi^2 m}{h^2}(E-V)\psi \qquad 1\text{-}\ (57)$$

وبتعديل المعادلة (57) لنحصل :

$$\left(\frac{-h^2}{dx^2}\ \frac{d^2}{dx^2}+V\right)\psi = E\psi \qquad 1\text{-}\ (58)$$

وهنا استخدمت h بالنسبة $h/2\pi$

وتعتبر المعادلة (58) لمعادلة شرودنجر الزمن- المستقل time- independent Schrödinger equation لبعد لواحد المحور (x) فقط. ويمكننا بعد ذلك أخذ أبعادا أخري ولتكن (y,z) وتكتب علي النحو

$$\hat{H}\psi = E\psi \qquad 1\text{-}\ (59)$$

هذه المعادلة تأخذ شكل معادلة القيمة الذاتية equation eigen value والعامل $\hat{H}$ في هذه الحالة تعمل علي الدالة وتعرف بالدالة الذاتية لتعطي ثابت، وفي هذه الحالة تكون لقيمة طاقة ذاتية (أزمنه الدالة الذاتية) عامل هاميلتوبنان- يمثل الطاقة. لاحظ أن جزئية طاقة الوضع لا تتغير. وطاقة الحركة يمكن التعبير عنها من جزئية العزم p كما $P^2/2m$ مبينا المنطقة إلي المتجه x أي (Px)

$$P^2x/2m \quad \rightarrow -\frac{-h^2}{2m}\ \frac{d^2}{dx^2} \qquad 1\text{-}\ (60)$$

تقليدية كلاسيكية ميكانيكا الكم

وعليه :

$$Px \rightarrow \pm\left(ih\ \frac{d}{dx}\right) \qquad 1\text{-}\ (61)$$

أو علاقة إشارة السالب في المعادلة (1-61) - اختيار تقليدي (طريق يسار واحد) لوضع معامل الكم الميكانيكي المناسب لأول نظام لمعامل كلاسيكي ثم بعد ذلك استبدل العزم الخطي بالمقدار (-ihd/dx)

وبالنسبة لاعتماد- الزمن في معادلة شرودنجر نفترض مرة أخري الحل العام لمعادلة الموجه time-dependent .

$$\psi(x,t)=a\ \exp^{-2\Pi i}\left(\frac{x}{\lambda}-vt\right) \qquad 1\text{-}\ (62)$$

بالتفاضل (62) مع الاحتفاظ للزمن :

$$\frac{\partial\psi(x,t)}{dt}=-2a\Pi iv\ \exp^{-2\Pi i\left(\frac{x}{\lambda}-vt\right)} \qquad 1\text{-}\ (63)$$

بالاستبدال في علاقة بلانك بالنسبة للتردد والطاقة نحصل علي:

$$\frac{\partial\psi(x,t)}{dt}=-\frac{iE\psi(x,t)}{h} \qquad 1\text{-}\ (64)$$

وباستبدال E بالعامل H وبالتعديل نحصل علي معادلة شرودنجر توقف- الزمن time - dependent Schrödinger equation .

$$\hat{H}\psi=-\frac{ihd\psi}{dt} \qquad 1\text{-}\ (65)$$

لو قورنت المعادلة (1-65) بالمعادلة (1-34) من نظرية هيسنبرج نجد أن تغير زمن هيسنبرج الملاحظ ذاته، بينما تحقيق شرودنجبر هو إلي دالة الموجة.

مثال: احسب طاقة حركة إلكترون منبعث من عنصر السيتريوم بضوء له طول موجي 550nm وما هو جهود الإيقاف؟ وما هو عدد الالكترونات الشاردة إذا كانت الطاقة الكلية للعدد الموجي 550nm هي 10^{-3} $10\times$ علما بان دالة الشغل لعنصر السيريوم $3.4\times10^{-19}_{J}$

الحل

$$E = h\nu = hc/\lambda$$

وبالتعويض :

$$= \frac{6.62\times10^{-34}\times2.998\times10^{8}}{550\times10^{-19}} = 3.62\times10^{-19} \quad J$$

ولحساب الطاقة المنبعثة نأخذ العلاقة :

$$E = h\nu - h\nu_o = h\nu - w$$ (دالة الشغل)

$$= 3.62\times10^{-19} - 3.43\times10^{-19}$$

$$= 1.9\times10^{-20} \ J$$

أما جهد التوقف من العلاقة :

جهد التوقف $$E = e.v$$

$$v = E/e = 1.9\times10^{-20} / 1.602\times10^{-19}$$

أو

$$e = 1.602\times10^{-19}$$ (كتلة الإلكترون)

$$= 0.12\,J/C = 0.12V$$

وبالتالي عدد الالكترونات المنبعثة هي عدد الفوتونات الشاردة :

$$E = nh\nu$$

$$n = \frac{E}{h\nu} = \frac{\text{الطاقة الممتصة}}{\text{ثابت بلانك} \times \frac{\text{السرعة}}{\text{الطول الموجي}}}$$

$$= \frac{1.0\times10^{-3}\times550\times10^{-9}}{6.626\times10^{-34}\times2.988\times10^{8}} = 2.777\times10^{23}$$

$$= 2.777\times10^{23} \ Photon$$

مثال: احسب الطول الموجي لكل من :

1- كرة تنس كتلتها 65g تتحرك بسرعة قدرها 45m/s

2- إلكترون له طاقة حركة 205 ev

الحل

1- باستخدام علاقة دي بروجلي :

$$\lambda = \frac{h}{mv} = \frac{6.626 \times 10^{-34} \ JS}{65 \times 10^{-3} \ kg \times 45 \ m/s} = 2.2653 \times 10^{-34} \quad m$$

2- طاقة الحرة للالكترونات هي 205 ev بوحدات SI

$$T = 205 \, ev \times 1.6 \times 10^{-19} \ J \ ev = 3.28 \times 10^{-17} \quad J$$

ومن قانون الحركة :

$$T = \frac{1}{2} mv^2 = \frac{m^2 v^2}{2m} = \frac{P^2}{2m}$$

وبالتعويض عن P- العزم من علاقة دي بروجلي نحصل علي :

$$T = \frac{h^2}{2m\lambda^2}$$

ويكون الطول الموجي إذا الخاص بالإلكترون:

$$\lambda = \frac{h}{\sqrt{2mT}} = \frac{6.626 \times 10^{-34}}{(2 \times 9.1 \times 10^{-31} \times 3.28 \times 10^{-17})^{\frac{1}{2}}}$$

$$= 8.57 \times 10^{-11} \ m = 0.0857 \quad nm$$

لاحظ من المثال انه في كرة التنس لها طول موجي مصاحب لحركتها متناه في الصغر، وعليه فان الطبيعة الموجبة لتلك الأجسام الكبيرة الحجم لا يمكن التعرف عليها بواسطة التجارب المعملية، ولكن الطول الموجي للجسيمات المتناهية في الصغر مثل الإلكترون لا يمكن تجاهله. (λ - للإلكترون – 0.0857 nm) و(λ - كرة التنس – 2.2653×10^{-25})

جدول (2) دالة شغل لبعض العناصر

Li	2.90	Rb	2.16
Na	2.75	Cs	2.14
K	2.30	Si	4.85

حيود الالكترونات: Diffraction of Electron

عندما يمر شعاع ضوئي آحادي الطول الموجي علي سطح بلورة فانه ينعكس من خلال وسط مختلف إلي وسط أخر مختلف عنه في الكثافة فإما ينفذ أو ينكسر ـ بزاوية انكسار معينة وتعتمد زاوية الانكسار علي المستويات البينية بينها. ولحساب الطول الموجي للالكترونات فانه يمكن استخدام المعادلة الآتية:

$$n\lambda = 2a \, Sin \, \theta, \, n = 1, 2, 3, 4, \ldots\ldots$$

حيث $\theta -$ زاوية الانعكاس، $a -$ المسافة بين المستويات في البلورة.

مثال: احسب الطول الموجي المصاحب للالكترونات. إذا علم أن طاقة الإلكترون الساقطة 54.0 ev، لزاوية قدرها °65 علي سطح بلورة. ثم قارن بين المحسوب نظريا مستخدما علاقة دي بروجلي. إذا علم أن المسافة البينية للمستويات $0.91 \, \overset{o}{A}$

الحل

$$\lambda = 2a \, Sin \, \theta = 2 \times 0.091 \, nm \times Sin \, 65$$
$$= 0.164948 \, nm \approx 0.165 \, nm$$

وتكون طاقة حركة الإلكترون بالجول تساوي إذا:

$$(electronic \, charge \, (e) = F / N) = 1.6 \times 10^{-19} \, column$$
$$F = Faraday, \quad N = Avogadro, number$$
$$= 96500 C \qquad = 6.025 \times 1023 \, mole^{-1}$$

$$\therefore T = 54.0 \; ev \times 1.6 \times 10^{-19} \; J/ev = 8.64 \times 10^{-18} \; J$$

$$\lambda = \frac{h}{\sqrt{2mT}} = \frac{6.625 \times 10^{-34}}{(2 \times 9.1 \times 10^{-31} \times 8.64 \times 10^{-18})^{\frac{1}{2}}}$$

$$= \frac{6.626 \times 10^{-34}}{3.965 \times 10^{-24}} = 1.67095 \times 10^{-10}$$

$$= 0.167095 \; nm$$

ملاحظة موافقة بين القيمة المعملية والقيم النظرية باستخدام فرضية دي بروجلي.

فروض ميكانيكا الكم : Postulates of Quantum Mechanics

فمع كل استدلال علمي، الشكل المقدم لميكانيكا الكم يوضع علي افتراضات أساسية هذه الافتراضات ليست بديهية بذاتها مثل الافتراضات العلمية. وعلي أي حال تعتبر تلك الافتراضات مقبولة بسبب النظريات الموضوعة بالتوافق مع العملي، وكلها تعتبر حجر الزاوية للنموذج الرياضي للوصف الكيميائي للمستوي الذري والجزيئي.

فأول افتراض:

هو أن أي نظام يمكن أن يتواجد في حالات محددة (حالات ذاتية eigen state) وكل حالة مميزة بدالة موجة (دالة ذاتية eigen function) "وفي تطوير شرودنجر أو حالة القوة الموجهة(المتجه الذاتي eigen vector) علي الرغم من تفكير الكيميائيين المبدئي في عموم جزئية الطاقة"، فالحالة ربما يتم تعيينها لأي كمية ملحوظة. وفي الحقيقة الوصف العام للحالة يتطلب وصف لكل الرموز المشتركة. وعمليا من الأفضل الإشارة إلي الحالات اللادقه تماما للنظام كما لو إنها حالات حقيقية. هذا المنطق الوثيق الصلة الملحوظ يعتبر محدد تحت الاعتبار للعملي، كما في التجارب المطيافية عندما الحالات تكون محددة للطاقة فقط ويجب أن ψ تخضع لشروط معينة وهي أن تكون دالة مقبولة.

الفرض الثاني:

يجب عمل الفرضية مع الملاحظة. ففـي أي نظـام مـا لعامـل أيـا كـان العامـل مثـل العامل الهيرميني، في تمثيل شرودنجر أو القوالب في تمثيل هيسـنبرج. فلـو أن العوامـل أو اشتراك الأقواس، دالة الموجه أو متجه الحالـة يمكـن التركيـب ليكونـا معـا دالـة ذاتيـة أو متجـه ذاتي للتعـديل الجديـد الملاحـظ. فلإيجـاد العامـل لأي كميـة ملحوظـة" نسـتخدم الطريقة التقليدية أولا ولتعريف الملحوظة وهي الإحـداثيات والعـزم نبقـي الإحـداثيات ونعوض عنها بالعزم" وهذا الفرض يقدم أمور الحصول علي تلك المؤثرات.

1- نكتـب أولا الصيغ بالطريقـة الكلاسـيكية (بقـوانين نيـوتن والفيزيـاء) وبمعرفـة الإحداثيات وعزم الحركة والزمن. ثم نجري بعد ذلك تعديلات عزم الحركة Pq مثلا، يـتم استبداله $\frac{d}{dq}=-ih$ حيـث $h=\frac{h}{2\pi}$ ، $q-$ إحـداثيات حركـة في الاتجاهـات.

لنأخذ التمثيل التالي لطاقة الحركة لجسيم (m) وتكتب الشق الكلاسيكي في المحور (x) .

$$Tx = \frac{1}{2} m v^2 \qquad 1\text{-}\ (66)$$

ثم نبدأ في التعديل علي النحو :

$$Tx = \frac{m^2 v^2}{2m} = \frac{Px^2}{2m} \qquad 1\text{-}\ (67)$$

نستبدل Px^2 بالمؤثر الكمي $\frac{d}{dx}=h-$ فيكون الحاصل :

$$T_x^0 = \frac{1}{2m}(-ih\frac{d}{dx})(-ih\frac{d}{dx}) \qquad 1\text{-}\ (68)$$

ليصبح الناتج :

$$T'_x = \frac{h^2}{2m} = \frac{d^2}{dx^2}$$

1- (69)

نلاحظ وجود اختلاف بين التقليدي والتعبير الكمي. حيث في التقليدي نعوض عن الكتلة (m) وبالسرعة (v) ليعطي مباشرة القيمة العددية لطاقة الحركة. ولكن في التعبير الكمي إنما يعطي عملية رياضية للتفاضل. كما يمكن أيضا عملية أخري مماثلة في المحور y أو z وبالجمع الكلي في الاتجاهات الثلاثة لنحصل علي:

$$T' = \frac{h^2}{2m}\left(\frac{d^2}{dx^2} + \frac{\partial^2}{\partial y^2} + \frac{\partial^2}{dz^2}\right)$$

1- (70)

أو :

$$T' = \frac{h^2}{2m}(\nabla^2)(dll - \nabla)$$

1- (71)

والتعبير الكلاسيكي للطاقة الكلية- هاميلتونيان

$$E = T + V$$

1- (72)

T- طاقة الحركة، V- طاقة الوضع

لنأخذ $\hat{H}$ بدلا من E علي النحو والتعديل والاستبدال نحصل علي:

$$\hat{H} = \frac{h^2}{2m}\nabla^2 + \overline{V}$$

1- (73)

الفرض الثالث:

يتعلق بالتأويل المحتمل لميكانيكا الكم، فلو أن ψ_j − دالة موجه أو ψ_j − حالة متجه للنظام في الحالة (J)، P' − عامل شرودنجر أو P − قوالب هيسنبرج أو الأقواس matrix تبـين بعـض الملاحظـات. إذا القيمـة المتوقعـة وهـو متوسـط ميكانيكا الكـم أو المتوسط المتوقع $\langle P \rangle_j$ الملاحظ في تلك الحالة هو:

$$\langle P\rangle_j = \frac{\int \psi_j^A \bar{P} \psi_j \, d\tau}{\int \psi_j^A \psi_j \, d\tau} \qquad 1\text{- } (74)$$

حيث $d\tau -$ حجم العنصر علي كل المتغيرات، والتكامل يكون علي قيم المتغيرات أو :

$$\langle P\rangle_j = \frac{\psi_j^A P \psi_j}{\psi_j^A \psi_j} \qquad 1\text{- } (75)$$

عموما دوال الموجة أو حالة المتجهات تعتبر معلومة لذا:

$$\int \psi_j^A \psi_j \, d\tau = 1$$

$$\psi_j^A \psi_j = 1 \qquad 1\text{- } (76)$$

في وصف الموجه للقيمة $\psi_j^A \psi_j$

إذا المعادلة ما قبل الأخيرة تكون تقريبا تلك الحالة هنا احتمالية الوحدة لإيجاد النظام في مكان ما في الفراغ المعين بواسطة المتغيرات .

الفرض الرابع:

القيم المطلقة الملحوظة : Absolute values of observable

لأي نظام معين له " قيم تمت قياسها "، تلك القيم، ما " هي إلا من خصائص هذا النظام " فمثلا المعادلة

$$\bar{\alpha} \psi_i = a_i \psi_i \qquad 1\text{- } (77)$$

حيث $\psi_i -$ دالة حالة للنظام (i)، $\bar{\alpha} -$ المؤثر الكمي المقابل لخاصية هذا النظام المقيسه. فلو أردنا تعيين قيمة لخاصية آيا كانت تلك الخاصية للنظام فانه لابد من الحصول مبدئيا علي هذا المؤثر الكمي $\bar{\alpha}$ ثم نطبق العملية الرياضية للمؤثر $\bar{\alpha}$ علي دالة النظام ψ_i فإذا أردنا مثلا تعيين قيمة الطاقة الكلية لأي نظام فسوف تتناول المعادلة (1-77) والخاصة للمؤثر الكمي للطاقة (هاميلتوينان) علي هذا النحو:

$$\overline{H}\psi = E\psi \qquad 1\text{- } (78)$$

ويكون المطلوب إذا هو تعيين القيمة الخاصية للمؤثر $\hat{H}$ ولنأخذ معادلة الجسيم الواحد وهي:

$$(-\frac{h}{2m}\nabla^2 + \overline{V})\psi = E\psi \qquad 1\text{- } (79)$$

وكما سبق أن تلك المعادلة هي معادلة شرودنجر (58) وهذه المعادلة تفسر المعادلة الرئيسية في نظرية الكم. ولكي نتأكد من القيم العددية قيما ثابتة ودقيقة عند القياس فلابد من قياسها علي عدة أنظمة بشرط التماثل. وبمعني أنها تكون قيمة واحدة في كل مرة وتتكرر فقط في القياس. تلك العينة هي القيمة اللازمة للمعادلة (77-1) فمثلا إذا أخذنا بالقياس عدة أرقام حسابية ثابتة فيكون التوزيع بها ثابت مهما يكن من عملية التوزيع ويكون المتوسط قيمة ثابتة في الوقت لو أخذنا عدة أرقام متتالية فيكون المتوسط الحسابي لها هو عملية توزيع حسابي لنأخذ المثال:

4 3 2		3 3 3
3	المتوسط الحسابي	3
9.66 = 29	متوسط المربع الحسابي	9 = 27

وهذا ما نجده في تطبيق الفرض الثالث .

توجد فروضا أخري وسوف يتم التناول والانتباه عنها فيما بعد مع شرح ميكانيكا الكم أو الرجوع إلي المراجع .

<u>مثال:</u> وضح هل يمكن أن تكون الدالة ψ دالة مؤثرة للحدين الكميين α', β' أم لا؟ ولماذا؟

الحل

لنأخذ المعادلة الفرضية الرابعة ولتكن علي الصورة :

$$\bar{\alpha}\psi = a\psi \qquad (a)$$

$$\bar{\beta}\psi = b\psi \qquad (b)$$

ثم نأخذ العملية المتبادلة وهي بضرب المعادلة (أ) في $\bar{\beta}$ وضرب المعادلة (ب) في $\bar{\alpha}$ ثم نأخذ الترتيب بعملية توحيد بسيطة ثم بالطرح من بعضها البعض نجد أن:

$$(\bar{\beta}\bar{\alpha} - \alpha\bar{\beta})\psi = (ab - ba)\psi = zero$$

لذا نلاحظ أن ψ دالة مميزة للمؤثرين حيث أن هذين المؤثرين متبادلين مع بعضهما البعض.

<u>مثال</u>: احسب معكوس التبادل (y, P_y) Commutator- alternate

الحل

لنأخذ فرضا الدالة f(y) كمتغير في y علي هذا النحو :

$$[\bar{y}\bar{P}y]f(y) = y\left[-i\,{}^{h}\!/_{dy}\right]f(y)$$

$$= -ihy\,f'(y)$$

حيث أن $f'(y)$ تعتبر المشتقة الأولي للدالة $f(y)$

$$[\bar{P}_y y]f(y) = -ih\frac{d}{dy}y(fy)$$

$$= -ih[y\,f'(y) + f(y)]$$

$$[\bar{Y},\bar{P}_y]f(y) = (\bar{y}h \times f'(y) + (ihy\,f'(y) + ih\,f(y)$$

$$= -ih\,f(y)$$

وبالتالي :

$$\bar{x}[\bar{Y},\bar{P}y] = ih$$

ومن العلاقة :

$$[\bar{Y},\bar{P}_y]f(y) = ihf(y)$$

نجد أن المؤثرين الكميين لعزم حركة المكان وللمكان لا يتبادلان وهذا يعني لا يمكن لنا قياس كلا منهما في وقت واحد.

***

الباب الثاني

الجهد الثابت وجهد العمق الطولي (البئر)

Constant potential, and well potential

مقدمة :

تبـين المعادلـة $(-\dfrac{h}{2m}\dfrac{d^2}{dx^2}+V)\psi=E\psi$ لشـرودنجر الـزمن المسـتقل

لجسيم يتحرك في بعد واحد وهي معادلة تفاضلية من الدرجة الثانية لمتغير واحد بمعنى حل أما بالنسبة للطاقة أو لدالة الموجه، وكما هو واضح تعتمد علي الشكل الدالي للجهد V ولأشكال معينه للجهد، الشكل المغلق التام، والحلـول التحليليـة يمكـن إيجادهـا وأمـا بالنسبة لأشكال أخري للجهد تحل المعادلة عدديا.

والحـل العـام لحركـة جسـيم واحـد مائـة تتطلـب ثلاثـة أبعـاد Z, Y, X أو أنظمـة إحداثية لثلاثة أبعاد أخري والمقابل لمعادلة شرودنجر – هي معادلة تفاضلية مـن الرتبـة الثانية في المتغيرات الثلاثة. فنظام الجسيمات (N) تتطلب إحداثيات ثلاثة لكل جسيم لحالة أو لكل العدد 3N لوصف النظام. إذا معادلة شرودنجر العامة لجسيمات N هـي معادلة تفاضلية من الرتبة الثانية في المتغيرات 3N. علاوة علي ذلـك لوجـود تفاعـل بـين الجسيمات فالمتغيرات تعتبر مزدوجة؛ بمعني حركة كل جـزئي تـؤثر في الآخر وعلي هـذا نجد أن المشكلة تعددت وتعقدت.

حركة الجسيم في الفراغ (الفضائي) :

حيث لا يوجد مجـال لجهـد يـؤثر علـي جسـيم متحـرك في فـراغ. لـذا فان معادلـة هاميلتوينان تحتوي علي معامل لطاقة كيناتيكية فقط. ولو استخدمنا الحـل العـام لبعـد واحد- فإن معادلة الموجه والمذكورة مسبقا وهي :

$$\psi(x,t) = a \, \exp\left[2\pi i \left(\frac{x}{\lambda} - vt\right)\right] \qquad (2\text{-}1)$$

وبأخذ معادلة شرودنجر الزمن- المتوقف علي time dependent وهي :

$$\frac{h^2}{2m} \frac{\partial^2 \psi}{dx^2} = ih \frac{d\psi}{dt} \qquad (2\text{-}2)$$

ولنجري التفاضل علي المعادلة (1) مع الاحتفاظ لـ (x) ثم الاستبدال في المعادلة (1) لنحصل علي :

$$-\frac{h^2}{2m}\left(-\frac{4\pi^2}{\lambda^2}\psi\right) = ih \frac{d\psi}{dt} \qquad (2\text{-}3)$$

$$ih \frac{d\psi}{dt} = \frac{h^2}{2m\lambda^2}\psi \qquad (2\text{-}4)$$

أو :

$$ih \frac{\partial \psi}{dt} = \frac{P^2}{2m\lambda^2}\psi = E\psi \qquad (2\text{-}4')$$

وبتعديل المعادلة (3-1) علي الصورة (4-1) الشق الأيسر ونعرفها. وبالنسبة للشق الأيمن لتعطي الطاقة الحركية فقط, هذه ليست أكثر من معادلة زمن-متوقف .

فلو أن الجسيم يتحرك في مجال ثابت الجهد (V) فالحل هو ذاته ماعـدا أن الطاقـة E في المعادلة (4-1) تستبدل بالعلاقة (E-V) .

ولنتعقب مبدأ عدم التأكد لهيسنبرج كتطبيق لتحرك جسيم في الفضـاء، فمـن اجـل اقل درجة عدم تأكد .

$$\Delta E \, \Delta t = \frac{h}{2} \qquad (2\text{-}5)$$

بالاستبدال في علاقة بلانك نحصل علي

$$h \Delta V \, \Delta t = \frac{h}{2} \qquad (2\text{-}6)$$

أو :

$$\Delta V\,\Delta t = \frac{1}{2\pi}$$

حيث ناتج (vt) في مضروب 2π في المعادلة (1-1) وحيث يوجد فراغ فضاء حر أو سطح غير متأكد للنصف في دالة الموجه بالنسبة لتحرك الجسيم. وهذا يعني غالبا ومع ذلك فانه يمكن معالجة الجسيم رياضيا بواسطة معادلة الموجه ولا نستطيع إيجاد أو تعيين ادني أو أقصي سعة موجة كما هو في حدود الموجه العادية

حركة جسيم في صندوق ذو بعد واحد محدد :

والحل لتلك المشكلة لجسيم في صندوق لبعد واحد بسيط ولنفرض جسيم يتحرك كتلته (m) في اتجاه واحد وتحت تأثير طاقة Vx = 0 أي في المحور X وفي منطقة محدودة ما بين x = L, x = 0 لطول موجه مسموح بها للاهتزازات المبينة، انظر الشكل (1) وشكل (2) .

$\lambda = 2L$ (2-7a)

$\lambda = L$ (2-7b)

$\lambda 3 = 2L$ (2-7c)

$2L = L$ (2-7d)

وعلي العموم :

$$\lambda = \frac{2L}{n} \qquad (2\text{-}8)$$

حيث (n)- العدد الكلي، هذه النتيجة يمكن أن تستخدم مع علاقة دي بروجلي لتعين الطاقة، لنحصل علي:

$$\frac{h}{mv} = \frac{2L}{n} \qquad (2\text{-}9)$$

$$V = \frac{nh}{2mL} \qquad (2\text{-}10)$$

بالتربيع للمعادلة (1-10) :

$$V^2 = \frac{n^2h^2}{2m^2L^2} \tag{2-11}$$

$$E = \frac{1}{2}mV^2 = \frac{n^2h^2}{8m\ L^2} \tag{2-12}$$

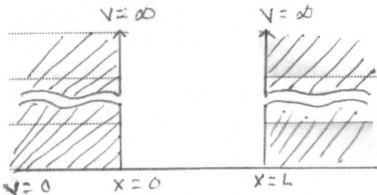

X = L

شكل (*1-2*) طاقة الجهد لحجرة احادية البعد *V=O* ما بين *X=L. X=O* وتصبح مفاجئه بما لا نهاية عند *X<O* ولكل *X<L*

x = L

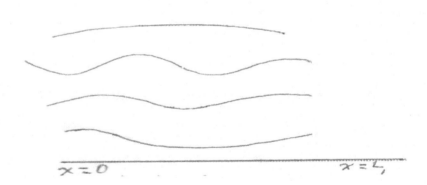

شكل (2-2) عدد الاهتزازات المسموح بها في الكمان

حقيقة لا تستخدم معادلة شرودنجر لإيجاد (2-12) وعلي أي حال فالحل الموضوع علي معادلة شرودنجر، لنأخذ هاميلتونيان بجانب الصندوق والجهد بصفر، لنحصل علي :

$$\hat{H}(0 \le x \le L) = -\frac{h^2}{2m}\frac{d^2}{dx^2} + 0 \qquad (2\text{- }13)$$

وعندما يكون الجسيم خارج الصندوق يكون الجهد لانهائي لنحصل علي :

$$\hat{H}(x\langle o;\ x\rangle L) = -\frac{h^2}{2m}\frac{d^2}{dx^2} + \infty \qquad (2\text{- }14)$$

ونحن نعلم بأن معادلة شرودنجر تتضمن :

$$\hat{H}\psi = E\psi \qquad (2\text{- }15)$$

من ناحية المسافات، فالطريق الوحيد في المعادلة (1-15) يجب أن يحتفظ بكل المسافات للطاقة المحدودة ولدالة الموجه ψ وتكون مساوية صفر للجهد خارج الحدود، وتأخذ القيمة نفسها عند المسافة0 = X وهذا يعني أن :

$$\psi(o) = \psi(L) = Zero \qquad 2\text{- }(16)$$

مثال: اثبت أن الأطوال الموجية المتاحة لجسيم في محور واحد فقط محدود تعطي بالعلاقة $\lambda = \frac{2L}{n}$ (المعادلة 2-8)

الحل

$$E = \frac{1}{2}mv^2 = \frac{m^2v^2}{mx2} = \frac{P^2}{2m}$$

ومن معادلة دي بروجلي :

$$P = \frac{h}{\lambda} \quad ; \quad \lambda = \frac{h}{P}$$

$$\therefore \lambda = \frac{h}{\sqrt{2mE}}; \qquad E = \frac{h^2}{2m\lambda^2}$$

ومن المعادلات (12-1) نجد أن الطاقة الحركية بالعلاقة :

$$E = \frac{n^2 h^2}{8mL^2}$$

وبتساوي المعادلتين فإن λ :

$$= \frac{h}{\sqrt{2m\frac{n^2h^2}{8mL^2}}} = \frac{h}{\sqrt{\frac{n^2h^2}{4L^2}}} = \frac{h}{\frac{n\,h}{2a}} = \frac{2L}{n}$$

ودالة الزاوية (جا)- جيب الزاوية لها قيمة بصفر الإزاحة زاوية بصفر، ولو أن الإزاحة لها قيمة عددية مضاعفة للحد π، نجد أن :

$$\psi(0) = A\sin(o) \qquad (2\text{-}\ 17)$$

وكذلك : $$\psi(L) = A\sin(n\,\pi) \qquad (2\text{-}\ 18)$$

حيث A تمثل الإزاحة أو السعة للدالة والإزاحة لجيب دالة زاوية يجب أن يكون مستمرة للحد x إذا :

$$\psi_n(x) = A\sin\frac{n\pi\,x}{L} \qquad (2\text{-}\ 19)$$

n-رقم لعدد اكبر من الصفر، يؤدي كل متطلبات، كما أن n-لا تأخذ قيمة الصفر، وإلا تأخذ دالة الموجة القيمة صفر علي كل الفراغ. ومتفق علي أن n-تأخذ رقما لتصبح موجبه، وأمام إشارة سالب ما هي إلا تغير في جيب الزاوية للدالة ψ.

وبتطبيق معادلة (13-2) – هاميلتونيان علي دالة الموجه (19-2) لنحصل علي :

$$-\frac{h^2}{2m}\frac{d^2}{dx^2}A\sin\frac{n\pi x}{L} = EA\sin\frac{n\pi\,x}{L} \qquad (2\text{-}\ 20)$$

بحل خطوات المعاملات علي اليسار فإننا نحصل :

$$\frac{d^2}{dx^2}A\sin\frac{n\pi x}{L}=\frac{n\pi}{L}A\cos\frac{n\pi x}{L} \qquad (2\text{-}\ 21)$$

وبالتفاضل مرة أخري :

$$\frac{d^2}{dx^2}A\sin\frac{n\pi x}{L}=\frac{n^2\pi^2}{L^2}A\sin\frac{n\pi x}{L} \qquad (2\text{-}\ 22)$$

$$-\frac{h^2}{2mdx^2}A\sin\frac{n\pi x}{L}=\frac{n^2\pi^2}{8mL^2}A\sin\frac{n\pi x}{L} \qquad (2\text{-}\ 23)$$

المعادلة 19 تعتبر دالة ذاتية لهاميلتونيان وبالمقارنة 20 بالمعادلة (2-23) نجد أن :

$$E=\frac{n^2h^2}{8mL^2}$$ مرة أخري

ولتقييم الثابت (A) في المعادلة (2-19)، نحتاج لتفسير فيزيائي لدالة الموجـه. فدالـة الموجه (ψ) قد تفسر كإزاحة احتمالية، (ψ^2) أو حاصل مضروب $\psi^*\psi$ لـو الدالـة معقدة تفسر ـ كدالـة احتماليـة وبمعنـي أخـر (χ^2) ψ فإننـا نعتـبر احتماليـة وجـود الجسيم عند الموضع x .

وهذا يعني أن المسافة (x) والمسافة الازاحية x + dx هـي منطقـة وجـود الجسـيم. وهذا التفسير يمكن تحقيقه من تجربة الحيود الالكتروني لدافيسون- جيرمر. بمعني :

Davison- Germer electron- diffraction experiment

ولو أن دالة الزمن – متوقف، إذا $[\psi(x,t)]^2$ تعتبر أن الجسيم عنـد الوضـع x في الزمن t وفي هذه الحالـة نعلـم أن الجسـيم موجـود في أي مكـان في الفـراغ. والاحتماليـة الكلية تعتبر الوحدة وهذا يتضمن أن :

$$\int_{-\infty}^{+\infty}|\psi|^2\,dx=1 \qquad (2\text{-}\ 24)$$

في هـذه الحالـة فـان دالـة الموجـه يجب أن تكـون بصـفر، فيمـا عـدا عنـدما معطية $0 \leq x \leq 1$:

$$\int_{-\infty}^{o} odx + \int_{o}^{L} |\psi|^2 \, dx + \int_{L}^{\infty} odx = 1$$

(2- 24^{99})

أو أن التكامل:

$$\int_{o}^{L} |\psi|^2 \, dx = 1$$

(2- 24$^{\backslash\backslash 99}$)

مطلوب تعليق مشابه لأي دالة موجه لجسيم أحادي، المربـع الصـحيح لدالـة علـي الشكل المتاح الفراغي الذي يجب أن يكون مساويا للوحـدة هـذا يعتبر معلـوم كشرط تفسيري .

فلو استبدلنا المعادلة (2-19) إلي المعادلة (2-24\\)فإننا نحصل علي:

$$A^2 \int_{o}^{L} Sin^2 \frac{n\Pi x}{L} dx = 1$$

(2- 25^{99})

العدد الصحيح بأخذ القيمة $L/2$ إذا:

$$A^2 \frac{L}{2} = 1$$

(2- 26^{99})

$$A^2 = \frac{L}{2}$$

(2- 26$^{\backslash 99}$)

$$A^2 = \sqrt{2/L}$$

(2- 26$^{\backslash\backslash 99}$)

وكذلك :

$$\psi_n(x) = \sqrt{\frac{2}{L}} \, Sin \frac{n\Pi x}{L}$$

(2- 27)

" توضيح لضرب دالتين ذاتيتين مختلفتـين مـع بعضهما مقابـل لقيـم n-المختلفـة (المختلفة لـ n) ثم نكامل الناتج طبقا للفراغ المسموح" فإننا نحصل علي :

$$\int_{-\infty}^{+\infty} \psi_n(x)\psi_n(x)\,dx = \frac{2}{L}\int_o^L \frac{n\pi x}{L}\sin\frac{n'\pi x}{L}\,dx$$

$$\int_{-\infty}^{+\infty} \psi_n(x)\psi_n(x)\,dx = \frac{2}{L}\left\{\frac{\sin\left[\dfrac{\pi}{L}(n-n')x\right]}{\dfrac{2\pi}{L}(n-n')} - \frac{Sin\left[\dfrac{\pi}{L}(n+n')x\right]}{\dfrac{2\pi}{L}(n+n')}\right\}\Big|_o^L = 0$$

$$= 0 \qquad\qquad (2\text{-}28)$$

وفي هـذه نقـول أن الـدوال متعامـدة إحصائيا orthogonal وبالتـالي فـان أي دالتـين ذاتيتين مختلفتين eigenfuction مقابلة لأعداد الكم المختلفة سوف تكون متعامـدة دائمـا فلو أن الـدوال معقـدة كالـدوال يجـب أن يكون $\psi_n^*\,\psi_n$ والنتيجـة المجموعـة التامـة لدوال ذاتية فتكون المسألة مجموعة تامة لـدوال خطيـة مسـتقلة. حيـث يمكـن أخـذها لإيجاد دالة الفراغ التي تشكل قاعدة للكمية الموجهـة في علـم الجبر. وعليـه فـان مبـدأ هيسنبرج وتمثيل شرودنجر يعتبر ترابط في ميكانيكا الكم.

ومسألة جهد الحجرة لثلاث أبعاد متعامدة أمر بسيط بحيث يكون معلـوم في بعـد واحد ولتأخذ المعادلة :

$$E_{nx},n_y,n_z = \frac{h^2}{8m}\left(\frac{n^2x}{a^2} + \frac{n^2y}{b^2} + \frac{n^2z}{c^2}\right) \qquad\qquad (2\text{-}29)$$

الموجه :

$$\psi_{nx},n_y,n_z = \sqrt{\frac{8}{V}}\,\sin\frac{n_x\pi\chi}{a}\sin\frac{n_y\pi y}{b}\sin\frac{n_z\pi z}{c}$$

$$(2\text{-}30)$$

حيث V- تمثل حجم الصندوق والمعادلة التي هنا يمكن حلها بطريقة الاتجاه المباشر المستقيم للحجرة التي تأخذ أشكالا مختلفة أخري، دائرة (بعـدين)، كـرة (ثلاثين أبعـاد) وهكذا...

وفي سياق الشرح الأول مبينـا أن الجهـد يكـون بصـفر أو ثابت محـدد خـلال جهـد الحجرة فلـو أن الجهد ليس صفرا ثابتـا، فكـل المسـتويات سـوف تنحـرف بواسـطة قيمـة لثابت. ولا يوجد تغير في دوال الموجه.

مثال: يتحرك إلكترون بكتلة (m) قدرها 9.1 × 10-31kg في صندوق طولـه 1.0nm وتتحرك كرة بكتلة (m) قـدرها 1.0gm في صندوق طولـه 1.0m احسـب طاقة الحالة الأرضية والفرق في الطاقة $\Delta E = E_2 - E_1$ بين الحالتين n= 2 والحالة المسـتقرة n=1 لهما

الحل

نستخدم المعادلة : $E = \dfrac{h^2}{8mL^2}$ عند n = 1

$$E = \frac{(6.626 \times 10^{-34})^2}{8 \times 9.1 \times 10^{-31} \times (10^{-9})^2} = 6.025 \times 10^{-20} \ J.$$

وعند n = 2 :

$$E_2 = \frac{n_2^2 \, h^2}{8 \, mL^2} = 2.4123 \times 10^{-19} \ J.$$

$$\therefore \Delta E = E_2 - E_1 = 2.4123 \times 10^{-19} \ J.$$

في حالة الإلكترون .

وأما في حالة الكره :

$$E_1 = \frac{(6.626 \times 10^{-34})^2 \times 1^2}{8 \times 10^{-3} \times 1^2} = 5.495 \times 10^{-65} \ J.$$

$$E_2 = \frac{(6.626 \times 10^{-34})^2 \times 2^2}{8 \times 10^{-3} \times 1^2} = 2.195 \times 10^{-64} \ J.$$

$$\therefore \Delta E = E_2 - E_1 = 1.65 \times 10^{-64} \ J.$$

لاحظ فرق الطاقة الصغير جدا في حالة الكرة ويكاد لا يذكر عن ما هو في حالة انتقال الإلكترون.

مثال: اوجد الاحتمالية لوجود إلكترون في منطقة ما بين :

L= 0.49nm , L= 0.51nm, وما هي الاحتمالية في المنطقة ما بين L= 0.0nm ,

L= 0.2nm

الحل

المنطقة الأولي: هي منطقة متناهية في الصغر. والاحتمالية في النقطة dx = 0.02

nm علي النحو dx = 0.51- 0.49 = 0.02 باستخدام الدالة $\psi_x^2\,dx$ وتكون في هذه الحالة عند نقطة المنتصف x = 0.5 nm

$$\psi^2_{x=0.5} = \frac{2}{L}\sin^2\frac{n\pi x}{L}dx.$$

$$= \frac{2}{1}Sin^2\left(\frac{0.5\times180^o\times2}{1.0}\right)(0.02) = 0.04nm$$

$$1-\cos^2\theta$$

أي أن احتمالية 0.04 : 1 أو 1 :25

والجزئية الثانية فإن المنطقة $0 \le x \le 0.2nm$ ليست متناهية في الصغر.

وبالتالي لابد من تكامل الدالة ψ^2 لحدود تلك المنطقة مابين 0، 0.2 nm لنأخذ التعبير في المعادلة (25)

$$\psi^2 = A^2\int_0^{0.2}\sin^2\frac{n\pi x}{L}dx.$$

$$= \frac{2}{L}equation\,(26^\backslash)\int_0^{0.2}\sin^2\frac{n\pi x}{L}dx.$$

$$=\frac{x}{L}-\frac{1}{2n\Pi}\sin\frac{2n\pi x}{L}\int_{0}^{0.2}$$

$$=\frac{0.2}{1.0}-\frac{1}{2x\frac{22}{7}}\sin 0.4\pi\,,\; n=1$$

$$=0.2-0.159\times\sin 72^{\circ}=0.04878.$$

أي أن الاحتمالية ما بين 50 .20 :1

مثال: احسب درجة عدم التأكد في عزم الحركة والسرعة لإلكترون يتحرك في صندوق طوله 1A°، ذرة إيدروجين تتحرك في مسافة 10A° وأخيرا لكرة لها كتلة 1g تتحرك في مسافة 10cm

الحل

عدم التأكد في عزم الحركة يتأتي من العلاقة لدي بروجلي بالعلاقة:

$$P_x=\frac{h}{L}$$

ومن العلاقة $P^2=m^2v^2$ أي أن $P=m\ v$ ويكون التأكد في السرعة أيضا علي النحو إذا: $V=P/m$

فبالنسبة لإلكترون نجد أن :

$$\Delta P=\frac{h}{L}=\frac{6.626\times10^{-34}}{1\times10^{-10}}=6.626\times10^{-24}\ kgms^{-1}$$

$$\Delta V=\frac{6.626\times10^{-24}}{9.1\times10^{-31}}=7.28\times10^{6}\ m/s$$

وبالنسبة لذرة الأيدروجين حيث إن : $m=1.6726\times10^{-27}\ kg$

فإن :

$$\Delta P = \frac{6.626 \times 10^{-34}}{10 \times 10^{-10}} = 6.626 \times 10^{-25} \ kg \ ms^{-1}$$

$$\Delta V = \frac{6.626 \times 10^{-25}}{1.6726 \times 10^{-27}} = 3.9615 \times 10^{2} \ m/s^{-1}$$

وبالنسبة للكرة :

$$\Delta P = \frac{6.626 \times 10^{-34}}{10} = 6.626 \times 10^{-33} \ kg \ ms^{-1}$$

$$\Delta V = \frac{6.626 \times 10^{-33}}{1 \times 10^{-3}} = 6.626 \times 10^{-30} \ ms^{-1}$$

نظرية الإلكترون الحر لطيف الأنظمة الثنائية الازدواجية :

تعتبر جسم في حجرة لبعد واحد والأساس لوصف الإلكترون الحر لنظام زوجي الإلكترون $\pi - electron$ كما في البلمرات الخطية الثنائية الازدواجية. لنفترض حجرة لبعد واحد مع ثبات الجهد في الداخل وما لا نهاية للجهد خارج الحدود وطول الصندوق. دائماً ما يفترض بطول السلسلة الثنائية الازدواجية أو السلسلة المتزاوجة (Conjugated chain) رابطة واحدة عند كل نهاية وانتقالات الطيف الالكتروني علي طول السلسلة يمكن اعتباره لإنشاء إلكترون في مدار آخر غير محتل.

والشكل (3) عبارة عن شرح لعدة مركبات حاملة لرابطة مزدوجة كما في الايثلين وبيوتادايين، سداس ثلاثي الرابطة الثنائية ومجموع الطاقات للروابط الثنائية للحالة الأرضية هي 2, 10, 28 علي الترتيب في الوحدات $h^2\big/8mL^2$ والقيمة للحد L مختلف من واحد لأخر. ولو وجد عدد N من الالكترونات في النظام $\pi, \frac{N}{2}$ مستوي في الحالة الأرضية المملوء.

فأول انتقال يقابل لمدار انتقالي من (n) يساوي $\frac{N}{2}$ إلي n مساويا $\left[\frac{N}{(2+1)}\right]$

وهذا ممكن في النظام المغلق إذا كل ذرة تساهم بواحد π - إلكترون، N إلكترون تقابل بالـذرات N وطـول الصـندوق هـو $[(N+1)b]$ حيـث (b) هـو متوسط طـول الرباط. إذا الطاقة لأول انتقال تأخذ العلاقة الآتية :

$$\Delta E = \frac{\left[(N/2+1)^2 - (N/2)\right]h^2}{8m[(N+1)b]^2} = \frac{h^2}{8mb^2(N+1)} \quad (2\text{-}31)$$

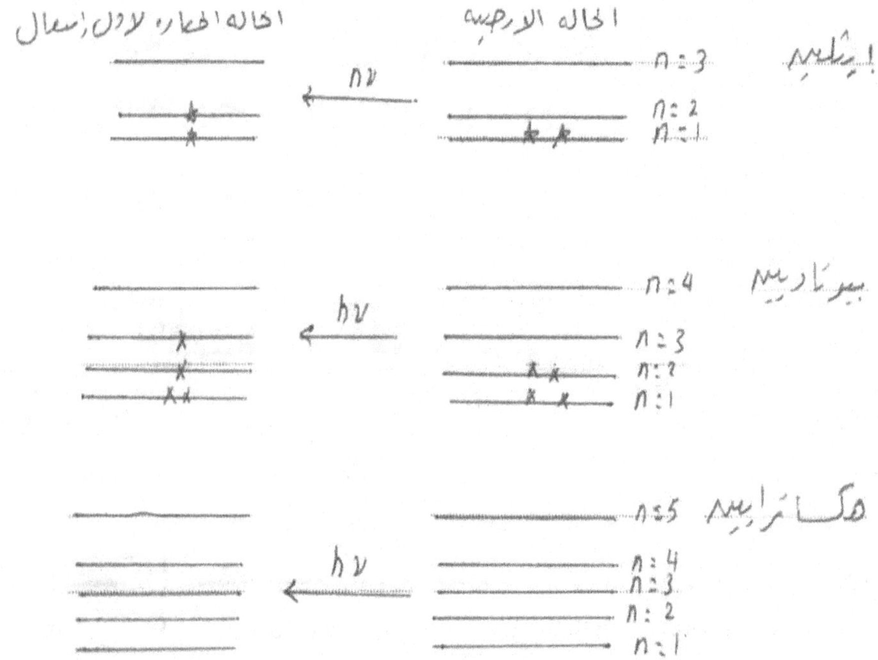

شكل (3) يوضح مستويات الطاقة للإلكترون الحر والمدارات الممتلئة في الحالة الأرضية والانتقال لأول إلكترون لأنظمة π إلكترون لمركبات ازدواجية الأربطة

فلو أن متوسط طول الرباط المفترض هو $1.4\times10^{-10}m=1.4\overset{o}{A}$. فيكون التعبير عن الانتقال في العدد الموجي هو:

$$v' = \frac{154.739\,Cm^{-1}}{N+1} \qquad (2-\ 32)$$

جدول (1) يبين الانتقالات المحسوبة لعدد سلسلة لبوليمر مقابل القيمة المعملية لاحظ العدد غير مطابق ولكن توجد علاقة خطية بين v – المحسوبة، v' – العملية لو طبقنا طريقة التربيع الادني leust- squares تكون المعادلة التربيعية الادني هي :

$$\bar{v}\ fit^{=} = 0.893\,v'_{\ calculated} + 17.153\,Cm^{-1}$$

والمعادلة التربيعية الأدني تستخدم لتقريب الطيف لأي عدد من عديد الرابطة المزدوجة ويمكن إجراء تصحيحات مماثلة لأنواع أخري للأنظمة الثنائية الازدواجية .

جدول (*1*) الطيف المحسوب والانتقال الملاحظ لبعض المركبات العديدة الرابطة *Polyene*

$N^{(a)}$	(b) $v_{calc.Cm^{-1}}$	(c) $v'_{\exp.Cm^{-1}}$	(d) $v'_{fit.Cm^{-1}}$
2	51.58	61.50	63.207
4	30.948	46.080	44.785
6	22.106	39.750	36.891
8	17.193	32.900	32.504
10	14.067	29.940	29.713
20	7.369	22.371	23.732

***

الباب الثالث

الدوران والعزم الزاوى

Rotation and Angular Momentum

دوار مشدود لكتلة واحدة :

قبل أن نتناول الدوار المشدود لكتلتين، يجب أن نفهم أولا جسيم لكتلة واحدة ويتحرك أيضا فى حركة دورانية حول المركز، انظر الشكل (1).

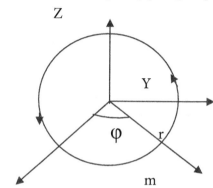

شكل (1) دوران جسيم (m) على بعد من مركز (r)، وله عزم زاوى فى اتجاه المحور z

من هذا الشكل لا يمكن وصف هذا التحرك الدورانى بصورة تقليدية باستخدام المحاور الخطية ولكن تحويل تلك الصورة إلى صورة زاوية والتعبير الخطى للطاقة على هذا النحو .

$$T = \frac{1}{2} m v^2 \qquad (3\text{-}3)$$

حيث v السرعة الخطية ولتحويلها إلى السرعة الزاوية (w) angular velocity حيث العلاقة بين السرعة الزاوية والسرعة الخطية على هذا النحو $v = wr$ ، r نصف القطر .

وبالتعويض فى المعادلة (3-1) عن (v) لتصبح :

$$T = \frac{1}{2} m (wr)^2 \qquad (3\text{-}4)$$

$$= \frac{1}{2} I w^2 \qquad \& \qquad I = mr^2$$

وهنا (I) عزم القصور الذاتى moment of inertia وعزم الحركة الزاوى كما صوره بوهر (عندما يتحرك جسيم m فى مدار نصف قطر r وبسرعة v ليعطى مقدار ثابت وهو $nh/2\pi$) ليأخذ الشكل $k = m.v.r$ وبالاستبدال عن v بالسرعة الزاوية (w) فإن :

$$K = m (wr) r = Iw \qquad (3\text{-}5)$$

وبأخذ المعادلتين (3-2) ،(3-3) فإنه يكن كتابة الطاقة T على هذا النحو :

$$T^2 = k^2 / 2 I \qquad (3-6)$$

ولحل مسألة معادلة شرودنجر فى هذا الخصوص للجسيم، وبعد تطبيق الشروط الحدية واستخراج الحالات المأهولة وكمية الطاقة المصاحبة لتكون معادلة شرودنجرالسابقة على الصورة :

$$(- h^2/2m \quad T^2 = k^2 / 2 I \nabla^2) \Psi = E\Psi \qquad (3-7)$$

لتكن :

$$- h^2/2m \quad (\partial^2/dx^2 + \partial^2/ \partial y^2) \Psi = E\Psi \qquad (3-8)$$

وهنا يجب أن نلاحظ من المعادلة (3-6) أن المؤثر الكمى لطاقة الحركة بالإحداثيات الكارتيزية بالمحور (y , x) ومن المفروض أن الجسيم فى حركة دائرية. وعليه فإن (x , y) لا تتغير لاستقلاله عن الإحداثيات الكارتيزية الكلية للمحاورالثلاثة للعلاقة :

$$r^2 = x^2 + y^2 + z^2$$

وعليه لا يكن فصل تلك المعادلة إلى متغيرين لمعادلتين كل معادلة تحتوى على متغير (x) أو (y).

ومن المعلوم بأن تلك الحركة فى مستوى واحد أفقى لوصف نظام معتمدا على r نصف قطر الدائرة، φ – زاوية المدار (الدوران) وحيث أن r – ثابتة ، إذا عملية الدوران ثابت لزاوية φ وعليه كان المتغير هو φ .

وفى هذه الحالة لنأخذ حدود عزم الحركة بالمؤثر العام فى الشكل: $- ih \ d/d \ \varphi$ - (حيث φ – المتغير الذى يعتمد عليه عزم الحركة وعليه تكون :

$$k\hat{} = ih \ d/d\varphi \qquad (3-9)$$

وبالتعويض فى المعادلة (3-4) لنحصل على :

$$\hat{}/1 = - h^2/2 I \quad d^2/d\varphi^2 \qquad (3-10)$$

وعليه يكون المقصود لمعادلة شرودنجر كما يلى باستخدام الإحداثيات القطبية :

$$- h^2/2 I \; ð^2 \Psi /d\varphi^2 = E \Psi \qquad (3\text{-}11)$$

وبالتالى :

$$ð^2 \Psi /d\varphi^2 = - 2I/- h^2 \quad E \Psi \qquad (3\text{-}12)$$

وهذه المعادلة (3-10) يلاحظ مماثلتها مثلما سبق من معادلات فى الإحداثيات الكارتيزية، وهى أيضا معادلة تفاضلية من الدرجة الثانية. وبأخذ عمليات التفاضل مثلما ذكر سابقا، وعليه نكتب الحل ولكن بصورة هندسية أو فى صورة أسية فى الشكل .

$$\Psi = A\sin \; L\varphi + B\cos \; L\varphi \qquad (3\text{-}13)$$

أو :

$$\Psi = Ae^{iL\varphi} + Be^{-iL\varphi} \qquad (3\text{-}13')$$

المعادلة ('3-13) هى الأكثر تحقيقا لهذا النظام. ولنبدأ بالحل فى الحد الأول (A) وليكن :

$$\Psi_+ = Ae^{iL\varphi} \qquad (3\text{-}14)$$

وبالتفاضل مرتين للمعادلة (3-12) لنحصل مع المتغير φ .

$$ð^2\Psi_+ /d\varphi^2 = ð^2/ ð\varphi^2 \quad Ae^{iL\varphi} \qquad (3\text{-}15)$$

$$= -L^2 Ae^{iL\varphi} = L^2 \Psi_+ \qquad (3\text{-}16)$$

ومن المعادلة (3-12) والمعادلة (3-16) ليكن الثابت :

$$L^2 = 2 IE/h^2 \qquad (3\text{-}17)$$

وهنا نلاحظ أن أيضا L- كقيمة ثابتة لقيم متغيرة ومتاحة فى أة لحظة أى غير مكماة. وأن الطاقة E لا يمكن أن تؤخذ أى قيمة بدون أدنى حد. وهذا يعنى أيضا بأنها طاقة مكماة .

ولنا أن نتصور أن Ψ_+ وحيث القيمة عند أى نقطة لمحيط الدائرة، ولو فرضنا أن الدالة Ψ_+ عند أول دورة $\Psi\varphi$ ، وبعد دورة ثابتة لتكن الدالة $\Psi\varphi$ على الصورة $\Psi_{(\varphi_{+2\pi})}$وبعد عدة دورات فإن : $\Psi_{(\varphi_{+2\pi})}$ على العموم كل تلك الدورات ما هى إلا فى دورة واحدة وكلها متساوية : أى أن :

$$\Psi\varphi = \Psi_{(\varphi_{+2\pi})} \qquad (3\text{-}18)$$

$$Ae^{iL\varphi} = Ae^{iL(\varphi+2)} = Ae^{iL(\varphi+m\pi)}$$

لأول حد : $= Ae^{iL\varphi} e^{2il}$

ولتحقيق شرط المعادلة (3-18) أن تكون بصفر لكل قيم L ولكى نجعل هذا لابد وأن نجعل قيم L هذا الحد مساويا للواحد الصحيح. ولكى نتخيل هذا فإننا نتخيل هذا الوضع، لنا أن نستخدم العلاقة الهندسية الآتية :

$$e^{ix} = i\sin x + \cos x$$

وبالتطبيق لهذه العلاقة فإن العلاقة هى :

$$e^{2iL} = i\sin 2L + \cos 2L \qquad (3\text{-}19)$$

وعموما قيم هذا الثابت (L) إما موجبة أو سالبة أو بصفر. وعليه فإن حا الزاوية سوف يتلاشى والحد الثانى متساويا للوحدة، وهو المطلوب وعليه فإن القيم المطروحة لهذا الثابت L لتأخذ القيم ...,m: o,1,2 وبالتالى فإن الطاقة المصرح بها بناءا على قيم الثابت للمقدار .

$$E = L^2\ h^2 / 2I\ \pi \qquad (3\text{-}20)$$

أى أن :

$$L = 0, \pm 1, \pm 2, \pm 3, \ldots\ldots\ldots\ldots$$

ولإيجاد قيمة الثابت (A) - ثابت المعايرة لتكمل الشكل العام لحالة الجسيم. وذلك بأخذ الصورة :

$$f^{\pi}_{0}\ \Psi_{+}^{2}\ \Psi\ d\varphi = 1 \qquad (3\text{-}21)$$

لكل الفراغ

وحدود هذا التكامل $2 \leq \varphi \leq 0$ وبالتعويض عن الدالة Ψ_+ :

$$L^2\ f^{2\pi}_{0}\ e^{il\varphi}\ e^{-il\varphi}\ d\varphi = 1$$

$$L^2\ f^{2\pi}_{0}\ e^{(il\varphi - il\varphi)}\ d\varphi = 1$$

$$L^2\ f^{2\pi}\ e^{0}\ d\varphi = 1$$

$$L^2\ [\ 0\ ]_0^{2\pi} = 1$$

$$L^2\ 2\pi = 1$$

$$L = 1/\sqrt{2\pi} \qquad (3\text{-}22)$$

أى أن حركة الجسيم فى اتجاه عقرب الساعة وهة :

$$\Psi_+ = 1/\sqrt{2}\pi \ \overline{e^{il\varphi}} \ , \ L = 0, \pm1, \pm2, \ldots\ldots$$

أى أن عزم الحركة الزاوى فى اتجاه عقارب الساعة وهذا ما تم تحديدة مـن الدالـة
Ψ+ -بنفس السبيل يكن أخذ العلاقة لإيجاد الثابت L فى الاتجـاه المعـاكس للدالـة- Ψ
لتكون المعادلة :

$$\Psi_- = 1/\sqrt{2}\pi \ \overline{e^{il\varphi}} \qquad\qquad (3-23)$$

ولنأخذ :

$$L_z \Psi = L_2 \overline{\Psi}$$

وهنا نؤكد أن عزم الحركة الزاوى بالصورة L_z حيـث الحركـة فى المسـتوى xy مـتلاشى
ويبقى العزم فى المحور L_z فقط العمودى، انظر الشكل (2) .

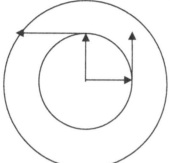

شكل (2) يبين عزم الحركة الزاوى فى المحور z العمود على مستوى (zy).

فلتكن المعادلة :

$$- ih \ d/d\varphi \ (1/\sqrt{2\pi} \ \overline{e^{il\varphi}}) = -ih. \ iL = 1/ \ \sqrt{2\pi} \ \overline{e^{il\varphi}} \quad (3-24)$$

$$= Lh \ \Psi_+ \qquad\qquad (3-24')$$

أو على الصورة :

$$- ih \ d/d\varphi \ (1/\sqrt{2\pi} \ \overline{e^{-il\varphi}}) = - ih. \ -iL \ 1/ \ \sqrt{2\pi} \ \overline{e^{-il\varphi}} \quad (3-25)$$

$$= -mh \ \Psi_- \qquad\qquad (3-25')$$

والقيمة العددية لعزم الحركة Lh، حيث L هو رقم كم عزم الحركة Lz وهـى أيضـا
قيمة مكماة، وعليه فإن مقدار Ψ+ مضاد للمقدار Ψ- وعموما كلتا الـدالتين هـما دالـة
مخبرة للمؤثر الكمى لعزم الحركة. والمعادلة (3-18) تدل عـلى الطاقـة لجميـع مـدارات
الطاقة

ثنائية أى متلاشية إحداهما موجب والآخر سالب doubly degenerate باستثناء عندما $L = 0$. وهذا يعنى أن الجسيم يدور حول المركز فى أة اتجاه وبدون استثناء.

والطاقة المسموح بها لتلك الموجة التى تكرر نفسها بعد كل دورة كاملة. وإن الجسيم يأخذ قيمة مطلقة للاحتمالية $\Psi^* \Psi$ فى دائرة مقدار ثابت ولا يعتمد على (φ)-زاوية الدوران .

$$\Psi^* \Psi = 1/\sqrt{2\pi}\, \overline{e^{il\varphi}} \quad 1/\sqrt{2\pi}\, \overline{e^{-il\varphi}} = 1/2\,\pi \qquad (3\text{-}26)$$

مثال :

من علاقة دى بروجلى بين كيف يمكن استئناف علاقات الطاقة المكماة ؟

الحل :

من الملاحظ أن محيط المدار ثابت = عدد صحيح فرض بوهر. وأن طول الموجة :

$$L = 0, 1, 2, 3, 4, \ldots\ldots,\ 2\pi r = L\lambda$$

وطاقة الحركة التقليدية :

$$T = P^2 / 2\, L$$

وبالتعويض فى علاقة دى بروجلى $\lambda = h/P$ فإن :

$$T = h^2/2L\,\lambda^2$$

وبالتعويض عن λ -طول الموجة.

$$T = L^2\ h^2\ /8\pi^2\, Lr^2 = L^2 h^2/\ 2I$$

ويلاحظ من المعادلة الناتجة تشابه ما سبق استنتاجه .

الدوران المشدود (معالجة شرودنجر) لكتلتين :

دوران الجزئيات المشدودة بصورة خطية في الفراغ يمكن أن تؤخذ كتقريب جيد في المحاور القطبية الكريه (Spherical) ولنفترض دوران لنظام يتكون من كتلتين كما في الشكل (1-3) والمسافة بينهما (r) ومركز المحاور هو (θ) وبالتالي فان المحاور الكارتيزيه هي:

$$x = r\sin\theta\ \cos\theta \qquad (3\text{-}\ 27)$$

$$y = r\sin\theta\ \sin\phi \qquad (3\text{-}\ 27)$$

$$z = r \ \cos\theta \qquad (3\text{-} 27)$$

حيث $\theta -$ زاوية من المحور .

$z -$ الموجب .

$\phi -$ زاوية الإسقاط للمسافة r علي السطح xy من المحور $x -$ الموجب ، والقيم المسموحة للمتغيرات هي :

$$o \le r \le \infty \qquad (3\text{-} 28)$$

$$o \le \theta \le \pi \qquad (3\text{-} 28)$$

$$o \le \phi \le 2\pi \qquad (3\text{-} 28)$$

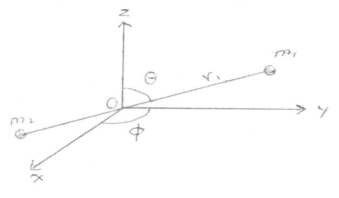

z
y

شكل (3-2) النظام المحوري لدوران مشدود يتكون من كتلتين متصلتين بقوه علي مركز الكتلة

كما أن الطاقة الحركية للجسيم في المحاور الكارتيزيه هي:

$$T = \frac{1}{2} m V^2 = \frac{1}{2} m (x^{-2} + y^{-2} + z^{-2}) \qquad (3\text{-} 29)$$

حيث $\bar{z}, \ \bar{y}, \ \bar{x}$ مشتق الزمن للمحاور $z \ , \ \bar{y} \ , \ \bar{z}$ بالاستبدال المعادلة (1) في المعادلة (3-27) نجد أن :

$$T = \frac{1}{2} m \ (r^2 + r^2\theta^2 + r^2\phi^2 \ Sin^2\theta) \qquad (3\text{-}30)$$

من تعريف الدوار المشدود r- ثابتة لكل جسيم وبالتالي كل جسيم له طاقة حركية وهي :

$$T=\frac{1}{2}mr^2\,(\theta^2+\phi^2\,Sin^2\theta) \qquad (3\text{-}31)$$

وأما بالنسبة لجسيمين ويكون التغير في θ وفي ϕ لكل جسيم واحدة .

$$T=\frac{1}{2}\;\;(m_1r_1^2+m_2r_2^2)(\theta^2+\phi^2\,Sin^2\theta) \qquad (3\text{-}32)$$

ويبن عزم القصور الذاتي مجموع الجسيمات علي النحو التالي :

$$I=\sum_i\;m_ir_i^2 \qquad (3\text{-}33)$$

والقصور الذاتي يمكن استبداله في الطاقة الكلاسيكية علي النحو :

$$T=\frac{1}{2}I\;\;(\theta^2+\phi^2\,Sin^2\theta) \qquad (3\text{-}34)$$

وما بين الأقواس هو التعبير عن السرعة الزاوية (w) وفي تمثيل شرودنجر لمسالة الدوار المشدود فإننا نحتاج الأبعاد الثلاثة (استقلالية - الزمن) وبالتالي يمكن كتابة معادلة شرودنجر كما يلي :

$$\nabla^2\psi+\frac{2m}{h^2}\,(E-V)\psi=Zero \qquad (3\text{-}35)$$

حيث ∇^2 – معامل لابلاس وهو يساوي :

$$\nabla^2=\frac{\partial^2}{dx^2}+\frac{\partial^2}{dy^2}+\frac{\partial^2}{dz^2} \qquad (3\text{-}36)$$

وهو مختلف عن الأنظمة الإحداثية الاخري وتوجد طريقة نظامية أخري وتعرف بنظام باولنج وويلسون (Pauling & Wilson)

$$\nabla^2=\frac{1}{q_u\,q_v\,q_w}\left\{\frac{\partial}{\partial u}\left(\frac{q_v\,q_w}{q_u}.\frac{d}{\partial u}\right)+\frac{\partial}{\partial v}\left(\frac{q_v\,q_w}{q_v}.\frac{\partial}{\partial v}\right)+\frac{\partial}{\partial w}\left(\frac{q_u\,q_v}{q_w}.\frac{\partial}{\partial w}\right)\right\}$$

(3-37)

وباختيار الإحداثيات القطبية الكروية كإحداثيات أخري نحصل علي :

$$\nabla^2 = \frac{\partial^2}{\partial r^2} + \frac{2\partial}{r dr} + \frac{1}{r^2 \sin^2 \theta} \frac{\partial}{\partial \theta}(\sin \theta \frac{\partial}{\partial \theta}) + \frac{1}{r^2 \sin^2 \theta} \frac{\partial^2}{\partial \phi^2}$$

(3-38)

وإذا علم بان (r) ثابتة، مثلما سبق في الخيط المشدود :

$$\nabla^2 = \frac{1}{r^2}\left[\frac{1}{\sin \theta} \frac{\partial}{\partial \theta} + \frac{1}{\sin^2 \theta} \frac{\partial^2}{\partial \phi^2}\right]$$

(3-39)

بالاستبدال في المعادلة (9) مستخدمين تحديد قيمة القصور الذاتي نجد حل المعادلة :

$$\frac{1}{\sin \theta} \frac{\partial}{\partial \theta}(\sin \theta \frac{\partial \psi}{\partial \theta}) + \frac{1}{\sin^2 \theta} \frac{\partial^2 \psi}{\partial \phi^2} + \frac{2I}{h^2} E\psi = 0$$

(3-40)

ولحل المعادلة (3-40) فإننا سوف نضع دالة الموجه $\psi(\theta, \phi)$ كناتج لدالتين $F(\phi), T(\theta)$ تلك هو تعتبر دالة لأحداث واحد فقط (هذه محاولة لحل الإحداثيات المستقلة (ϕ, θ) بالصورة

$$\psi(\theta, \phi) = T(\theta) F(\phi)$$

(3-41)

وبالاستبدال في (3-40) :

$$\frac{F(\phi)}{\sin \theta} \frac{\partial}{\partial \theta}(\sin \theta \frac{\partial T(\theta)}{\partial \theta}) + \frac{T(\theta)}{\sin^2 \theta} \frac{\partial^2 F(\phi)}{\partial \phi^2} + \frac{2IE}{h^2}$$

$$T(\theta) F(\phi) = 0$$

(3-42).

وبضرب المعادلة (16) بالمقدار $\sin^2 \theta / FT$ نحصل علي :

$$\frac{\sin \theta}{T} \frac{\partial \theta}{\partial}(\sin \theta \frac{dt}{\partial \theta}) + \frac{1}{F} \frac{\partial^2 F}{\partial \phi^2} + (\frac{2L}{h^2} \sin^2 \theta) E = 0$$

(3-43)

وبالتعديل نجدها علي النحو :

$$\frac{\sin\theta}{T}\frac{\partial}{\partial\theta}(\sin\theta\frac{\partial t}{\partial\theta})+(\frac{2L}{h^2}\sin^2\theta)E=-\frac{1}{F}\frac{\partial^2 F}{\partial\phi^2}$$

(3-44)

نلاحظ أن (3-44) تعتمد فقط علي θ ومستقلة عن ϕ ويلاحظ التساوي بين الطرفين ويمكن وضع المعادلة (3-44) إلي معادلتين مستقلتين علي النحو :

$$-\frac{1}{F}\frac{\partial^2 F}{\partial\phi^2}=M^2$$

(3-45)

لتصبح علي النحو :

$$\frac{\sin\theta}{dt}\frac{\partial}{\partial\theta}(\sin\theta\frac{\partial T}{\partial\theta})+\frac{2L}{h^2}E\sin^2\theta=M^2$$ (3-46)

كما أن المعادلة (19) يسهل حلها علي النحو :

$$\frac{\partial^2 F(\phi)}{\partial\phi^2}=-M^2 F(\phi)$$

(3-47)

ويكون الحل العام علي الصورة :

$$F(\phi)=N\ e^{\pm iM\phi}$$

(3-47)

حيث (N)- ثابت المعايرة normalized constant وبأخذ إشارة مستقلة وهـي اختيارية سالبة فنستطيع تقييم N بفرض أن $F(\phi)$ تعادلت لاحظ استخدام FF* حيث إنها متعامدة

$$1=\int_0^{2\pi} F^A F\ d\phi$$

(3-48)

$$=N^2\int_0^{2\pi} e^{im\phi}\ e^{-im\phi}\ d\phi=N^2\int_0^{2\pi} d\phi=2\pi N^2$$ (3-48′)

$$N=\frac{1}{\sqrt{2\pi}}$$

(3-49)

$$\therefore F=\frac{1}{\sqrt{2\pi}}\ e^{\pm iM\phi}$$

(3-50)

وبالتالي M- عدد الكم M يجب أن يكون عدد صحيح وبكتابة $F(\phi)$ في الشكل الحقيقي نجد أن :

$$F_r(\phi) = \frac{1}{2}\left[F_+(\phi) + F_-(\phi)\right] = \frac{N}{2}\left[e^{iM\phi} + e^{-iM\phi}\right] \qquad (3\text{-}50')$$

فبالنسبة لدالة الموجة يجب أن تكون مستمرة ووحيدة القيمة ويجب أن تكون القيمة $F_r(\phi)$ لها القيمة 2π وهذا يمكن حدوثه عندما تكون الإزاحة الزاوية لدالة جيب التمام تعتبر عدد مضروب للمقدار 2π وهذا يعني عندما M تصبح عدد صحيح .

كما أن المعادلة (3-46) يمكن كتابتها علي الصورة :

$$\sin\theta \frac{\partial}{\partial\theta}(\sin\theta \frac{\partial T}{\partial\theta}) + (\frac{2IE}{h^2}\sin\theta)T - M^2 T = 0 \qquad (3\text{-}51)$$

ولنأخذ الاختصار :

$$\beta = \frac{2IE}{h^2} \qquad (3\text{-}52)$$

وبالاستبدال وبالتسمية علي $Sin^2\theta$ لنحصل علي :

$$\frac{1}{\sin\theta}\frac{\partial}{\partial\theta}(\sin\theta\frac{\partial T}{\partial\theta}) - \frac{M^2}{\sin^2\theta}T + \beta\, T = 0 \qquad (3\text{-}53)$$

لتأخذ الاختصار :

$$Z = \cos\theta \qquad (3\text{-}54)$$

$$P(z) = T(\theta) \qquad (3\text{-}55)$$

نلاحظ أن P(z) هي نفس الدالة، وعبرت لمتغير جديد إذا :

$$\sin\theta = 1 - Z^2 \qquad (3\text{-}56)$$

وأيضا :

$$\frac{d}{d\theta} = \frac{\partial z}{\partial\theta}\frac{d}{dz} = \sin\theta\frac{\partial}{dz} \qquad (3\text{-}57)$$

وباستبدال المعادلة (3-57) والمعادلة (3-56) في المعادلة (3-53) ثم للتبسيط واخذ المعادلة (3-53) لتعطي :

$$\frac{d}{d\,z}\left\{(1-Z^2)\frac{\partial P(z)}{dz}\right\}+\left\{\beta-\frac{M}{1-Z^2}\right\}P(z)=0 \qquad (3\text{-}58)$$

وبوضع المقدار ($1-Z^2$) في المقام لتصبح المعادلة (3-58) لانهائية وتأخذ صفة التفرد عند قيمة z للقيم ±1 وتكون $-\cos\theta$ جيب تمام الزاوية (±1) أو θ للمقدار $n\pi$ ودالة الموجه يجب أن تأخذ كل الفراغ. تعامل مع الصفر أو ما لانهاية. ولدراسة السلوك عند الحد (Z) للقيمة (-1) وعند (+1) ولندع :

$$x=1+Z \qquad (3\text{-}59)$$

$$(1-Z^2)=x(1-x) \qquad (3\text{-}60)$$

أو :

لاحظ أن x تؤول للصفر كلما Z تأخذ المقدار (-1) علاوة علي ذلك

$$P(x)=P(z) \qquad (3\text{-}61)$$

باستبدال المعادلة (3-61) في المعادلة (3-59) لنحصل :

$$\frac{d}{d\,x}\left\{x(2-x)\frac{\partial R(x)}{dx}\right\}+\left\{\beta-\frac{M^2}{x(2-x)}\right\}R(x)=0 \qquad (3\text{-}62)$$

والآن نحاول حل الدوال المجهولة، R(x) بواسطة الامتداد المتسلسل ولنأخذ السلسلة الاسيه علي النحو :

$$P(x)=\sum_{v=o}^{\infty} a_v\,x^v$$

a - معامل العدد للأسس للحد (x) وعلي أي حال في المعادلة (3-61) لو أن R(x) تأخذ التفرد x = 0 ,R(0) يجب أن تكون بصفر .

ولإيجاد عدد الكم (j)

$$J=v'+|M| \qquad (3\text{-}63)$$

لنأخذ :

$$\beta=J(J+1)=\frac{2JE}{h^2} \qquad (3\text{-}64)$$

أو :

$$E_j = \frac{h^2}{2I} J(J+1) \qquad (3\text{-}64)$$

J- هي طاقة تتعلق بعدد الكم ومن المعادلة (3-63) نجد أن القيم المسموحة للحد (J) هي (M), (M+1), (M+2) وهكذا والحل بالنسبة لـ(M) في الجزئيـة (J) تـري أن :

$$-J \leq M \leq J$$

ويوجد (2J+1) قيم مسموحة للحد (M) لأي قيمة للحد (J) والطاقة لا تعتمد عـلي M إذا كل مستوي E يمكن التعبير عنه بالحد (2J+1) وتعين الدالة $T(\theta)$.

$$T(\theta) = (1-Z^2)^{M/2} G(2) \qquad (3\text{-}66)$$

حدود وهمية .

جدول (*1*) يبين بعض الحدود متعددة الوهمية (المتعادلة للوحدة)

J	M	$T_{JM}(\theta)$
0	0	$\frac{\sqrt{2}}{2}$
1	0	$\frac{\sqrt{6}}{2} \cos\theta$
1	± 1	$\frac{\sqrt{3}}{2} \sin\theta$
2	0	$\frac{\sqrt{10}}{4} (3\cos^2\theta - 1)$
2	± 1	$\frac{\sqrt{15}}{2} \sin\theta \cos\theta$
2	± 2	$\frac{\sqrt{15}}{4} \sin^2\theta$
3	0	$\frac{3\sqrt{14}}{4} \left(\frac{5}{3}\cos^3\theta - \cos\theta\right)$
3	± 1	$\frac{\sqrt{42}}{8} \sin\theta(5\cos^2\theta - 1)$
3	± 2	$\frac{\sqrt{105}}{4} \sin^2\theta \cos\theta$
3	± 3	$\frac{\sqrt{70}}{8} \sin^3\theta$

* For normalization, remember that the integration variable is cos θ, not θ. The normalizing factor is

$$\left[\frac{2J+1}{2} \frac{(J-|M|)!}{(J+|M|)!}\right]^{1/2}$$

جدول (1) يبين بعض متعدد الحدود المصاحب الوهمية وبالتالي العزم الزاوي للجسم الدوار (L) الذي نعبر عنه كما يلي : $l = Iw$

كما أن الطاقة الحركية يمكن كتابتها علي النحو : $T = \frac{l^2}{2I}$

ومعادلة الزمن - المستقل لشرودنجر

$$\hat{H}\psi = H\psi \qquad (3\text{-}67)$$

لو أن ψ دالة موجه لدوار مشدود وبالتالي تكتب معادلة العزم الزاوي كما يلي :

$$\frac{I^2\psi}{2I} = \frac{h^2}{2I} J(J+1)\psi \qquad (3\text{-}68)$$

أو في الصورة :

$$\hat{L}^2\psi = h^2 J(J+1)\psi \qquad (3\text{-}69)$$

وعليه فان دالة الموجه دالة ذاتية لمربع مجموع العزم الزاوي متخذا $J(J+1)h^2$ كقيمة ذاتية والحل لمسألة الجسم الدوار يعتبر حل عام لمسألة ميكانيكا الكم للعزم الزاوي والمعادلة (3-69) تعتبر فعالة كلما نلاقي ميكانيكا العزم الزاوي .

$$\hat{L}_2 \rightarrow -i h \frac{\partial}{\partial\theta} \qquad (3\text{-}69)$$

وهذا يعتمد علي المحور ϕ. وبالتالي تعمل فقط علي الدالة $F \pm (\phi)$ المعادلة (3-47) وبالإجراء علي $F(\phi)$ نجد أن :

$$\hat{L}_2 \ F_+(\phi) = -i h \frac{\partial}{d\phi} \ \frac{1}{\sqrt{2\Pi}} \ e^{iM\phi}$$

$$= hM \ \frac{1}{\sqrt{2\Pi}} \ e^{iM\phi} = MhF + (\phi) \qquad (3\text{-}71)$$

كما أن المعادلة (3-47) وصف للجسم الدوار في بعدين (في السطح)

طيف الموجه الصغرى للجزيئات الخطية:

حدوث طيف الدوران للجزيئات الخطية المشدودة في مدي طيفي صغير. وقواعد الاختيار وربما يكون الانتقال نظريا. وقاعدة الاختيار الدوراني للامتصاص أو الانبعاث للإشعاع هو :

$$\Delta J = \pm 1 \qquad (3\text{-}48)$$

هذه القاعدة الاختيارية لا تظهر مباشرة في حل مسألة تمثيل شرودنجر ومع استبدال I بشكل أخر J وهو رقم كم للحركة الدورانية والآن نعتبر فرق الطاقة بين حالة مميزه بواسطة (J) والاخري بواسطة J=J+1

$$\Delta E = \frac{h^2}{2I}\left[\ J(J+1) - J(J+1)\ \right]$$

$$= \frac{h^2}{2I}\left[(J+1)\ (J+2) - J(J+1)\right]$$

$$= 2\ \frac{h^2}{2I}(J+1) \qquad (3\text{-}72)$$

والانتقال عموما علي هيئة إعداد موجه علي النحو :

$$v' = 2B(J+1) \qquad (3\text{-}73)$$

حيث β ثابت الدوران : $B = \dfrac{h}{4\pi CI}$

والطاقة الكلية الفراغية التي يمكن أن تري في الطيف كما في الشكل (3-73) يجب أن تكون سلسلة لخطوط متساوية في الفراغ

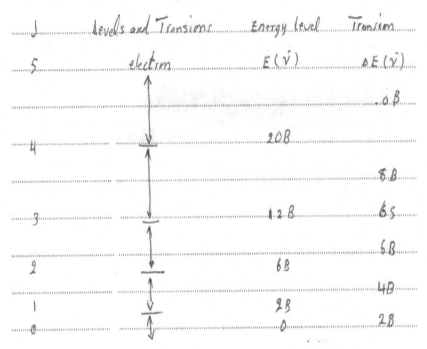

J	levels and Transions	Energy level $E(\tilde{\nu})$	Transion $\Delta E.(\tilde{\nu})$
5	electron		
			$0\,B$
4		$20B$	
			$8\,B$
3		$12\,B$	$6\,S$
			$6\,B$
2		$6\,B$	
			$4B$
1		$2\,B$	
0		0	$2\,B$

شكل (2) تخطيطي يبين مستويات الطاقة والانتقالات للدوار المشدود

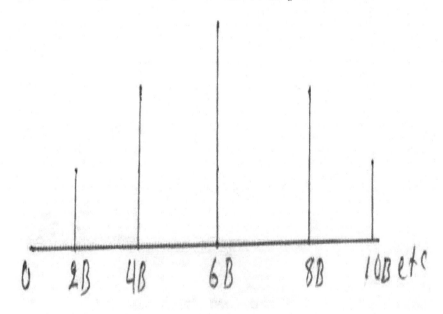

شكل (3) تخطيطي لطيف الموجه الصغرى للدوار المشدود
والثابت B- ثابت الدوران وحداته سرعة الضوء Cm/S

وعموما طيف الدوران يعتمد علي مجموعة من قواعد الاختيارية وفي حالة طيف الدوران فان قواعد الاختيارية علي النحو التالي :

$$\Delta J = \pm 1$$

$$\Delta m = o, \pm 1 \qquad\qquad (3\text{-}74)$$

والتعبير العام لطيف الدوران للجزيئات علي النحو:

$$\Delta v = 2B(J+1) \qquad\qquad (3\text{-}73)$$

كما ذكر سابقا في المعادلة (3-73) .

جدول (2) بيان طيف الموجه الصغرى لكلوريد الايدورجين

Origin of transion (J)	$\bar{v}(Cm^{-1})$	Δv	B	$r\left(\overset{o}{A}\right)$ [a]
0	47.08			
1	82.19	41.11	20.56	929
2	123.15	40.96	20.46	931
3	164.00	40.85	20.46	932
4	204.62	40.62	20.31	935
5	244.93	40.31	20.16	938

a – الفصل بين الانوية: الفصل بينهما يصبح 2B

في الحقيقة الفراغ ليس تماما متساو وهذا يعود مبدئيا إلي تشويش الطرد المركزي بسبب الدوران. جدول (2) يسجل بيان طيف الموجه الصغرى لجزئ HF .

كما يبين الفصل بين الانوية من عزم القصور الذاتي لجزئ ثنائي الذرية علي النحو :

$$I = m_1 r_2 + m_2 r_2 \qquad (3\text{-}75)$$

ولعديد الذرية :

$$I = \sum_i m_1 r_i$$

حيث r_i – المسافة بين الانوية لمركز الكتلة والمتطلب بالنسبة لجزئ ثنائي الذرية .

$$m_i |r_i| = m_2 |r_2| \qquad (3\text{-}76)$$

ولعديد الذرية :

$$\sum m_i r_i = 0 \qquad (3\text{-}77)$$

بالاستبدال للمعادلة (3-77) في المعادلة (3-75) لنحصل علي ثنائي الذرية:

$$I = m_2 r_1 r_i + m_1 r_1 r_2$$
$$= r_1 r_2 (m_1 + m_2) \qquad (3\text{-}78)$$

ولكن مجموع مسافة الفصل البينية r – مساوية $(r_1 + r_2)$ إذا :

$$m_1 r_1 = m_2 r_2 = m_2 (r - r_1)$$

أو :

$$r_1 = \frac{m_2 r}{m_2 + m_1} \qquad (3\text{-}79)$$

$$r_2 = \frac{m_1 r}{m_1 + m_2} \qquad (3\text{-}80)$$

وعليه :

$$I = \frac{m_1 m_2}{m_1 + m_2} r^2$$

أو :

$$I = \mu r_2 \qquad (3\text{-}81)$$

حيث — μ الكتلة المختزلة إذا:

$$r = \sqrt{\dfrac{I}{\mu}} = \sqrt{\dfrac{h}{4\pi\, CB,\mu}} \qquad (3\text{-}82)$$

وبتقييم الثابت نحصل علي (r) من وحدات الكتلة الذرية

$$r = 4.1059\times 10^{-10}\,(BU)^{-\frac{1}{2}}\,m \qquad (3\text{-}84)$$

هـذه الطريقـة تسـتخدم مبـاشرة فقـط للجزيئـات ثنائيـة الذريـة وأمـا بالنسبة للجزيئات الخطية المعقدة يمكن معالجتها بالاستبدال للقيم المتناظرة .

قواعد الاختيار : Selection rules

نحـن الآن في وضـع لاسـتخدام نظريـة المجموعـة لاشـتقاق قواعـد الاختيـار $\Delta J = \pm 1$ بالنسبة لتحليل موجات الطيف القصيرة للجزيئات الخطية. ولكي نلاحـظ أي انبعـاث مبـاشرة أو امتصـاص لأشـعة كهرومغناطيسـية يجـب مـن أن يكـون ثنـائي الاستقطاب متصلين بحالات الطاقة وعدم التلاشي ويعين (μ_{ji}) ثنـائي الاستقطاب علـي النحو التالي :

$$\mu_{ji} = \int \psi_i^a\, \overline{U}\, \psi_i\, dv \qquad (3\text{-}85)$$

ψ_i^a , ψ_i — دوال الموجه للحالـة الابتدائيـة والنهائيـة، $\overline{\mu}$ — عامـل ثنـائي الاستقطاب المألوف والتكامل علـي كل ما في الفراغ (عامل المتجه، زمـن الحمـل، عامـل المسافة).

ونحن نـري في الحـال، أن تقريبـا في الـدوار المتماسك للجزئي لـو لم يوجد فصل (بمعني لا يوجد عزم استقطابي دائم) فيكـون عزم الاستقطاب متلاشي. وتغير العزم الثنـائي الاستقطابية بصـورة مسـتمرة بسـبب وجـود خـلل كهرومغناطيسي ـ يـؤثر علـي المجـال المغناطيسي للضوء الساقط، مما سيؤدي علي انتقال الجزئ مـن حالـة إلي حالـة أخري، وباستخدام الصورة لعزم انتقال الإلكترون لبعد واحد علي النحو التالي:

$$\mu_{ji} = \frac{2e}{L}\int x\sin\frac{i\pi x}{L}.\sin\frac{i\pi x}{L}.dx \qquad (3\text{-}86)$$

والانتقال من i إلي j يكون في حالة ما إذا كان التكامل لا يساوي الصفر ولكن إذا عزم الاستقطاب $V_{ij} = O$ فان الانتقال للإلكترون غير مسموح ولا يمكن التحول ولنا أن نتعرف ما إذا كانت مساوية للصفر من عدمه بمجرد معرفة خصائص تماثل الدوال انظر الشكل (4) .

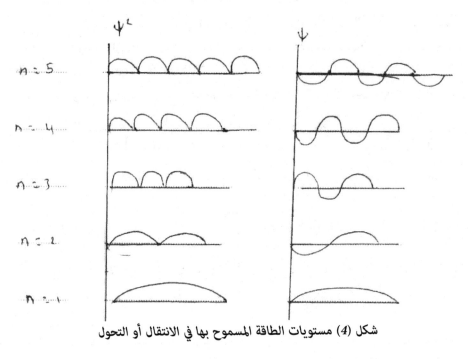

شكل (4) مستويات الطاقة المسموح بها في الانتقال أو التحول

فالدوال برقم فردي لا تحتوي علي عقدة في المنتصف $x = L/2$ وهذه الدوال متماثلة حول $x = L/2$ والعكس للدوال الزوجية وبالتالي الدوال المميزة برقم (n) فردي كمي تعرف بالدوال زوجية (+) في حين الدوال الاخري تعرف بالدوال الفردية (-) ولكي يتم الانتقال الالكتروني يجب أن يكون بين حالات تماثلها مختلف من زوجي إلي فردي والعكس كما انه يجب أن يكون حاصل ضرب $\Psi_i \, \Psi_j$ فرديا حتى لا يتلاشي التكامل وان يحقق الشرط حتى يتم الانتقال بمعني.

Δn = عدد فردي

***

الباب الرابع

الاهتزازات

The Vibrations

المذبذب التناسقي (التوافقي) - معالجة هيسنبرج :

نموذج المذبذب التوافقي المبين بواسطة الكتلة (m) المعلقة بواسطة شكل زنبرك من مكان ثابت شكل (1) بفرض أن الزنبرك عديم الوزن وتام المرونة وجود كتلتين في الفراغ الحر متصلان بواسطة زنبرك تعطي لنفس المعادلات لو أن الكتلة تبدلت بالكتلة المختزلة.

$$V = \frac{m_1 m_2}{m_1 + m_2}$$

وبدلاً من استخدام المحاور (x, y and z) سوف نستخدم محور الإزاحة العام (q) من موضع الاتزان .

فعندما ينتقل بواسطة (q) سيخضع لفقد طاقة (F) .

قانون هوك :

$$F \alpha - q \qquad (4\text{-}1)$$

$$F = -kq \qquad (4\text{-}1')$$

حيث k- ثابت هوك (ثابت القوة) والقانون الكلاسيكي للحركة والخاص بالتذبذب هو :

$$m\bar{q} = -k\,q \qquad (4\text{-}2)$$

حيث $-\bar{q}$ إشارة مختصرة للجزئية $\partial^2 q / dt^2$ وطاقة الجهد الساكن هو $\frac{1}{2} k\, q^2$ وتكون الطاقة التقليدية إذا :

$$E = \frac{P^2}{2m} + \frac{k\,q^2}{2} \qquad (4\text{-}3)$$

حيث P- العزم، وللملائمة، لنستبدل الجزئية K لدالة التردد الكلاسيكي :

$$k = m w^2 \qquad (4\text{-}4)$$

حيث w تكافئ $2\pi v$, وان v – التردد التقليدي وهذا يعطي :

$$E = \frac{P^2}{2m} + \frac{mw^2 q^2}{2} \qquad (4\text{-}5)$$

والآن وطبقا لهيسنبرج لكـل الملاحظـات الرمزيـة E, P and q تأخـذ مصـفوفة لهـا، والتي تعرف (H,P and Q) والمعادلة هيسنبرج هاميلتونيان

$$E = \frac{1}{2m} P^2 + \frac{mw^2}{2} Q^2 \qquad (4\text{-}7) \quad ؛$$

الصفوف والأعمدة في المصفوفة تفتـرض تميزهـا بواسـطة الحـالات للنظـام. وقاعـدة المتجهات للمتجه الجبري يبرهن الحالـة طبقـا للمصفوفات والتركيـب. فلـو المصـفوفة H تعبر عن الخط القطري، عناصر القطر (H_{ij}) هي الطاقات لحالات النظـام، $i \neq j$ H_{ij} تعتبر صفر. وساهم كرودلي Crudly فقط في الحالـة i، j يكونـا خليـط. وعلـي أي حـال، لحل حالات الطاقة فإننا يجب إيجاد شكل المصفوفة وتكون H مصفوفة خطيـة، لعمـل ذلك لسوف نخضع لإيجاد علاقتين وهما الأولي العلاقة

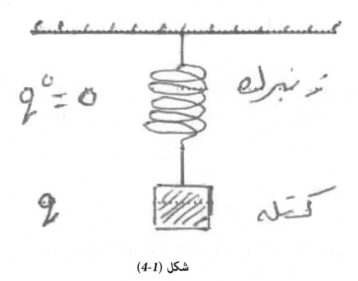

شكل (4-1)

$$[A.H]=ih\,A \qquad (4\text{-}8)$$

ويمكن إعادة ترتيبها لتعطي :

$$A'=\frac{i}{h}[H,A] \qquad (4\text{-}8')$$

الثانية والتي يمكن اشتقاقها أولا:

$$\left|\hat{Q},P\right|=nihQ^{n-1} \qquad (4\text{-}9)$$

حل معادلة الحركة وهي المشابهة لميكانيكا الكم للمعادلة (3-4) وحقيقة نحن نعلم أن العزم P مساويا للمقدار mv ومهما يكن السرعة v ما هو إلا زمن مشتق محوري q إذا نجد أن:

$$\dot{Q}=\frac{1}{m}P=\frac{i}{h}[H,Q] \qquad (4\text{-}10)$$

وهذه المعادلة تدخل في الحل للحد $\ddot{Q}$

$$=\frac{i}{h}\left[H,(\frac{1}{m}P)\right]=\frac{1}{m}P \qquad (4\text{-}11)$$

ولكن :

$$\dot{P}=\frac{i}{h}(H,P) \qquad 4\text{-}\ (12)$$

$$=\frac{i}{h}\left[\frac{1}{2m}P^2+\frac{mw^2}{2}Q^2),P\right] \qquad (4\text{-}12')$$

$$=\frac{i}{2mh}\left[P^2.P\right]+\frac{imw^2}{2h}\left[Q^2,P\right] \qquad (4\text{-}12'')$$

$$=\frac{imw^2}{2h}(2ihw^2) \qquad (4\text{-}12''')$$

$$=-mv^2Q \qquad (4\text{-}12')$$

ومن المعادلة (11-4) :

$$\ddot{Q} = - w^2 Q \qquad (4\text{-}13)$$

وبإعادة المعادلة (13) لتعطي العلاقة :

$$\ddot{Q} + w^2 Q = 0 \qquad (4\text{-}14)$$

حيث المعادلة صفر تعتبر مصفوفة صحيحة مصفوفة صفرية لجميع العناصر ولنعتبر شكل لعناصر مصفوفة للجانب الأيسر للمعادلة (4-14) وهنا نأخذ تطوير حالة الزمن لحالة هيسنبرج حيث اعتمد فرضا أن سلوك زمن- الاعتماد يمثل التردد وبين الحالات وبمعني أخر عناصر (1) هي :

$$q_{ij} = q_{ij}^{o} \ \exp^{(iwjit)} \qquad (4\text{-}15)$$

وحيث $q_{ij}^{o} -$ تمثل السعة، والجزء الآسي يعطي سلوك الزمن وعناصر الجزء الأيسر العام من المعادلة (4-14) هو :

$$(\ddot{Q} + w^2 Q)_{ij} = \bar{q}_{ji} + w q_{ji} = 0 \qquad (4\text{-}16)$$

ولكن :

$$\ddot{q}_{ij} = \frac{d^2}{dt} (q_{ji}^{o} \exp^{(iwijt)} = -w_{ji}^{2} \, a_{ji}^{2} \exp^{iwijt} \qquad (4\text{-}17)$$

بالاستبدال المعادلة (4-15) والمعادلة (4-17) إلي المعادلة (4-16) لتعطي :

$$(w^2 - w_{ji}^2) q_{ji}^{o} \exp^{(iwijt)} = 0 \qquad (4\text{-}18)$$

من هنا نلاحظ أن الأس علي العموم لا يساوي الصفر هذه المعادلة يمكن أن تكون كافية فقط لو q_{ji}^{o} مساوية للصفر أو أن w_{ji} مساوية للحد $\pm w$ ونحن نأخذ الاختيار الأخير حيث الأول لا يعطي معلومات كافية والرموز j,i يمكن أن يكون لها أي قيمة وعلي العموم من المناسب، دعنا نأخذ اختبار الرموز مثل تلك q_{j+1}^{o} ,j تصاحب مع

$+w$ ، q^{o}_{j-1} ، j- تصاحب مع $-w$ (بمعني أن (i) مساوية (j+1) (j-1) علي التوالي وهذا يتيح المصفوفة بدون صفر فقط عند أول موضع جانب الخط القطري (diagonal) .

$$Q=\begin{bmatrix} O & q_{o1} & O & O & \ldots\ldots \\ q_{o1} & O & q_{12} & O & \ldots\ldots \\ O & q_{21} & O & q_{23} & \ldots\ldots \\ \ldots & \ldots & \ldots & \ldots & \ldots\ldots \end{bmatrix}=[H] \qquad (4\text{-}19)$$

ولكي تركب مصفوفة هاميلتوينان للمعادلة (4-7) نحتاج أيضا عزم المصفوفة P تبعا للمعادلة 10-4 .

$$P=Qm \qquad (4\text{-}20)$$

أو :

$$P_{ji}=m\frac{d}{dt}q_{ij} \qquad (4\text{-}21)$$

$$=imw_{ji}q^{o}_{ji}\exp^{iwijt} \qquad (4\text{-}21')$$

$$=im\ w_{ji}q_{ji} \qquad (4\text{-}21'')$$

حيث نستخدم المعادلة 15 لإيجاد q_{ji} إذا:

$$P=im\begin{bmatrix} O & w_{01}q_{01} & O & O \\ w_{10}q_{10} & O & w_{12}q_{12} & O \\ O & w_{21}q_{21} & O & w_{23}q_{23} \\ & & & \end{bmatrix}=[N] \qquad (4\text{-}22)$$

ونحن نريد إيجاد (i) مثل (w_{ij}) مساوية (w) لو (i) مساوية (j+1) , w- لو I -w , مساوية (j-1) لتعطي :

$$P = imw \begin{bmatrix} O & -q_{01} & O & O \\ q_{01} & O & -q_{12} & O \\ O & q_{21} & O & -q_{23} \end{bmatrix} \quad (4\text{-}23)$$

بتربيع P نحصل علي:

$$P^2 = m^2 w^2 \times L \quad (4\text{-}24)$$

بتربيع Q نحصل علي:

$$Q^2 = M \quad (4\text{-}25)$$

باستبدال المعادلة (4-42)، (4-52) في المعادلة (4-7) تعطينا حساب (H) علي النحو:

$$H = m^2 w^2 \ L \times M \quad (4\text{-}26)$$

هذه المعادلة تعتبر قطريه، عناصر هذه القطرية هي الطاقات لتعطي الشكل العام :

$$H_n = H_m = mw^2 (q_n, n+1 q_n, n+1, n+1, n+q_n n-1 q_{n-1}, n) \quad (4\text{-}27)$$

ويتطلب تقييم الطاقات تقييم للحدود (q_{ji}, s) وهذا يعتبر متمم من علاقة التبادل من المعادلة (4-9)

$$[Q, P] = ih I \quad (4\text{-}28)$$

حيث I– وحدة المصفوفة. امتلك عناصر موحدة علي طول القطر والعناصر صفر أينما كانت.

وبالاستبدال في المعادلة (19- 4) و(4-23) بالنسبة للحدود P, Q نحصل علي :

$$QP = imw \times [H][N] \quad (4\text{-}29)$$

$$PQ = imw \times [-N][H] \quad (4\text{-}30)$$

إذا :

$$[Q, P] = 2imw \ [N] + [H] \quad (4\text{-}31)$$

$$= ih I \qquad (4\text{-}31')$$

وبطريـق أخـر المصـفوفة عـلي الجانـب الأيمـن للمعادلـة (4-31) والتـي تسـاوي $-i/2mw[Q,P]$ ومساوية $hI/2mw$.

وكل عناصر القطر مساوية $h/2mw$

لنحصل :

$$q_{01}\, q_{10} = \frac{h}{2mw} \qquad (4\text{-}32)$$

$$q_{12}\, q_{21} - q_{10}\, q_{01} = \frac{h}{2mw} \qquad (4\text{-}32)$$

باستبدال المعادلة (4-32) في المعادلة ($4\text{-}32'$) حيث تعدل عناصر المصفوفة q_{10}, q_{01} لتعطي :

$$q_{12}\, q_{21} = \frac{2h}{2mw} \qquad (4\text{-}33)$$

ومن عناصر المجموعة الثالثة القطرية نجد أن :

$$q_{23}\, q_{32} - q_{21}\, q_{12} = \frac{h}{2mw} \qquad (4\text{-}34)$$

استبدل في المعادلة (4-32) :

$$q_{23}\, q_{32} = \frac{3h}{2mw} \qquad (4\text{-}35)$$

والأجزاء تصبح علي النحو :

$$q_{n,n+1}\, q_{n+1,n} = \frac{(n+1)h}{2mw} \qquad (4\text{-}36)$$

ولهذا فمن المعادلة (4-27) :

$$E_n = mw^2\left[\frac{(n+1)h}{2mw} + \frac{nh}{2mw}\right]$$

$$= \frac{(2n+1)hw}{2}$$

$$=(n+\frac{1}{2})hw \qquad (4\text{-}37)$$

$$=(n+\frac{1}{2})hvo \qquad (4\text{-}38)$$

لاحظ انه لو أن n مساوية للصفر, توجد ومازالت طاقة اهتزازية مساوية للمقدار $\frac{1}{2}hvo$ وهو ما يعرف بطاقة الصفر (نقطة طاقة الصفر) فيزيائيا.

وهذا يتضمن أن ميكانيكا الكم التذبذبية التوافقية لا تكن بصفر عند السكون، ولكن تذبذب دائما علي الأقل بنقطة لطاقة صفرية.

وعند التطبيق علي الجزيئات الثنائية الذرية لهذا النموذج يمكن القول.

لا يمكن أن تملك الثبات فلماذا نتطلب مسافة تفاعل نووي بأن يوجد متوسط مسافة بين الذرات.

نتصور اشتقاق درجة الحرارة المطلقة التي وضعت علي نظرية الحركة للغازات تدل علي انه عند الصفر المطلق. وكل حركة الجزيئات تقف، وكل حركة الجزيئات ساكنة. والمعادلة (38-4) تدل علي انه ليست تلك الحالة، حتى لو أخذنا مادة بلورية نقية عند الصفر المطلق.

وكل حركة أو كل أسلوب للاهتزاز للبلورة ثابت الحدوث عند تردد لنقطة الصفر طريقة وحيدة لمحاولة لتعطي حرارة قرب الصفر المطلق، هو إدخال المادة البللورية لتأخذ سطح انتقالي قرب الصفر المطلق.

ولو أن سطح الانتقال ماص للحرارة فينخفض أكثر.

طيف الاهتزاز للجزيئات الثنائية الجزيئية:

الفرق بين مستويات الطاقة الاهتزازية هو:

$$\Delta E = hvo(n_2 - n_1) \tag{4-39}$$

إذا الاهتزاز الطيفي الانتقالي عند اهتزاز توافقي تقريبي عدد صحيح مضروب الحد hvo • وعملية الانتقال تبدوا واضحة عند ترددات مختلفة وبالتالي من معرفة التردد الصغرى vo • ولنا أن نتذكر من المعادلة (5-4) الجزئية التردد نجد أن :

$$v_o = \frac{1}{2\Pi}\sqrt{\frac{k}{v}} \tag{4-40}$$

حيث (μ)- الكتلة المختزلة k- يعبر عنها بالوحدة $10^{-2}\ N\,m^{-1}$ (10^5 داين سم$^{-1}$) أو بالملي داين لكل انجسترون

(10^5 dyne/cm or millidynes per angstrom) ويعبر عن μ - بالوحدة الذرية .

$$v_o = 3.906\times10^{13}\,(\frac{k}{\mu})^{1/2}\ Sec^{-1} \tag{4-41}$$

$$v_o = 1302.8\,(\frac{k}{\mu})^{1/2}\ Cm^{-1} \tag{4-41$'$}$$

$$v_o = 2.59\times10^{-20}\,(\frac{k}{\mu})^{1/2}\ J \tag{4-41$''$}$$

$$hv_o = 2.59\times10^{-13}\,(\frac{k}{\mu})^{1/2}\ erg$$

$$k = (\frac{v_o}{1302.8})\,\mu\times10^{2}\ N\,m^{-1} \tag{4-42}$$

جدول (4-1) يبين بعض الثوابت لبعض النظائر

الجزئ- النظير	$\overline{v}_o\ Cm^{-1}$	$k(10^2\ Nm^{-1})$
$^1H_2$	4401.21	5.7510
$^2H\ ^1H$	3813.15	5.7543 α
$^2H_2$	3115.50	5.7588
$^1H\,^{36}Cl$	2990.95	5.1631
$^{12}C\,^{16}O$	2169.81	19.0185
$^{14}N_2$	2358.57	22.9478
$^{16}O_2$	1580.19	11.7658

a – لاحظ الفروق البسيطة في تلك الثوابت لقوه النظائر. وفي علم المطيافيه تدلنا قواعد الاختيار وجود انتقالات محددة نظريا مسموحة بينما انتقالات أخري تعتبر ممنوعة وتعتمد القواعد علي نوع خصوصية التجربة.

__مثال:__ لطيف تحت الأشعة الحمراء هو امتصاص مباشر للإشعاع الكهرومغناطيسي- كما تعتمد قاعدة الاختيار علي انتقال الاستقطاب الثنائي كما في المعادلة

$$v_{i_j} = \int \psi_i^* \hat{V} \psi_i \, dv \qquad (4\text{-}43)$$

وتنص قاعدة الاختيار علي انه يجب أن لا يتلاشي مكون ثنائي القطبية حالتي الانتقال بالمقارنة للموجات الصغيرة الطيفية، رابط الذرات يتغير من خلال عملية الاهتزازات. وهذا بسبب العمل خارج مصفوفة هيسنبرج بالنسبة (Q) ومن المعادلة (19-4) نجد أن الحد (Q) يمتلك قطرية عناصر بعيدة متصلة فقط بجانب الحالات وبالنسبة للانتقالات لسماحية دون الحمراء فإننا يجب الأخذ في الاعتبار أن :

$$n_2 = n_1 \pm 1$$

حيث تأخذ الانتقالات قيم للحد Δn غير ± 1 الملاحظة عمليا، عائد إلي اللا توافقية في الاهتزازات للجزيئات الحقيقية .

الاهتزازات في الجزيئات عديدة الذرية :

لنأخذ مجموعة لعدد (N) من الذرات غير متصلة وكل ذرة تأخذ ثلاث درجات انتقالات حرة تقع علي طول المحاور (x, y, z). وبالتالي نجد المجموع حينئذ (2N) مستقلة الحركة لكل الذرات. ولنفترض أن الذرات متماسكة ومتصلة مع بعضها لتأخذ شكل تركيب ثلاثي- الإحداثيات. هذا التركيب ككل يأخذ ثلاث درجات - حرة انتقالية وثلاث درجات حرة دورانية وبالتالي يأخذ التركيب اثنين فقط لو أن التركيب خطي والجزئ يقع بين بعدين وترتبط الذرات مع بعضها لتعطي جزئ ثلاثي الأبعاد. والروابط علي أي حال، ليست مشدودة وتستطيع الذرات الاهتزاز في حالة حرة غير معتمدة علي الآخر ومن الممكن يوجد مجموع 3N لحركات ممكنة مستقلة ثلاثة من تلك الحركات تقابل الانتقالات داخل الجزئي. ثلاثة أخري (أو اثنين للجزئ أن كان خطيا) ستقابل الدورانية لداخل الجزئي. والباقي إذا (3N-6) و(3N-5) لو كان خطيا) ستقابل الاهتزازات للجزئي. مثال لجزئ ثنائي الذرية يأخذ (5-2× 3) أو واحد لدرجة من درجة الاهتزاز. وبالنسبة لجزئ ثلاثي الذرية (مثل جزئ الماء) فانه يأخذ (6-3× 3) أو ثلاثة درجة من الاهتزاز

الحر. وبالنسبة لجزئ خطي ثلاثي الذرية (مثل CO_2) فانه يأخذ أربع درجات من الاهتزاز الحر، وهكذا وهذا يمكن مشاهدته في الشكل (2-4) .

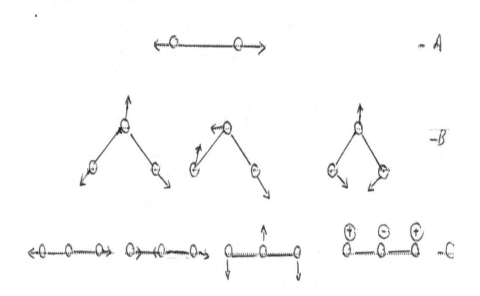

شكل (2) الاهتزازات المستقلة لمركب *A*- جزئ ثنائي الذرية
***B*- ثلاثي الذرية غير خطي، *C*- ثلاثي الذرية خطي**

وبالنسبة للجزيئات البسيطة كما هو مبين في الشكل، فمعالجة ميكانيكا الكم بسيطة نسبيا ويعالج الجزئ الثنائي الذرية أو يعامل علي انه أحادي الإحداثية للاهتزاز التوافقي. واهتزاز شدة الرابطة لثلاثي الذرية يمكن كونه تقريب جيد، كمجموعة مؤلفه خطيه بسيطة لمركزين اهتزازات توافقية. بينما حركة الشد تعالج بجهد أحادي توافقي يقابل للشد. وكمثال في حركة اهتزازية لشد متماثلة خطيه لجزئ A-B-C. الذرة المركزية لا تتحرك وثابتة انظر الشكل (2-4) المجموعة (C) والمسألة هو أن للحركة الاهتزازية أو الترددية البسيطة التوافقية. ويمكن كتابة دالة الموجه علي النحو:

$$\psi = \frac{1}{\sqrt{2}}(\psi_1 + \psi_2) \qquad (4\text{-}44)$$

حيـث ψ_2, ψ_1 - دوال لأحاديـة الإحـداثيات تـردد- تـوافقي. ويكـون مجمـوع هاميلتونيان لاثنين من الدوال الترددية التوافقية تكون الطاقة إذا:

$$E = \int \psi^* \hat{H} \psi \, dv \qquad (4\text{-}45a)$$

$$E = \int \psi^* (\hat{H}_1 + \hat{H}_2) \psi \, dv \qquad (4\text{-}45b)$$

$$E = \tfrac{1}{2}\left[\int \psi_1^* \hat{H}_1 \psi_1 \, dv + \int \psi_2^* \hat{H}_2 \psi \, dv \right] \qquad (4\text{-}45c)$$

$$E = (n + \frac{1}{2}) h v_o \qquad (4\text{-}45d)$$

$$E = (n + \frac{1}{2}) h \sqrt{\frac{k}{u}} \qquad (4\text{-}45e)$$

μ - الكتلة المختزلة

***

الباب الخامس

ذرة الأيدروجين

The hydrogen atom

نحن هنا بصدد لحل ميكانيكا الكم لمسألة ذرة الأيدروجين وقد حلت تلك المسألة من ناحية تناولها هيسنبرج أو تمثيل شرودنجر. وهنا نلقي الضوء علي معادلة شرودنجـر. باعتبار ذرة الأيدروجين ابسط الـذرات لاحتوائها عـلي إلكترون ونـواه. والإلكـترون (e-) والنواة –ze حيث z– العدد الذري وطاقة الجهد ما هـي إلا دالـة فقـط لمسـافة الفصل للإلكترون والنواة .

$$V = -\frac{Ze^2}{4\pi\xi_o r} \quad or \quad = -\frac{Ze^2}{r} \qquad (5\text{-}1)$$

z– العدد الذري، e– الشحنة الالكترونية، r– المسافة بين النواة ولكننا نلاحظ أيضا في هذه المسالة أن الجهد متناسق الدائرية وهذا يعني عدم وجود زوايا احداثية، وإننا هنـا سوف نجد تلك الزوايا لاستخدامها للعمل في إحداثيات قطبية دائرية كما تعمل بالنسبة للدوار المشدود. ومعامل هاميلتوينان لذرة الأيدروجين هو :

$$\hat{H} = -\frac{h^2}{2\mu} \overline{V}^2 - \frac{Ze^2}{r} \qquad (5\text{-}2)$$

كما أن الصورة الاخري لهذا النظام لمعادلة شرودنجر يمكن أن تأخذ الشكل :

$$\nabla^2\psi + \frac{8\pi^2 m}{h^2}(E + \frac{Ze^2}{4\pi\xi_o r})\psi = O \qquad (5\text{-}3)$$

لاحـظ اسـتخدام الكتلـة المختزلـة (V) للإلكترون والنـواة مفضـلا ذلـك عـن كتلـة الإلكترون حيث النواة تتحرك ببطء نسبيا لمركز النواة كما

يتحرك الإلكترون. وباستخدام كتلة الإلكترون سوف يدخل خطأ نسبي حوالي 0.5% في الطاقة .

فصل المتغيرات :

والحل لمعادلة شرودنجر هو :

$$(-\frac{h^2}{2\mu}\nabla^2 - \frac{Ze^2}{r})\psi(r_1\theta,\phi) = E\psi(r,\theta,\phi) \quad (5\text{-}4)$$

وكما ذكرنا سابقا وذلك بوضع معامل لابلاس في محاور قطبية دائرية واستبدالها في المعادلة (4-5) :

$$\frac{1}{r^2}\frac{\partial}{dr}(r^2\frac{d\psi}{\partial r}) + \frac{1}{r^2\sin\theta}\frac{\partial}{\partial\theta}(\sin\theta\frac{\partial\psi}{\partial\theta}) +$$

$$\frac{1}{r^2\sin^2\theta}\frac{\partial^2\psi}{\partial\phi 2}) + \frac{2\mu}{h^2}[(E-V)(r)]\psi = O \quad (5\text{-}5)$$

حيث V(r) تقابل $\frac{-Ze^2}{r}$ وقد استطعنا مسألة الدوار المشدود وذلك بفصل المتغيرات وسوف تستخدم نفس التقريب هنا. كما يلي :

$$\psi(r_1\theta,\phi) = R(r)T(\theta)F(\phi)$$

حيث R دالة في r، وهكذا لبنية الدوال .

بالاستبدال في المعادلة (4-5) ثم بعد ذلك بالقسمة علي RTF لتعطي المقدار :

$$\frac{1}{R}\frac{d}{r^2 dr}(r^2\frac{dR}{dr}) + \frac{1}{T}\frac{1}{r^2\sin\theta}\frac{d}{d\theta}(\sin\theta\frac{dT}{d\theta}) + \frac{1}{F}$$

$$(\frac{1}{r^2\sin^2\theta}\frac{d^2F}{d\phi^2}) + \frac{2\mu}{h^2}[(E-V)(r)] = O \quad (5\text{-}6)$$

وبضرب المقدار $(r^2\sin^2\theta)$ ثم بالتعديل :

$$\frac{\sin^2\theta}{R}\frac{\partial}{dr}(r^2\frac{\partial R}{\partial r})+\frac{\sin\theta}{T}\ \frac{\partial}{\partial\theta}(\sin\theta\frac{\partial T}{\partial\theta})+\frac{1}{F}$$

$$\frac{\partial^2 F}{\partial\phi^2}+\frac{2\mu r^2\sin^2\theta}{h^2}\left[(E-V)(r)\right]=O \qquad (5\text{-}7)$$

وتستطيع فصل $\phi-$ عن غيره من المتغيرات حيث انه غير مستقل :

$$-\frac{1}{F}\frac{\partial^2 F}{\partial\phi^2}=\frac{\sin^2\theta}{R}\ \frac{\partial}{\partial\theta}((r^2\frac{\partial R}{\partial r})+\frac{\sin\theta}{T}\ \frac{\partial}{\partial\theta}(\sin\theta\frac{\partial T}{\partial\theta})+$$

$$\frac{2\mu r^2\sin^2\theta}{h^2}\left[(E-V)(r)\right] \qquad (5\text{-}8)$$

ويمكن وضع الجزء بالثابت $-m^2$ علي هذا النحو :

$$\frac{1}{F}\frac{\partial^2 F}{\partial\phi^2}=-m \qquad (5\text{-}9)$$

وبالاستبدال في المعادلة (6- 4) لنحصل :

$$\frac{1}{R}\left[\frac{\partial}{\partial r}(r^2\frac{\partial R}{\partial r})\right]+\frac{1}{T}\left[\frac{1}{r^2\sin\theta}\frac{\partial}{\partial\theta}(\sin\theta\frac{\partial T}{\partial\theta})\right]-$$

$$\frac{m^2}{r^2\sin^2\theta}+\frac{2\mu}{h^2}\left[(E-V)(r)\right]=0 \qquad (5\text{-}10)$$

ولو ضربنا في الحد (r^2) أعدنا الترتيب نجد :

$$\frac{1}{R}\left[\frac{\partial}{\partial r}(r^2\frac{\partial R}{\partial r})\right]+\frac{2\mu r^2}{h^2}\left[E-V(r)\right]=$$

$$\frac{m^2}{\sin^2\theta}-\frac{1}{T}\left[\frac{1}{\sin\ \theta}\frac{\partial}{\partial\theta}(\sin\theta\frac{\partial T}{\partial\theta})\right] \qquad (5\text{-}11)$$

تلاحظ من المعادلة (5-11) أن الطرف الأيسر يعتمد علي (r) ولا يعتمد علي θ . بينما العكس لطرف الجانب الأيمن. وعموما المعادلة (5-11) يمكن استخدامها لكل قيم المتغيرات فقط لو كلا الجانبين

متساويا الثابت ولنأخذ الثابت β . ونحن هنا الآن سوف نفصل المتغيرات كاملا إلي ثلاثة معادلات كل واحد معتمد علي متغير .

معادلتي ϕ, θ التوافق الدائري Spherical harmonics والمعـادلات الثلاثـة المحلولـة يمكن كتابتهم :

$$\frac{\partial^2 F(\phi)}{d\phi} = -m^2 F(\phi) \qquad (5\text{-}12)$$

$$\frac{1}{Sin\theta}\left[\frac{d}{d\theta}\left\{\left[Sin\theta\frac{dT(\theta)}{\partial(\theta)}\right]\right\}-\frac{m^2}{Sin^2\theta}T(\theta)+\beta T(\theta)\right]=0 \qquad (5\text{-}13)$$

$$\frac{1}{r2}\frac{d}{dr}\left[r^2\frac{dR(r)}{dr}+\frac{2U}{h^2}\left[E-V(r)\right]R(r)\right]-\frac{\beta}{r^2}R(r) \qquad (5\text{-}14)$$

والمعادلتين (5-12) و(5-13) في مسألة الدوار المشدود والحل هو ذاته بالتمام، فيما عدا تطلب مفضلا ذلك :

$$\beta = L(L+1) \qquad (5\text{-}15)$$

$J(J+1)$ في مسألة الدوار المشدود، نحن نعرف الآن m, L لإعداد الكم المتعلقة للمتغيرات الزاوية عدد الكم L– يعرف عدد الكم العزم الزاوي المـداري orbital angular-monentum number أو تماما عدد العزم المداري، m– يعرف بعدد الكم المغناطيسي- ثـم بعد ذلك هذا الكم سوف يأخذ الرموز (S, P. d and F) هذه المجموعة اشـتقت أساسـا من المطياف الذري .

والناتج للدوال الزاوية :

$$T_{lm}(\theta)\,F_m(\phi) = Y_{Lm}(\theta, \phi) \qquad (5\text{-}16)$$

مرة أخري توجد التوافق الكروي، دالة الموجه الكلية التي يمكـن تعتـبر كنـاتج دالـة الاعتماد r- (نصف قطرية) وR(r) ومتوافقية دائريـة والتناسـقية الدائريـة (المتوافقيـه)، هنـا مهمـة عنـدما نفسر الأنظمـة الذريـة المتماثلـة غـير عنـدما تكـون مسـتقلة $F(\phi), T(\theta)$.

المعادلة (r) –الطاقة :

تدلنا المعادلة (14-5) علي مسألة أخري، والحل امتداد لسلسلة، وعلي الأصح من الخوض في التفصيل عن الزمن فلو استبدلنا $l\ (l+1)$ بالنسبة β وأشكال الدالة للحد $V\ (r)$ للمعادلة (14-5) لنحصل علي :

$$\frac{1}{r^2}\left(\frac{d}{dr}r^2\frac{dR}{dr}\right)+\left[-\frac{L(L+1)}{r^2}+\frac{2\mu}{h^2}\left(E+\frac{Ee^2}{r}\right)\right]R=O \qquad (5\text{-}17)$$

ولتجنب مشكلة الثوابت وللتبسيط لنأخذ الشكل للمعادلة كما هو أن:

$$\alpha^2=-\frac{2UE}{h^2} \qquad (5\text{-}18)$$

$$\lambda=\frac{UZe^2}{h^2\alpha} \qquad (5\text{-}19)$$

$$P=2\alpha r \qquad (5\text{-}20)$$

$$S(P)=R(r) \qquad (5\text{-}21)$$

وبذلك تصبح المعادلة (17- 5) علي النحو :

$$\frac{1}{\rho^2}\frac{d}{d\rho}\left[\rho^2\frac{ds(\rho)}{\partial\rho}+\left(-\frac{l(l+1)}{\rho^2}-\frac{1}{4}+\frac{\lambda}{\rho}\right)\right]S(\rho)=O \qquad (5\text{-}22)$$

والمتغير (r) وبالتالي (**ρ**) يمكن أخذه قيمة من صفر إلي ما لا نهاية دعنا نعتبر المعادلة (22-5) عند (**ρ**) كبيرة سنجري التفاضل لنحصل:

$$\frac{2}{\rho}\frac{dS}{d\rho}+\frac{d^2S}{d\rho^2}+\left[-\frac{l(l+1)}{\rho^2}-\frac{1}{4}+\frac{\lambda}{\rho})\right]S=O \qquad (5\text{-}23)$$

وعند ρ بقيمة مناسبة وكل الأجزاء مع ρ في المقام نصبح مهملة لتعطي :

$$\frac{d^2S}{d\rho^2}\cong\frac{1}{4}S \qquad (R\arg er) \qquad (5\text{-}24)$$

والحل إذا: (5-25)

$$S(\rho)=e^{\pm\rho/2} \qquad (L\arg er) \qquad (5\text{-}25)$$

وتعني (+) للأس تكون لا نهائية كلما (ρ) تقترب من لا نهاية وبالتالي دالة الموجه تظل متناهية علي الأمكنة وهذا يعتبر غير مقبول أو بالتالي (-) الأس هو الاختيار والسلوك المتقارب للحد S(ρ) لكبر (ρ) إذا يكون $e^{-\rho/z}$ علي كل المنطقة أو المدي للحد (ρ) ونحن نفترض أن S(ρ) يأخذ الشكذل:

$$S(\rho)=\rho(\rho)e^{-\rho/Z} \qquad (5\text{-}26)$$

وتكون الخطوة التالية لمفكوك P(ρ) كسلسلة لمفكوك في p بدون التدخل في التفاصيل. وهذا يؤدي إلي علاقة لشكل باولنج وويلسون Pauling and Wilson .

$$a_{v+1}=\frac{-(\lambda-l-1-v)}{2(v+1)(l+1)+v(v+1)}a_v \qquad (5\text{-}27)$$

عند v- كبيرة تبدأ المعاملات تتصرف كالمعاملات في تمدد السلسلة بالنسبة للحد e^{ρ} وبالنسبة للحد ρ- كبيرة فيكون الناتج لا نهائي

$$e^{\rho}\,e^{-\rho/Z}=e^{\rho/Z} \qquad (5\text{-}28)$$

وبالتالي السلسلة المتولدة بواسطة المعادلة (5-27) يجب أن تنتهي بعد عدد نهائي للأجزاء لتجعل دالة الموجه محدودة. مرة أخري مع السلسلة الممتدة السابقة. يمكن أن تختار هذا بواسطة المتطلبات لذلك

البسط في المعادلة (27- 5) ليكون مساويا للصفر لبعض قيم التردد (v). ونهاية المعادلة (5-27) عند الحد vth يتطلب أن :

$$\lambda = l + 1 + v \qquad (5\text{-}29)$$

حيث أن كلا من v & l إعدادا. λ أيضا عدد والتي تعرف (n). والحل بالنسبة للحد (l) في جزئية (n) هو

$$O \leq L \leq n - 1 \qquad (5\text{-}30)$$

ولا يوجد حدود علي الحد (n) غير انه يكون اكبر من الصفر والتي تعرف بعدد الكم الأساسي :

ولو عاد لنا (n) بالحد (λ) كما في المعادلة (19-5) نجد أن :

$$n = \frac{uZe^2}{h^2 \alpha} \qquad (5\text{-}31)$$

أو الحل بالنسبة (α)

$$\alpha = \frac{uZe^2}{h^2 n} \qquad (5\text{-}32)$$

ولكن بتربيع (α) كما عينا جزئية الطاقة بواسطة المعادلة 18-5 نجد :

$$\alpha^2 = \frac{\mu^2 Z^2 e^4}{h^2 n^2} = -\frac{2VE}{h^2} \qquad (5\text{-}33)$$

والحل بالنسبة للطاقة E نحصل علي :

$$E = \frac{\mu Z^2 e^4}{2 n^2 h^2} \qquad (5\text{-}34)$$

$$= -\frac{2\pi^2 \mu^2 Z^2 e^4}{n^2 h^2} \qquad (5\text{-}35)$$

المعادلة الأخيرة (34 – 5) هي تقريبا نفس المعادلة المشتقة من نظرية بوهر. ماعدا فقط إننا أخذنا الكتلة المختزلة بدلا من كتلة الإلكترون

متعدد الحـدود P(ρ) في المعادلـة (26-5) والـذي يعـرف بمرافـق لجـويري المتعـدد الحدود وعموما تعطي بالشكل (ρ) L_{n+1}^{2l+1}.

والجزء القطري لدالة الموجه الهيدروجينيه تأخذ الشكل:

$$R_{nL}(r)=\left\{\frac{(n-l-1)!}{2n[(n-1)!]^3}\left(\frac{2Z}{na_o}\right)^3\right\}^{1/2} e^{-\rho/2} L_{n+1}^{2l+1} \qquad (5\text{-}36)$$

حيث الأقواس تعتبر معـاملات معـايره، a_o – نصـف قطـر بـوهر لاحـظ أن هـذه المعادلة تعتمد عـلي إعـداد الكـم (n, l) ويعتقـد أيضـا الطاقـة عـلي (n) بعـض الـدوال القطرية سجلت في الجدول (1-5) وعديد من تلك الـدوال القطريـة مرسـومة في الشـكل (1-5) حيث نرسم الحد $R_{n,1}^2(r), R_{n,1}(r)$ وكذلك $4\pi r^2 R_{n,1}^2(r)$.

وأول اثنين لها معلومات سابقة وأما الثالث يعطـي احتماليـة وجـود الإلكـترون في المـدار الـدائري في السـمك (dr) لنصـف القطـر (r) و ($4\pi r^2$) مسـاحة السـطح للمـدار الـدائري r دالـة الكثافة الالكترونية $R_{n1}^2(r)$ بيـنما $4\pi r^2 R_{n1}(r)$ دالـة توزيـع لتعطـي كـل الاحـتمالات لإيجاد الإلكترون عند r وما بين r، r+dr

n	l	
1	0	$R_{10}(r) = 2(Z/a_0)^{3/2}e^{-\rho/2}$
2	0	$R_{20}(r) = \dfrac{(Z/a_0)^{3/2}}{2\sqrt{2}}(2-\rho)e^{-\rho/2}$
2	1	$R_{21}(r) = \dfrac{(Z/a_0)^{3/2}}{2\sqrt{6}}\rho e^{-\rho/2}$
3	0	$R_{30}(r) = \dfrac{(Z/a_0)^{3/2}}{9\sqrt{3}}(6-6\rho+\rho^2)e^{-\rho/2}$
3	1	$R_{31}(r) = \dfrac{(Z/a_0)^{3/2}}{9\sqrt{6}}(4-\rho)\rho e^{-\rho/2}$
3	2	$R_{32}(r) = \dfrac{(Z/a_0)^{3/2}}{9\sqrt{30}}\rho^2 e^{-\rho/2}$
4	0	$R_{40}(r) = \dfrac{(Z/a_0)^{3/2}}{96}(24-36\rho+12\rho^2-\rho^3)e^{-\rho/2}$
4	1	$R_{41}(r) = \dfrac{(Z/a_0)^{3/2}}{32\sqrt{15}}(20-10\rho+\rho^2)\rho e^{-\rho/2}$
4	2	$R_{42}(r) = \dfrac{(Z/a_0)^{3/2}}{96\sqrt{5}}(6-\rho)\rho^2 e^{-\rho/2}$
4	3	$R_{43}(r) = \dfrac{(Z/a_0)^{3/2}}{96\sqrt{35}}\rho^3 e^{-\rho/2}$
		and so on.

* a_0 is the Bohr radius and ρ is $2\mu Ze^2r/n\hbar^2$

جدول (5-1) يصف نصف القطر لدالة موجه المدار الهيدروجيني

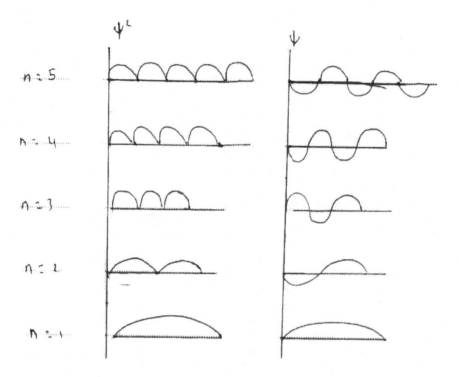

شكل (1) سلوك نصف قطر الدالة موجه الهيدروجين $R_{el}(r)$

الكثافة الالكترونية $R^2_{el}(r)$ ودالة توزيع النصف قطرية $4\pi r^2 R^2_{n,1}(r)$

وهنـا يوجـد ملاحظتـين مهمتـين يمكـن وضـعهما أو الأخـذ بهـما في الجـدول (1-5) والأشكال (1-5) .

أولا: يوجـد واحـد أو أكثر مـن عقـدة (موضوعة حيثما دالـة الموجه تـؤول للصفر) في كل الدوال القطرية فيما عدا تلك المناظرة لأقصى (L) المفترض (n). هذا الوضع يبين أيضا شدة أو كثافة الإلكترون ودالة التوزيع القطرية واحتمالية وجـود صـفر للإلكـترون عنـد هذا الوضع.

ملاحظة أخـرى وهـو أن بالنسـبة للحـد Z للقيمـة (1) والـرقم الكمـي n للقيمـة 1 فأقصى توزيع قطري يتأتي عنده المدار واحد لبوهر وأقصى احتمالية لقيمـة (r) بالنسـبة للإلكترون واقل حالة طاقة تحدث لذرة الأيدروجين هي لتلك المدارات لمدار بوهر.

وبالنسبة للصفات العقدية لداله الموجه فبالنسبة لنوع دالة افتراضية فأكثر لعقد في المدار ذو طاقة عالية.

مثال: قارن الدالة (S) نجد واحد لقيمة واحد لا توجد به عقده وبالنسبة n=2 توجد به عقدة واحدة وبالنسبة n =3 توجد به عقدتان وهكذا...... وبالتالي زيادة الطاقة بناءا علي زيادة العقد.

ففي ذرة الأيدروجين مع كل قيم (م) لقيمة (n) تعطي مدارات لها نفس الطاقة. وعدد الكم n =2 ، l=1 لا تحتوي عقده قطرية ولكن جميع دوال ρ تمتلك عقده واحدة زاوية. وعموما كل إعداد (S) أو إعداد (ρ) فإنها لها نفس عدد مرات العقد وهكذا وعلي نفس النظام نجد n =3 وهكذا.

محصلة دالة الموجه:

محصلة دالة الموجه لذرة الأيدروجين هي محصلة الدوال $R_{nl}(r)T_{lm}(\theta)F_m(\phi)$ وقد بينا فيما سبق أن تلك الدوال تعتمد علي أرقام الكم الثلاثة m, n, l وسوف نسوق المعني لكل من تلك الرموز الثلاثة كما يلي :

فمثلا نجد أن طاقة الذرة معتمدة أساسا علي عدد المدارات الموجودة في الذرة من المعادلة (5-34) والتي يمكن أخذها علي الصورة :

$$\underset{n!}{E} = -\frac{me^4}{2h}\frac{1}{n_2} \qquad (5\text{-}36)$$

وتعني عدد المدارات بعدد الكم الرئيسي في الذرة (n) principle quantum number وهو المسئول عن تحديد قيمة الطاقة.

وأيضا يبين عدد العقد الموجود في كل مدار بالصيغة (n-1) عقدة لكل دالة ψ. وعدد الكم الرئيسي له أن يأخذ الأرقام من واحد وحتى أي رقم صحيح وهو n=1, 2, 3,....... وأما رقم الكم (l) – وهو ما يعرف بعدد الكم الثانوي وهو الذي يحدد رقم كم عزم الحركة

الـزاوي في المـدارات الذريـة angular momentum quantum number أو مـا يسـمي Azmiuthal أي الثانوي وهو مرتبط بعدد الكم الرئيسي (n) ويأخذ الرقم من صفر وحتى (n-1). لذا نجد ارتباطا بين تلـك الأعـداد المكممـة. كـذلك نلاحـظ أن (l) تحـدد الشـكل الفراغي للدالة ويمكن القول بأن عدد العقد هو في العزم الزاوي (L) .

وأما ما تبقي من إعداد الكم وهو (m) وهو المرتبط بمركبة عزم الحركة الزاوي علـما بان (l) هي التي تحدد القيم المتاحة لرقم الكم (m) من حيث أن (m) تأخـذ أرقامـا مـا من l-وحتى l+ مرورا بالعدد الكم l= بالصفر بمعني $m=0,\pm l,\pm(l-1),\pm(l-2),.....$

لـذا هـذا الجـزء مـن إعـداد الكـم (m) يعـرف بعـدد الكـم المغناطيسي- magnetic quantum number .

فصفات طيف الذرة يعتمد بشدة علي زاوية المدارات ولنشأة تلـك المـدارات. مثـال، نهاية الانتقالات في المدارات مع قيمة L- صفر إلي L واحد هي في الحقيقة كلهـا خطـوط أساسية تري في الأيدروجين ولذرات عديدة أخري لهذا السبب التسمية أخذت من حيـث المدارات مع قيم L بصفر فإنها تعـرف بـالرمز S حـادة المـدار (sharp). وإذا كانـت L=1 تعرف بالأساس أي Principle وإذا كانت L=2 تأخذ (d) وهو الانتشار diffuse وأمـا L=3 يكون المدار F وهذا يعني fine كما توجد مدارات أخري ذات عزم زاوي اعـلي مـن ذلـك وهو ما تعرف (g, h, i) وهكذا.

أمثلة توجهيه :

احسب طاقة الإلكترون عند المسافة 52.9 Pm إذا غلم أن ثابـت العـزل الكهـربي في الفراغ $8.854\times10^{-12}J^{-1}Cm^{-1}C^{2}$ والشحنة الالكترونية $1.602\times10^{-19}C$

الحل

من القانون لطاقة الوضع :

$$V = \frac{-e^2}{r}$$

أو :

$$V = \frac{-e^2}{4\Pi \xi_o r}$$

وبالتعويض :

$$= \frac{(-1.602 \times 10^{-19})^2 \, C^2}{4 \times 3.14 \times 8.854 \times 10^{-12} J^{-1} C^2 m^{-1} \times 52.9 \times 10^{-12} m}$$

$$= 4.3625 \times 10^{-18} J \qquad \text{حيث C- ثابت كولوم}$$

ويعبر عنها بالصورة المولارية فتكون طاقة الوضع علي النحو :

$$= 2628.40625 \, kJ/mol$$

وذلك بضرب الناتج في عدد افوجادرو. وهي تعتبر طاقة عالية عن طاقة رابطة جزئ الأيدروجين بعدة مرات (خمس مرات تقريبا) .

مثال: ما هي القيمـة المـؤثرة المميزة إذا كانت الدالة $Y_{10} = \sqrt{3/4\pi} \, \cos\theta$ دالة مؤثرة ومميزة للمؤثر A^2 (مستخدما المعادلة الآتية):

$$A^2 Y_{10} = \frac{1}{\sin\theta} \frac{\partial}{\partial\theta} \sin\theta \frac{\partial}{\partial\theta} \sqrt{\frac{3}{4\pi}} \cos\theta + \frac{1}{\sin^2\theta} \frac{\partial}{\partial\phi} \sqrt[2]{\frac{3}{4\pi}} \cos\theta$$

الحل

من الملاحظ من المعادلة المأخوذة أن الحد الثاني من الطـرف الأيمـن مسـاويا للصـفر وهو أن $\theta - $ ثابتة للمتغير ϕ إذا:

$$A^2 Y_{10} = \sqrt{\frac{3}{4\pi}} \frac{1}{\sin\theta} \frac{\partial}{\partial\phi} \sin^2\theta$$

إذا علم أن : $\frac{\partial}{\partial\theta}\sin^2\theta = 2\sin\theta\,\cos\theta$

فإن :

$$A^2Y_{10} = -2(\frac{3}{4\pi})^{3/2} \times \frac{1}{\sin\theta}\,\frac{\partial}{\partial\theta}\,(\sin\theta \times \cos\theta)$$

$$= -2(\frac{3}{4\times 3.14})^{3/2} \times \frac{1}{\sin\theta}\,\frac{\partial}{\partial\theta}\,(\sin\theta \times \cos\theta)$$

$$= -2Y_{10}$$

إذا القيمة المميزة هي 2- حيث أن l=1 وهذا مطابق مع التعبير العام

مثال: بين أي من هذه الترحلات الآتية المسموح بها ؟

$$A, \psi_{15} \rightarrow \psi_{25}\,; B,\ \psi_{15} \rightarrow \psi_{2P}; C, \psi_{15} \rightarrow \psi_{d}$$

الحل

A- من المسألة حيث الارتحال من S إلي S فان $\Delta l = \pm 1$ تساوي صفر فهذا غير مسموح .

B- نجد أن Δl مسموح وهذا بسبب $\Delta l = \pm 1$ أما من (P) إلي الحد أو من (S) إلي (P) .

C- غير مسموح لأي $\Delta l = 2$ فعملية الارتحال غير ممكنة حيث لا يحدث قفر لمدارين في لحظة واحدة .

مثال: احسب احتمالية وجود إلكترون في منطقة ما بين L_o، L_o+dl للحالة الأرضية للإيدروجين. بفرض أن L_o= 53Pm, dl= (2Pm)3

الحل

باستخدام المعادلة :

$$= \frac{4}{L_o^3} L^2\, e^{-2L/Lo}\, dl$$

$$= \frac{4}{(53)^3}(53)^2 e^{\frac{-2\times 53}{53}} \times (2pm)^3$$

$$= \frac{4}{(53)^3}(53)^2 \times (2)^3 \; e^{\frac{-2\times 53}{53}}$$

$$= \frac{4\times 8}{(53)} e^{-2} = -0.5045 - 2 =$$

$$= -2.5045 \;\; = ont \;\; : lin$$

$$-2.5045 \; = 0.081716$$

إذا فكيف يتم التوزيع المحتمل لوجود إلكترون في مدار ما ؟

بناءا علي ما سبق، من الأمثلة، ومن التفسيرات، نجد أن الدالـة R(r) كدالـة قطريـة معتمد علي المسافة (r) ما بين النـواة والإلكـترون ومربـع تلـك الدالـة. فـان (r) في هـذه الحالة يتبين البعد عن النـواة للإلكـترون. وسـنتحدث عـن الملاحظـات المهمـة في الشـكل البنائي للذرة وهي :

أولا: جميع الأفلاك من نوع (S) والتي أوضحنا انه عندما طاقة الوضع تؤول إلي (∞) فان r في هذه الحالة مساوية للصـفر. انظـر القـانون $-e\;{}^{2}\!/_{2}\;e-$ ولـو أخـذنا الفلـك أو المدار انظر الجدول .

$$\psi_{100} = \frac{1}{\sqrt{\pi}}\left(\frac{1}{L_o}\right)^{3/2} e^{-L/L0} \qquad (5\text{-}38)$$

حيث r تمثل الإحداثيات الثلاثة وهذا يعني إذا كـان احـد المتجهـات بصـفر فيكـون الثالث هو الثابت. ويأخذ الشكل مثلا $L = (x^2)^{1/2} = (x)$.

وبالتالي نعوض عن قيم (x) وترسم الدالة علي هذا الأسـاس ونلاحـظ مـن الرسـم أن الميل المماس للدالة يأخذ الموجب والسالب من اليسار واليمـين عـلي التـوالي إلا أن الميـل $d\psi / dx$ غير متواصل بينما الدالة عند نقطة الأصل متواصلة ومستمرة انظـر الشـكل . (2)

وهذا الشكل ما تتميز به الدالة عند نقطة الأصل .

شكل (هرم) .

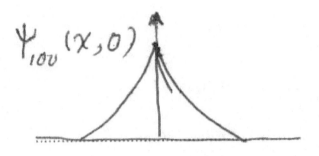

شكل (2) يبين دالة الموجه المستقرة لذرة الهيدروجين

ثانيا: يلاحظ مما سبق وجود قوي طرد مركزي وقوة تجاذب وهما متساويان. ولو أن قوة الطرد المركزي متلاشية فان قوة التجاذب هي الاقوي. وبالتالي يحدث التجاذب بين النواة والإلكترون. هذه ملاحظة حيث أن جميع المدارات من نوع (S) فان L=0 وان هناك انجرافا من الإلكترون إلي النواة ولكن مثلما تنبأت وجود احتمالية لوجود الإلكترون بعيدا عن النواة. إلا إننا يجب أن نفرق بين مبدأين هما. طاقة حركة إلكترون وطاقة حركة مرتبطة بالحركة الدورانية ذاتها حول النواة. وهذا ما يعرف بقوة الطرد المركزي، وهذا النوع غير موجود حيث أيضا عزم الحركة في المدار مساويا للصفر لأنه دائري وليس في إحداثيات. وإنما تمثل هذه الحركة بأنها حركة تشبه بندول الساعة حول المركز وعلي طول القطر مارا بالمركز. وكلما كان الانحناء أكثر شدة وهي المنطقة الأكثر احتمالا لوجود الإلكترون وتكون له طاقة حركة عالية.

ثالثا: إذا علم أن R(r) دالة مغايرة فإنها تحقق الشرط للفرض الثالث واحد للتكامل.

$$\int_0^\infty \left[R(r)^2\right]r^2\, dr = 1 \qquad (5\text{-}39)$$

حيث المقدار r^2dr وحدة الحجم للمتغير r وتكون الاحتمالية لموضع الإلكترون في هذه الحالة ما بين r , r+dr علي النحو

$$R^2(r)\, r^2\, dr \qquad (5\text{-}40)$$

رابعا: لو حاولنا أن نعين موضع الإلكترون علي جميع المحاور للدوال θ,ϕ وفي مكان مابين (r) , (r + dr) فان المتغير للدوار θ,ϕ سيأخذ فيما بين $\pi, O, 2\pi, O$ علي الترتيب

وفي هذه الحالة نركز علي موضع للإلكترون في جميع الاتجاهات حول النواة ويبعد عنها بالمسافة r وتكون الاحتمالية إذا بالتكامل علي كل الفراغ علي هذا النحو:

وفي هذه الحالة نركز علي موضع للإلكترون في جميع الاتجاهات حول النواة ويبعد عنها بالمسافة r وتكون الاحتمالية إذا بالتكامل علي كل الفراغ علي ها النحو:

$$\int \psi^2 d\tau = \int R^2(r)\, Y^2(\theta,\phi)\, r^2\, Sin\theta\, dr d\theta \partial\phi \qquad (5\text{-}41)$$

إذا علم أن تطبيق وحدة الحجوم الفراغية في الإحداثيات الكروية التطبيق تعطي بالعلاقة $d\tau = r^2\, Sin\theta\, dr d\theta \partial\phi$ وبالتالي (5-41) تصبح :

$$= R^2(r)\, r^2\, dr \int_0^{2\Pi} \int_0^{\Pi} Y^2(\theta,\phi)\, Sin\theta\, d\theta d\phi \qquad (5\text{-}42)$$

وهذه العلاقة تعطي الاحتمالية عند مسافة قدرها r من النواة. وإذا علم بأن الدوال $\psi(\theta,\phi)$ دوال معاير normalization function ففي هذه الحالة تؤول للوحدة، وأن الاحتمالية حينئذ هي :

$$= R^2(r)^2\, dr \qquad (5\text{-}43)$$

وتعرف radial distuibution بالتوزيع القطري :

مثال: احسب الوجود المحتمل لإلكترون في ذرة الأيدروجين الأرضية لمنطقة لتصف قطر ذرة بوهر .

الحل

$$probability = \int R^2 r^2 \ dr$$

ولنأخذ التعبير للفلك IS نجد أن:

$$= \frac{4}{a_0^3} \int_0^{a_o} r^2 \ e^{-2r/a_o} dr$$

وإذا أوضحنا نصف قطر ذرة بوهر أي $L = \frac{a_o}{r}$ وبالتعويض :

$$= 4 \int_0^1 L^2 \ e^{-2L} dr$$

وهذه المعادلة صورة تكامل قياسي تأخذ الحل :

$$\int x^2 e^{bx} dx = e^{bx} \left[\frac{x^2}{b} - \frac{2x}{b_2} + \frac{2}{b^3} \right]$$

وبالتالي يصبح التكامل علي هذا النحو :

$$\int_1^1 l^2 e^{-2l} dl = e^{-2l} \int_0^1 \left[\frac{l^2}{2} - \frac{2l}{4} - \frac{2}{8} \right]$$

$$= e^{-2} - \frac{2}{8} = -201.38629(antilin)$$

$$= 0.0338338$$

مثال : احسب المسافة المتوقعة لإلكترون من النواة في ذرة الأيدروجين في حالتها الأرضية ؟

الحل

إذا علم أن المدار (S) مدار كروي الشكل وبالتالي فان الحجم يعطي بالعلاقة $d\tau = 4\pi L^2 dL$ وباستخدام العلاقة :

$$\psi_{15} = \frac{1}{\sqrt{n}}\left(\frac{1}{l_o}\right)^{3/2} e^{-l/l_o}\, r\, d\tau$$

الموضع :

$$(r) = \frac{1}{\pi l_o^3}\int_0^{\infty} e^{-l/l_o}\, l\, 4\pi l^2 dl = \frac{4}{a_o^3}\int_0^{\infty} l^3\, e^{-2l/l_o}\, dh$$

وبالتكامل نحصل علي :

$$r = \frac{4}{l_o^3}.\frac{3\times 2\times 1}{(2/l_o)4} = \frac{3}{2}l_o$$

ملاحظة إذا كان تكامل العلاقة التالي علي النحو :

مضروب n

$$\int_0^{\infty} x^n\; e^{-bx}\, dx = \frac{n!}{b^{n+1}}$$

مضروب n

مثلا إذا كان n =5 فإنها تأخذ الشكل :

$$5\times 4\times 3\times 2\times 1 = 120$$

وبالتالي :

$$b^{5+1} \qquad = b^{6+1}$$

وهكذا .

***

الباب السادس
الطرق التقريبية في كيمياء الكم
Approximation Methods in Quantum Chemistry

مقدمة :

النظام الإيدروجيني (عبارة عن ذرة إيدروجين حاملة لإلكترون واحد) هذا النظام الكيميائي الوحيد لتلك الحقيقة له شكل مغلق وحل ميكانيكا الكم له معلوم. والطريقة الواضحة المستخدمة لأبعد الحدود، هي الطريقة المباشرة الحل من معادلة شرودنجر بواسطة التقنية العددية. كما أن العديد من العاملين في هذا المجال اهتموا واخذوا وقتا كبيرا ومجهود للوصول إلي هذا التقريب. والطرق الشائعة المستخدمة في كيمياء الكم موضوعة علي نظريتين هما نظرية التشويش ونظرية التغيير .

1- نظرية التغيير : Variation theory

نفترض معادلة شرودنجر تصف بعض الأنظمة .

$$\hat{H}\psi_i = E_i\psi_i \tag{6-1}$$

حيث (i) إشارة تشير الحالة للنظام كما يوجد تدوين تام للطاقة قيم ذاتية eign values (تعرف بطيف قيمه ذاتية) والقيم المقابلة للدوال الذاتية. وهنا ربما لا نستطيع حساب أو غالبا نقدر تلك الحلول.

مثال: يوجد عدد لا نهائي لحالات مثبته لذرة الإيدروجين حيث $1 \le n \le \infty$ بالإضافة وكأنها سلسلة متصلة. وعلي أي حال لو أن معادلة شرودنجر تأخذ أي دلالة فيجب بقاؤها والحل للدلالة ψ_i في المعادلة (1) تعتبر مستقلة خطيا إذا:

$$\int \psi_i^* \psi_j \, dv = \delta_{ij} \tag{6-2}$$

حيث $j.i$ تشير إلي الحالات وبالتكامل علي كل الفراغـات $\delta_{ij}-$ تعـرف بدالـة دلتـا لكرونكـر Kroncker delta function هـذه الدالـة تسـاوي الوحـدة عنـدما j = I , وصـفر عندما لا يتساويان (orthogonal and normalized) أي هذه الدالـة تامـة (orthonormal) وتعرف في هذه الحالة فراغ هيلبرت (Hilbert space) وأيه دوال أخري مـثلا (u) في نفـس الفراغ يمكن تركيبها علي النحو:

$$U = \sum_i a_j \psi_i \qquad (6\text{-}3)$$

يتطلب تعادل الدالة (U) أن :

$$\sum_i a_i^* a_i = 1 \qquad (6\text{-}4)$$

نعتبر قيمة متوقعة لها ميلتونيان $\langle H \rangle$ مع الاحتفاظ بالدالة (U)

$$\langle H \rangle = \int V^A \hat{H} U \, dv$$

$$= \sum_i \sum_j \int a_i^A \psi_i^* \hat{H} a_i \psi_i \, dv$$

$$= \sum_\xi \sum_j a_i^A a_i \int \psi_i^A \hat{H} \psi_i \, dv \qquad (6\text{-}5)$$

وبسبب علاقة شرودنجر بالمعادلة (6-1) $\hat{H} \psi_i$ مساوية $H_j \psi_i$ معطية :

$$\langle H \rangle = \sum_i \sum_j a_i^A a_i E_j \int \psi_i^A \psi_i \, dv$$

$$= \sum_i \sum_j a_i^A a_i E_j \delta_{ji}$$

$$= \sum_i a_i^A a_i E_i \qquad (6\text{-}6)$$

وبطرح ادني طاقة (E) من كلا الجانبين للمعادلة (6-6) لنحصل :

$$\langle H \rangle - E_o = \sum_i a_i^A a_i (E_j - E_o) \qquad (6\text{-}7)$$

كل من $a_i^A\, a_i$ ليست سالبة، كما $(E_i - E_o)$ إذا :

$$\langle H \rangle - E_o \geq 0 \qquad (6\text{-}8)$$

هذه المعادلة مهمة جدا تدلنا علي أن القيمة المتوقعة لهاميلتوتيان مع الاحتفاظ لأي دالة مقدره، $\int U^* \hat{H}\, u\, dv$ دائما فوق الطاقة الأرضية للنظام .

هذا الاستنتاج يعطينا السبيل لاستنباط دوال لموجه تقريبية. لو دالة موجه تقريبية أنشئت مع الاحتفاظ لبعض الدوال الاهتزازية ولتكن λ_o فعلي ذلك مجموعة المعادلات الاهتزازية .

$$\frac{\partial \langle H(\lambda_k) \rangle}{\partial \lambda_k} \; 0 \qquad (6\text{-}9)$$

وهذه هي قاعدة التغيير أو نظرية التغيير .

معالجة نظرية التغيير لذرة الهليوم- المستقرة :

لكي نبدأ في استخدام نظرية التغيير، سوف نطبقها للحالة المستقرة لذرة الهليوم. ولكي نتفادى حمل عدد كبير من الوحدات فإننا نمتلك في مسألة ذرة الإيدروجين، دعنا نعين مجموعة وحدات جديدة هنا- كتلة إلكترون ساكنة m_e، لو شحنة 'e، وطول هو قطر ذرة بوهر، a وعزمه الزاوي ثابت بلانك مستويا علي 2π ، h فمع تلك الوحدات تعرف بوحدات الذرة ووحدة الطاقة هي وحدة طاقة هارتري Hartree energy units وان طاقة الوضع لذرة الإيدروجين في الحالة المستقرة (الأرضية) هي ($4.3598 \times 10-18\, j\ or\ 27.21473159 ev$) (بقسمة الجول علي شحنة الإلكترون تعطي القيمة بالإلكترون فولت) باستخدام تلك الوحدات معامل الطاقة الحركية لميكانيكا الكم للإلكترون لتصبح $-\frac{1}{2}\nabla^2$ ، بينما التجاذب النووي هو $-Z/r$ (لاحظ أن تلك الوحدات المستخدمة تتضمن استخدام وحدات الإلكترون) غير الكتل المختزلة للطاقة الحركية وللحسابات الدقيقة سوف تجري بعض التعديلات عليها.

ويحتوي هاميلتون لذرة الهليوم علي الطاقة الحركية لكل إلكترون $-\frac{1}{2}\nabla^2$ ، طاقة التجاذب الوضعية النووية لكل إلكترون $-\frac{Z}{r_1}$ ، وطاقة الوضع للتنافر الداخلي $\frac{1}{r_{12}}$ ، إذا:

$$\hat{H} = -\frac{1}{2}\nabla_1^2 - \frac{Z}{r_1} - \frac{1}{2}\nabla_2^2 \frac{Z}{r_1} + \frac{1}{r_{12}} \qquad (6\text{-}10)$$

ولو لم يوجد جزء التنافر بين الإلكترون داخليا فانه يمكن فصل المتغيرين، والمسألة يمكن حلها في إطار مغلق وبالتالي معامل هاميلتونيان عبارة عن مجموع لإثنين هيدروجين.

والدالة الموجبة هي حاصل لاثنين لدالة موجية هيدروجينية هذا الاقتراح يعتبر محاولة مناسبة واشتقاقها من حاصل دالتين هيدروجين، لكن مع إضافة بعض الدوال الاخري بإنشاء دالة موجه عديدة الجسيم كحاصل لكمية دوال واحد إلكترون لتستخدم في تقريب الجسيم- المستقل لدالة الموجه. كما أن دالة موجه الجسيم المستقل للهيليوم بأخذ هذا الشكل.

$$\psi(1,2) = x(1)\,x(2) \qquad (6\text{-}11)$$

حيث العدد يدلنا إلي أين يتحرك الإلكترون، الذي يصور بواسطة الدالة وبالتالي سوف يستخدم هاميلتوينان ويكون صحيح للمعادلة (6-10) .

نحن الآن نهتم بالحالة المستقرة (الأرضية) لذرة الهليوم وبالتالي دعنا نبدأ بدوال المحاولة لشكل مدار (S) لذرة الإيدروجين لكي تمتلك حدود الاهتزاز، ثم نستبدل الشحنة النووية في الدالة مع تأثير شحنة النواة ξ – حيث تعتبر حدود الاهتزاز باستخدام $F_o(\phi)$ معادلة في الباب الثالث، $T_{oo}(\theta)$، $R_{10}(r)$ في جدول (1) في الباب الخامس وهو علي التوالي :

$$R_{10}(r) = 2(Z/a_o)^{3/2}\, e^{-\rho/2} \text{ ، } T_{oo}\,\frac{\sqrt{2}}{2} \text{ ، } F = \frac{1}{\sqrt{2\pi}}\, e^{\pm iM\phi}$$

علي التوالي والوحدات الذرية .

فأول محاولة لجسيم واحد يأخذ شكل الدالة :

$$x_{12}(i) = (\frac{\xi_i^3}{\pi})^{1/2}\, e^{-\xi i r i} \qquad (6\text{-}12)$$

جدول (6-1) بعض الأرقام العددية المصاحبة لجيندري (المعادلة للوحدة)

J	M	$T_{JM}(\theta)$
0	0	$\dfrac{\sqrt{2}}{2}$
1	0	$\dfrac{\sqrt{6}}{2}\cos\theta$
1	± 1	$\dfrac{\sqrt{3}}{2}\sin\theta$
2	0	$\dfrac{\sqrt{10}}{4}(3\cos^2\theta - 1)$
2	± 1	$\dfrac{\sqrt{15}}{2}\sin\theta\cos\theta$
2	± 2	$\dfrac{\sqrt{15}}{4}\sin^2\theta$
1	0	$\dfrac{3\sqrt{14}}{4}\sin^2\theta$

3	± 1	$\frac{\sqrt{42}}{8}(5\cos^2\theta - \cos\theta)$
3	± 2	$\frac{\sqrt{105}}{4}\sin\theta(5\cos^2\theta - 1)$
3	± 3	$\frac{\sqrt{70}}{8}\sin^3\theta$

والمعادلة (6-12)- دالة ذاتية لهاميلتونيـان هيـدروجين بشـحنه نوويـة ξ_i (جزئيا محجبة) والقيمة الذاتية هـي $-\xi^2/2$ فبالنسـبة لـذرة الهليـوم في الحالـة المسـتقرة، سوف نفترض أن الإلكترونين في نفس المـدار $1S$ إذا كـلا مـن ξ_{ij} متسـاويان، وبالتـالي نستطيع إزالة الرمز ونستطيع حقيقة دالة المحاولة الهيدروجينية في شـكل لننجـز بعـض العمل علي حسابات القيمة المتوقعة لهاميلتونيان.

وبطرح وإضافة ξ/r_1 ، ξ/r_2 إلي المعادلة (6-10) هاميلنوينـان وتعـدل لتعطـي الشكل

$$\hat{H} = \left[-\frac{1}{2}\nabla_1^2 - \frac{\xi}{r_1}\right] + \left[-\frac{1}{2}\nabla_2^2 - \frac{\xi}{r_2}\right] + (\xi - \overset{Z}{2})\left[\frac{1}{r_1} + \frac{1}{r_2}\right] + \frac{1}{r_{12}} \qquad (6\text{-}13)$$

استبدل (2) ZJ فأول محددين هـما عبـارة هامبلتونيـان هيـدروجين مـن حيـث أن المعادلة (6-12) تعتبر دالة ذاتية بقيمة ذاتية هي $-\xi^2/2$ هـذه تجنبنـا في الحقيقـة الامتلاك لتقييم التكامل الداخلي لمعامل الطاقة الحركية لأي عوامل أخري.

ولإيجاد القيمة المتوقعة لهاميلتونيان مع احتفاظ دالة المحاولة فتكون دالة المحاولة المعادلة 12-6 مع المعادلة (13-6) مستبدلة لأجل الحد x_2^1 وسوف نختصرها كما يلي :

$$\psi(1,2)=1S(1)\ 1S(2) \qquad (6\text{-}14)$$

أحداث استخدام القيم الذاتية للدالة الايدروجينية سوف تعين قيمة متوقعه لهاميلتونيان هي (بالتكامل علي فراغ كلا من إلكترون واحد والإلكترون 2) .

$$\iint 1S^A(1)1S^A(2)\,\hat{H}\,IS(1)\,IS(2)dv_1\ dv_2$$

$$=\left[-\frac{\xi^2}{2}\right]\int 1S^A(1)1S(1)dv_1\int 1S^A(2)1S(2)\partial v_1+(\xi-z)\Big[1S^A(1)\frac{1}{r_1}IS(1)$$

$$dv_1\int 1S^A(2)1S(2)dv_2+\int 1S^A(2)\frac{1}{r_1}1S(2)dv_1\int 1S^A(1)1S(v\partial v_1\Big]$$

$$\iint 1S^A(1)1S^A(2)\frac{1}{r_{12}}IS(1)\,IS(2)dv_1\ dv_2 \qquad (6\text{-}15)$$

لاحظ أن كل الثوابت تستطيع تحليلها للتكامل لو لم يوجد عامل يؤهل كلا الإلكترونين وانه يمكن فصل التكامل علي واحد إلكترون فقط .

وزيادة علي ذلك يستخدم التكامل لدالة واحدة فقط، ولا معامل يعدل تلك التكاملات وعليه فانه يساوي الوحدة أيضا الجزء $1/r_1$ يكون مماثل ما عدا الرموز وأيضا التكامل أيضا له مساو وبالتالي القيمة المتوقعة لهاميلتونيان :

$$\langle H\rangle=-\xi^2+2(\xi-2)\int 1S^A(1)\frac{1}{r_1}1S^A\,dv_1$$

$$+\iint 1S^*(1)1S^A(2)\frac{1}{r_{12}}IS(1)\,IS(2)dv_1\ dv_2 \qquad (6\text{-}16)$$

تمتلـك دالــة محاولــة لــدائرة متماثلــة. وبتكامــل عنــاصر الحجــم الــدائري $r^2 \sin\theta\, dr d\theta\, d\phi$ علي متغيرات الزاوية نحصل علي :

$$dv_1 = 4\pi r_i^2\, dr_i \qquad (6\text{-}17)$$

فأول تكامل للمعادلة (6-16) من السهل تقييمها :

$$\int 1S^*(1)\frac{1}{r_1}1S(1)dv_1 = \frac{\xi^3}{\pi}4\pi\int_0^{\infty} e^{-\xi r_1}\frac{1}{r_1}e^{-\xi r_1^2}\, dr_1$$

$$4\xi^3\int_0^{\infty} r_1\, e^{-2\xi r_1}\, dr_1$$

$$= \frac{4\xi^3}{4\xi^2} = \xi \qquad (6\text{-}18)$$

والمتبقي من التكامل يعتبر أكثر صعوبة وعموما يمكن تقييم ذلـك بأسـلوب واضـح، وهو إجراء التكامل علي محاور إلكترونين ثم بعد ذلك علي إلكترون واحد. فلو اعتبرنا (r) لإلكترون واحد وثابت عند قيمـة (r_1). ونتصـور تـأثير الشـحنة الالكترونيـة موزعـة عـلي الجسم الكروي بالتساوي علي نصف قطر (r_1). والمعني الفيزيائي للحالة هو اعتبار شحنه دائرية لنصف قطر (r_1) وتبدو العلاقات التقليدية للجهد من النقطة المشحونة (في هـذه الحالة الالكترون2) بتفاعله مـع المـدار المشـحون (للإلكـترون واحـد) وهـذا معلـوم فلـو النقطة المشحونة (إلكترون 2) خارج الغـلاف فالجهـد هـو نفسـه كـما لـو الشـحنة عـلي الغلاف موضوعة علي مركز المدار ولو أن النقطـة المشـحونة في أي مكـان داخـل الغـلاف فان الجهد سيأخذ قيمة ثابتة والقيمة ذاتها سوف تأخذ لو أنها علي السطح .

أو بمعني لو أن الإلكترون (2) خارج الدائرة للسـطح المشـحون مـن تـأثير الإلكـترون واحد وعليه سيكون تجاذب ما بين النواة باسـتقلالية مـع الإلكـترون معتمـدة عـلي قـدر المسافة بين الإلكترون (2) والنواة وسيوجد تنافر بين الإلكترونين. ومن هنا نتخيـل مقـدار التجاذب

سيكون ضعيفا عن ما هو إذا كان مفردا مع النواة بمعني قدر المسافة بينهما ونجد ملاحظة أن الإلكترون واحد قد اخذ جزءا من هذا التجاذب. وهذا يعني أن الإلكترون حجب بجزء من شحنة النواة .

ولنبدأ بالتكامل علي نصف القطر (r_2) في منطقتين وهما $O \le r_2 \le r_1,\ r_1 \le r_2 \le \infty$ انظر الشكل (6-10,b) لنحصل علي تكامليين :

$$\int_{21}^{\infty} 1S^{A}(2)\frac{1}{r_2}(1S)(2)r_2^2\,dr_2 = 4\xi^3\int_{21}^{\infty} r_2 e^{-2\xi r_2}\,dr_2 \qquad (6\text{-}19)$$

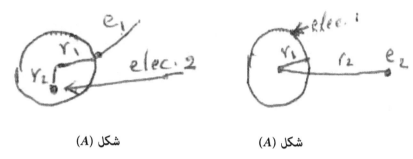

شكل (A)

شكل (A)

شكل (6-1) يبين التداخل للإلكترون (2) مع الإلكترون (1) الثابت عند قيمة لمسافة ثابتة A, r_1 خارج الغلاف لشحنة e_2, e_1 داخل غلاف الشحنة للإلكترون e_1

وبإجراء تكاملات مستفيضة ومضنيه حيث يتم التكامل السابق ثم تكامل علي r_2 وتقييمها ثم قسمة الناتج علي (r_1) لنحصل في النهاية إلي المعادلة: لنصل إلي الطاقة وهو الأهم علي الصورة :

$$= 4\xi^3\left(\frac{1}{4\xi^2} - \frac{2\xi}{64\xi^2} - \frac{1}{16\xi^2}\right) = \frac{5}{8}\,\xi \qquad (6\text{-}20)$$

وباستبدال الناتج $E(\xi)$ من المعادلة (6-18) في المعادلة (6-20) سوف نحصل لتقريب للطاقة $E(\xi)$ كذلك للحد (ξ):

$$\frac{dE(\xi)}{dt} = \langle H \rangle = -\xi^2 + 2(\xi - 2)\xi + \frac{5}{8}\xi$$

$$= \xi^2 - \frac{27}{8}\xi \qquad (6\text{-}21)$$

(الطاقة الاهتزازية)

وبأخذ المشتق $E(\xi)$ مع الاحتفاظ للحد (ξ) ثم وضع الناتج مساويا للصفر لأدني قيمة لنحصل :

$$\frac{dE(\xi)}{dt} = 2\xi + \frac{27}{8} = Zero \qquad (6\text{-}22)$$

$$\therefore \xi = \frac{27}{16} = 106875 \qquad Hartree \qquad (6\text{-}23)$$

وبالتعويض لنحصل علي الطاقة الاهتزازية إذا من المعادلة (6-21) :

$$E = \left(\frac{27}{16}\right)^2 - \frac{27}{8} \times \frac{27}{16} = -2.84766 \quad Hartree$$

$$= -77.48943\,ev$$

ملحوظة:

للتحويل بالضرب في المقدار 27.211

كـما أن الطاقـة الالكترونيـة لـذرة الهليـوم المسـتقرة في الحالـة الأرضـية $79.02\,ev -$ نلاحظ نسبة الخطأ حوالي 1.9% هـذه القيمـة تعتبر عاليـة في نظم الكيمياء. وهذه القيمة حوالي 35 كيلو سعر حراري لكل مـول وأفضل طريقـة يمكـن تعيينها باستخدام معالجة الدالة بحدود مختلفة. وأفضل طريقـة هـو اسـتخدام دالـة موجه الجسيم المستقل. والطاقة في هذه الحالة بقيمة k 26 سعر حراري لكل مـول. وهي أيضا نسبة خطأ عاليـة مثل طاقـة الارتباط المعلومة وهذا يتأتي لان دالـة الموجـه لا تسمح لارتباط حركة الإلكترون وللحصول علي طاقة تامة بواسطة معالجة الاهتزاز يجب استخدام الدالة المحتوية للحد r_{12} في بعض الظروف. وهذا يعني إدخال حد التنـافر بـين الإلكترونين .

معلومة إضافية : أخري تتضمن أو تشمل تكامل الإلكترونين في مسألة ذرة الهليوم

وهذا يعتبر تفسيرا جيدا فمن المعادلة: $= \left[\frac{e^{-2\xi r_1}}{2\xi} r_1 + \frac{e^{-2\xi r_1}}{4\xi^2} \right]$

والتي تنشأ من التوزيع الالكتروني في الشكل (A) أو من المعادلة :

$$\left[-r_1^2 \frac{e^{-2\xi r_1}}{2\xi} - r_1 \frac{e^{-2\xi r_1}}{2\xi^2} - \frac{e^{-2\xi r_1}}{2\xi^3} \frac{e^{-2\xi r_1}}{4\xi^3} + \frac{1}{4\xi^3} \right]$$ في الشكل (B)

المستخدم فقط في المعادلة :

$$= 16\xi^6 \int_0^\infty r_1^2 e^{-2\xi r_1} \left[\int_{11}^\infty r_2 e^{-2\xi r_2} dr_2 + \frac{1}{r_1} \int_0^{r_1} r_2^3 e^{-2r_2\xi} dr_2 \right] \qquad (6\text{-}24)$$

ثم نبدأ التكامل علي المسافة r_1 نجد أننا حصلنا علي القيمة $\frac{5}{16}\xi$. تقنية أخري لحساب تكامل الإلكترون باعتبار الإلكترون (1) داخلي والإلكترون (2) خارجي ثم حساب قيمة التنافر بينهما. وعموما هو نفس النتيجة وهذا من حيث أن الإلكترونين مماثلين لبعضهما وان الإشارة علي أي منهما لا تفيد.

مبدأ نظرية الاضطراب (التشويش) : The Principle of perturbation

نظرية التشويش في تقريب هاميلتونيان لمعادلة شرودنجر التي يمكن حلها تماما لتأخذ :

$$\hat{H} = \hat{H}^o + \hat{H} \qquad (6\text{-}25)$$

حيث يعتبر $\hat{H}^o$ – نظام هاميلتونيان غير المضطرب، $\hat{H}$ – النظام المشوش فبالنسبة لذرة الهليوم كمثال $\hat{H}^o$ – يمكن لنا اختيارها كمجموع لاثنين من الإيدروجين، $\hat{H}$ – يمثل الجزء $\frac{1}{r_{12}}$ وهو جزء حد

التنافر بينهما .

لنأخذ بدلا من $\hat{H}$ بالحد $\lambda\bar{V}$

$$\hat{H}=\lambda\bar{V} \qquad (6\text{-}26)$$

حيث سنعتبر الحد λ اقل من الوحدة ودالة الموجه والطاقة لأي حالة (N) يمكن امتدادها لأس λ علي النحو :

$$\psi_N=\psi_N+\lambda\psi'_N+\lambda^2\psi''_N+\ldots\ldots\ldots \qquad (6\text{-}27)$$

$$E_N=E^o_N+\lambda E'_N+\lambda^2E''_N+\ldots\ldots\ldots \qquad (6\text{-}28)$$

حيث تدل الكميات أو الحدود المرمزه ($_8$) تقريب الرتبة الأولي (الناتج عن $\hat{H}^o$) وتشير الكميات الرمزية تصحيحات الرتبة العالية للكميات علي التوالي. ومن المعادلة (-6 25) وحتى (6-28) يبدو أن :

$$\hat{H}\psi_N=E_N\psi_N$$

$$(\hat{H}^o+\lambda\bar{V})(\psi^o_N+\lambda\,\psi'_N+.\lambda^2\psi''_N+\ldots\ldots\ldots$$

$$=(E^o_N+\lambda E_N+\lambda^2E''_N+\ldots\ldots)(\psi^o_N+\lambda\psi'_N+\lambda^2\psi_N+\ldots\ldots) \qquad (6\text{-}29)$$

من مفكوك هذا نجمع الشبيه (λ) نجد أن :

$$(\hat{H}^o\,\psi^o_N-E^o_N\psi^o_N)+(\bar{H}^o\,\psi^o_N+\bar{V}\psi^o_N-E^o_N\psi'_N-E^o_N\psi^o_N)\lambda$$
$$+(\bar{H}^o_N\psi''_N+\bar{V}\psi'_N-E^o_N\psi''_N-E'_N\psi'_N-E'_N\psi^o_N)\lambda^2+$$
$$+\ldots\ldots\ldots\ldots\ldots\ldots\ldots\ldots=0 \qquad (6\text{-}30$$

حيث λ – يعتبر حد فرضيا الأيسر من المعادلة (6-30) دائما مساويا للصفر. وعندما يكون الأس للحد λ مساويا للصفر نجد لدينا بالنسبة للأجزاء لأس صفر ما يلي :

$$\bar{H}^o\,\psi^o_N=E^o_N\,\psi^o_N \qquad (6\text{-}31)$$

حيث أن معادلة شرودنجر تحل تماما لتقريب هاميلتونيان لأول آس للحد λ ونحصل علي :

$$\overline{H}^{o}\,\psi'_N+\overline{V}\,\psi^{o}_N=E^{o}_N\,\psi'_N+E_N\,\psi^{o}_N \qquad (6\text{-}32)$$

وهذا يقودنا لماذا تعرف بنظرية التشويش الرتبة الأولي؟ First- order perturbation theory وبالنسبة للحد λ^2 نحصل علي :

$$\overline{H}^{o}\,\psi''_N+\overline{V}\,\psi'_N==E^{o}_N\psi''_N+E_N\,\psi'_N+E''_N\,\psi^{o}_N \qquad (6\text{-}33)$$

والذي يقود إلي نظرية التشويش الرتبة الثانية برغم انه يمكن الاستمرارية إلي رتبة أخري إلا أن الرتبة الثانية هي المطوعة عادة لدينا.

وهنا ستدخل ملاحظة أخري للتكامل ملاحظة " ديراك" تدوين ديراك أساسا هو عامل تدوين بنفس الفكرة : مثل $\int \psi'_i\,\hat{O}\psi_i\,dv$ وهنا التكامل إذا علي كل الفراغ .

ودعنا نضرب المعادلة (32) بالحد $\psi^{o\,*}_N$ ثم التكامل الكلي وبأخذ تدوين ديراك نحصل علي :

$$\left\langle\psi^{o}_N\middle|\overline{H}^{o}\middle|\psi^{o}_N\right\rangle+\left\langle\psi^{o}_N\middle|\overline{V}\middle|\psi^{o}_N\right\rangle=E^{o}_N\left\langle\psi^{o}_N\middle|\psi'_N\right\rangle+E'\left\langle\psi^{o}_N\middle|\psi^{o}_N\right\rangle \qquad (6\text{-}34)$$

وعامل هاميلتونيان هو عامل هيرميتيان وهذا يعني أن :

$$\left\langle\psi^{o}_N\middle|\hat{H}^{o}\middle|\psi^{o}_N\right\rangle=\left\langle\psi^{-}_N\middle|\overline{H}^{o}\middle|\psi^{o}_N\right\rangle$$
$$=E^{o}_N\left\langle\psi^{-}_N\middle|\psi^{o}_N\right\rangle$$
$$=E^{o}_N\left\langle\psi^{o}_N\middle|\psi^{-}_N\right\rangle \qquad (6\text{-}35)$$

وإضافة لذلك لو أن دالة الموجه الصفرية المرتبة تعادلت normalized فان أخر تكامل من المعادلة (6-34) مساويا الوحدة ليعطي :

$$E'_N=\left\langle\psi^{o}_N\middle|\overline{V}\middle|\psi^{o}_N\right\rangle \qquad (6\text{-}36)$$

أو :

$$\lambda E'_N=\left\langle\psi^{o}_N\middle|\hat{H}'\middle|\psi^{o}_N\right\rangle \qquad (6\text{-}37)$$

وتصبح الرتبة الأولي للطاقة هي القيمة المتوقعة لعامل التشويش مع

الاحتفاظ لدالة موجه الرتبة الصفرية. بالنسبة للرتبة الأولى فالطاقة هي :

$$E_N = E_N^o + \langle \psi_N^o | \overline{H}' | \psi_N^o \rangle \qquad (6\text{-}38)$$

ولكي تحصل علي تصحيح الرتبة الأولي لدالة الموجه سوف نمد الدالة ψ_N' كخط مرتبط لدوال الرتبة الصفرية :

$$\psi_N' = \sum_K C_{KN} \psi_N^o \qquad (6\text{-}39)$$

ويمكن تعديل المعادلة (6-32) لتعطي :

$$(\overline{H}^o - E_N^o)\psi_N' = (E_N' - \overline{v})\psi_N^o \qquad (6\text{-}40)$$

بالاستبدال في المعادلة (6-32) لنحصل :

$$\sum_K C_{KN}(\hat{H}^o - E_K^o)\psi_K^o = (E_N' - \overline{v})\psi_N^o \qquad (6\text{-}41)$$

لو ضربنا المعادلة في الحد ψ_M^o حيث M– قيمة ذاتية خاصة واحدة ثم بالتكامل نحصل :

$$\sum_K C_{KN} \langle \psi_M^o | \hat{H}^o - E_N^o | \psi_K^o \rangle = \langle \psi_M^o | E_N' - \overline{v} | \psi_N^o \rangle \qquad (6\text{-}42)$$

كل الأجزاء في المجموع تتلاشي فيما عدا واحدا فقط عندما M مساوية k. وهذا يعود إلي تعامد الدوال كما تؤثر $\hat{H}^o$ علي الدالة ψ_M^o لتعطي E_M^o عدة مرات من ψ_M^o. كما أن E_N' في الجهة اليمني من المعادلة منتهية والدوال تعامدية مع :

$$C_{MN}(E_M^o - E_N^o) = \langle \psi_M^o | \overline{V} | \psi_N^o \rangle \qquad (6\text{-}43)$$

أو :

$$C_{MN} = \frac{\langle \psi_M^o | \overline{V} | \psi_N^o \rangle}{\langle E_M^o - E_N^o \rangle} = \frac{A}{B} \qquad (6\text{-}44)$$

إذا :

$$\psi'_N = \sum_{M \pm N} \frac{\langle A \rangle}{\langle B \rangle} \psi^o_M \qquad (6\text{-}45)$$

والتصحيح الرتبة الأولي لدالة الموجه هو $\lambda \psi'_N$ وتصبح رتبة أولي إذا تناولنا $H'_{MN} = A$.

$$\psi_N \cong \psi^o_N + \sum_{M \pm N} \frac{\hat{H}_{MN}}{E^o_N - E^o_M} \psi^o_M \qquad (6\text{-}46)$$

وبالنسبة للرتبة الثانية إذا ضربنا المعادلة (6-33) بالحد ψ^o_N وبالتكامل لنحصل في نهاية الضرب والتكامل هو:

$$E_N \cong E^o_N + H^o_{NN} + \sum_{M \pm N} \frac{\hat{H}'_{NM} \hat{H}'_{NM}}{E^o_N - E^o_M} \psi^o_M \qquad (6\text{- }48)$$

وحتى يمكننا الحصول علي الطاقة للحالة المستقرة لنكتب هذه المعادلة الصفرية من الجداول الخاصة بتلك مراجع كيمياء الكم .

$$\psi^o_{15^2} = \frac{1}{\sqrt{\Pi}} (\frac{Z}{L_o})^{3/2} e^{-ZL_1/L_o} . \frac{1}{\sqrt{\Pi}} (\frac{Z}{L_o})^{3/2} e^{-ZL_1/L} \qquad (6\text{ - }49)$$

وبالتالي فان الطاقة الكلية للرتبة صفر للهليوم علي النحو حيث أن الإلكترونين في مدار واحد وهو (1S) وبالتالي تؤول المعادلة إلي الرتبة الأولي .

$$E^o = (-\frac{Z^2}{2n_1^2}) + (-\frac{Z^2}{2n_2}) = -\frac{2Z^2}{2_1} = \qquad (6\text{-}50)$$

وإذا علمنا بان $1 = n_1 = n_2$ وفي هذه الحالة Z=2 إذا الطاقة E^o

H = - 4H = -108.8 ev (H- Hartree)

وإذا أردنا حساب طاقة التأين لذرة الهليوم (غير المستقرة) فتكون علي النحو :

$$I.E_{He} = E^o_{He^+} - He \qquad (6\text{-}51)$$

وهذا يعني أن He^+ حامل فقط لإلكترون واحد فقط وحساب

طاقته إذا :

$$H_e^+ = -\frac{Z^2}{2n_1^2} = 2H = -544\, ev$$

وإذا علمنا بان الطاقة المعينة والطاقة للتأين علي التوالي علي النحو 78.98- ev .24 ev وهذا يعني وجود نسبة خطأ تصل إلي 38% وان نسبه الخطأ في طاقة التأين تصل إلي 100% وهذه الفرضية متوقعه حيث إننا هنا لم نحسب طاقة التنافر بين الإلكترونين.

وعلينا مرة أخري تضمن التنافر الحادث. وبفرض أن طاقة التنافر هي $E = \frac{5}{8} Z$ لابد وان تضاف إلي المعادلة السابقة (6-50) علي النحو :

$$E = \left(-\frac{Z^2}{2n_1^2}\right) + \left(-\frac{Z^2}{2n_2^2}\right) + \frac{5}{8} Z \qquad (6\text{-}52)$$

أو :

$$\lambda E_1' = \frac{5}{8} = 1.25\, Hartree$$

$$= -4 + 1.25 = -2.75\ Hartree$$

أو :

$$E = -4H + \frac{5}{8} H = -\frac{11}{4} H = -74.83\, ev$$

وبالتالي فان طاقة التأين لعدد التصحيح وإضافة عنصر التنافر :

$$= -54.4 - (-74.8) = 20.4\, ev$$

وهذه النتيجة أدت إلي أن نسبة خطأ حوالي 5% فقط. وفي طاقة التأين 17% وهذا يعطينا إلي حد ما نسبة معقولة. وأخيرا تقدم عالم لحساب طاقة ذرة الهليوم علي النحو لتصل وهي معادلة من الدرجة الثالثة.

$$E = -108.8 + 34.0 + 4.3 + 0.1 = --79.0\ ev$$

وهذه النتيجة موافقة جيدة مع النتيجة العملية لتصل نسبة الخطأ إلي حوالي 0.02% .

ملحوظة: (H)- هارتري – Hartree

مثال: اوجد الدالة الذاتية التقريبية والقيمة الذاتية لمهتز توافقي في الحالة المستقرة ؟

الحل

يكتب عامل هاميلتونيان لمهتز توافقي علي النحو التالي :

$$\hat{H}=\frac{-h^2}{2m}\cdot\frac{d^2}{dx^2}+\frac{k}{8}x^2$$

لإيجاد الدالة الذاتية يجب الاختيار لدالتين بشرط أن يحققا الدالة المقبولة والدالتان هما :

$$\psi_2=e^{-ax^2}, \psi_i=e^{-ax}$$

ومن المعادلة الفرضية الثالثة وتكاملها نحصل علي المعادلة :

$$E_1=\frac{h^2a^2}{2m}+\frac{k}{4a^2} \qquad -1$$

ومعادلة الفرضية :

$$E_1=\frac{\int_{-\infty}^{+\infty} e^{-ax}\hat{H}e^{-ax^2}dx}{\int_{-\infty}^{+\infty} e^{-ax}\hat{H}e^{-ax^2}dx} \qquad -2$$

وبوضع المعادلة (1) لقيمة المشتقة بصفر علي النحو $\frac{\partial E_1}{\partial E}=O$ لنحصل علي المتغير (a_t).

$$a_1=\sqrt{\frac{km}{2h}} \qquad -3$$

وبوضع المشتقة مساوية صفر لنحصل إلي أدني قيمة للطاقة وبالتعويض عن القيمة (a) في (1) لنحصل عن القيمة الذاتية للطاقة في

الحالة المستقرة .

$$E = \frac{\sqrt{2}\,h}{4} \sqrt{\left(\frac{k}{m}\right)} = \frac{\sqrt{2}}{2} hv$$

علما بأن المقدار. يمثل تقل التردد التقليدي للمهتز التوافقي (v) يساوي :

$$v = \frac{1}{2\Pi} \sqrt{\frac{k}{m}}$$

وبأخذ الدالة الثانية عن ψ_2 لنحصل علي (E_2)

$$E_2 = \frac{h^2 a}{2m} + \frac{k}{8a}$$

وبالمثل بوضع $\dfrac{\partial E_2}{da} =$ صفر لنحصل علي قيمة المتغير (a_2)

$$a_2 = \frac{1}{2h} \sqrt{km}$$

وبالتعويض عن قيمة (a_2) في المعادلة (1) نحصل علي

$$E_2 = \frac{h}{2} \sqrt{\frac{k}{m}} = \frac{1}{2} hv$$

نلاحـظ أن E_2 للدالـة $\psi_2 = e^{-ax_2}$ أعطـت قيمـة مطابقـة للمهتـز التـوافقي والمطابق لبعثة الطاقة $E = \frac{1}{2} hv$ وهذا يعني أن الاختيار للدالة يعتبر عامل مهم.

نظرية التشويش زمن توقف وكثافة الطيف :

العديد من الكيميائيين تستخدم عمليات زمن توقف مثل ذلك الجـزء مـن الكيميـاء الحركية، ظاهرة التشتت، كثافة الطيف ومعادلة شرودنجر لزمن توقف هي:

$$E\psi = ih \frac{\partial \psi}{\partial t}$$

(6-53)

وتلك مسألة حلها يناسب لمثل تلك العملية. والحل لتلك المعادلة سبق وان تعرضنا لها كناتج جزئية زمن - المستقل $\psi(x)$ وزمن - توقف (غير مستقل). (توقف)

$$\psi(x,t)=\psi(x)\exp^{-2\pi i v t}$$

$$=\psi(x)\exp-\frac{iEt}{h} \qquad (6\text{-}54)$$

والحل المباشر للدالة الزمن- توقف يمكن إجراؤها فقط لحالات محدودة والمعتاد في نظرية التشويش زمن- التوقف نستخدم لحل المسألة.

فلو اعتبرنا أن حالة النظام حالة ساكنة، فمعادلة شرودنجر زمن- التوقف تتخذ لمثل تلك الحالة علي هذا النحو :

$$\hat{H}^o\,\psi_i=E_i^o\,\psi_i \qquad (6\text{-}55)$$

حيث H_i^o زمن المستقل هاميلتونينان ψ_i^o عبارة عن زمن- المستقل دالة التوقف، E_i^o - طاقة الحالة الساكنة المتصلة مع الحالات. ووضع هاميلتونيان للزمن- توقف يمكن أن يعبر بها في أجزاء زمن- المستقل، زمن - التوقف $(\hat{H}^o)$ و $(\hat{H}')$ علي التوالي :

$$\hat{H}=\hat{H}^o+\hat{H}^1 \qquad (6\text{-}56)$$

وكذلك يمكن امتداد زمن - توقف دالة الموجه كمجموع للأجزاء في الشكل للمعادلة (6-54) بواسطة استخدام دالة زمن- المستقل لحل المعادلة (6-55) .

$$\psi_i=\sum_i C_j\,\psi_i^o(x)\exp^{(-\frac{iE_j^o t}{h})} \qquad (6\text{-}57)$$

لو استبدلنا المعادلة (6-56) والمعادلة (6-57) في المعادلة (6-53) فيكون الناتج لمعادلة شرودنجر الزمن- المستقل هو :

$$(\hat{H}^o+\hat{H}')\sum_j C_i\psi_j^o\exp(\frac{-iE_j^o t}{n})=ih\frac{\partial}{dt}\sum_i C_j\psi_j^o\exp\frac{(-iE_j' t)}{h}$$

$$=ih\sum_i(\frac{\partial C_j}{dt}-\frac{iE_j^o}{h}C_i)\psi_j^o(x)\exp^{(\frac{iE_j^o t}{h})} \qquad (6\text{-}58)$$

لو ضربنا المعادلة (6-58) من الطرف اليسار بدالة تقريبية متراكبة لدالة موجة زمن- مستقل خاصة مثل الدالة ψ_m^o ثم بالتكامل لنحصل علي معادلات وبعد عمليات تكامل أخري عليها نحصل في النهاية علي:

$$=\sum_i C_i\exp^{(2\pi ivmjt)H'mj} \qquad (6\text{-}59)$$

هذه المعادلة (6-56) تعطي زمن-التوقف بمساندة الدالة ψ_m^o لمجموع دالة الموجه فلو أن الحالة الساكنة للنظام هي بداية ونهاية العملية، فالمعادلة (6-56) تكون المتعلقة للمعدل للمرور من إلي الحالة بشرط أن $H'm_j$ لا تساوي الصفر .

ففي 1917 اينشتاين Einstein بين أن نسبة إنتقال الطيف بين حالتي 1 ,2 مثلا في وجود تشويش وليكن N_2, N_1 في وجود مجال مغناطيسي مفترضا أن N_1– ذو طاقة ادني علي النحو :

$$-\frac{dN_1}{dt}=\frac{dN_2}{dt}=N_1\beta\rho_v-N_2(A+\beta\rho_v) \qquad (6\text{-}60)$$

حيث P_v- كثافة الطاقة دلالة علي التردد، $\beta-$ معامل اينشتاين عن الامتصاص أو الانبعاث، $A-$ معامل الانبعاث المستمر. فلو فرضنا عينه في مجال لمكان ما علي طول الخط حتى ولحالة الاتزان- أو الوصول إلي حالة الاتزان ثم للوصول إلي النهاية فإننا نجد:

$$\frac{dN_1}{dt}=o$$

أو :

$$\frac{N_2}{N_1} = \frac{\beta P_v}{A + \beta P}$$

(6-61)

ومن إحصائيات بولتزمان Boltzman statistics بالنسبة لحالتين مختلفتي الطاقة فان الفرق هو ΔE علي النحو :

$$\frac{N_2}{N_1} = \exp\frac{-\Delta E}{RT} = \exp^{h v / h \tau}$$

(6-62)

ومن معادلة بلانك بالنسبة لشدة الطاقة نري أن :

$$\frac{A}{B} = \frac{8\pi h v^3}{C^3}$$

(6-63)

ويمكن اشتقاق المعامل B من نظرية التشويش لزمن – التوقف ولو احتجنا $A-$ فانه يمكن اشتقاق A بعد معرفة B من المعادلة (6-63) فأي ذرة أو جزئ حامل لشـحنة في حالة حركتها تلك الشحنة الجسيميه تتفاعل وهي في المجال الكهربي مـع المجـال. فلـو أن الشحنة (Z) في المجال فتكون الطاقة التقليدية هي حاصل ضرب عامل متجـه الجهد في السرعة للجسيم مضروبة في Z .

$$E_{field} = -Z(A.V)$$

(6-64)

عموما: حقيقة هاميلتوينان لنظام في مجال كهربي يمكن اشتقاقه باستخدام معادلتي لاجرانجين وهاميلنونيان للحركة والناتج هو Lagrangian and Hamiltanian equations

$$H = \frac{1}{2m}(\hat{P} - ZA)^2 + V$$

$$= \frac{1}{2m}(\hat{P}^2 - Z(\overline{P}A - P\overline{A}) + Z^2 A^2) + V$$

$$= \hat{H}^o + \hat{H}^1$$

(6-65)

حيث (V)- ثابت التفاعلات كولومبين فقط. والتفاعلات مع المجـال الكهـربي عمومـا تأثيرها ضعيف نسبيا. وفي معظم التطبيقات A^2- تهمل .

لذا التشويش هو :

$$\hat{H}^1 = -\frac{Z}{2m}(\overline{P}A + A\overline{P})$$

$$= -\frac{Z}{2}(\overline{v}A + A\overline{v}) \qquad (6\text{-}66)$$

ومـــن المعلـــوم بـــان العـــزم (P) مســـاويا mv ، بفـــرض أن $-\hat{H}^1$ مســـاوية للمقدار $-z/2(v.A + A.v)$ ولكن الناتج هو ذاته ولهذا فإننا يمكن كتابة لناتج :

$$\hat{H}^1 = -Z\,A.\overline{v} \qquad (6\text{-}67)$$

ولكي نقيم القيم المتوقعة بين حالتي التشويش، ففي بعض الأحيـان نسـتخدم عامـل السرـــعة لحســـاب احتماليـــات الترحـــال أيضـــا وخصوصـــا مـــن المعادلـــة $\left[A.H\right] = ih\frac{dA}{dt} = ih\overline{A}$ - المتعلقة باشتقاق الزمن مع هاميلتونيـان. وبإعـادة هـذه العلاقة في جزئية العوامل ومستخدما زمن - المستقل هاميلتونيان لنحصل :

$$\left[q, \hat{H}^o\right] = -ihq \qquad (6\text{-}67a)$$

$$q = v_q = -\frac{i}{h}(q, \hat{H}^o)$$

$$= -\frac{i}{h}(q\hat{H}^o - \hat{H}^o q) \qquad (6\text{-}67b)$$

وبالنسبة للسرعة :

$$\overline{v} = -\frac{i}{h}(r\hat{H}^o - \hat{H}^o r) \qquad (6\text{-}67c)$$

ويصبح تشويش زمن - التوقف بالنسبة لجسيم مفرد (أحادي)

$$\hat{H}^1 = -\frac{Z}{h}A\,(r\hat{H}^o - \hat{H}^o r) \qquad (6\text{-}68)$$

وبالنسبة لعديد جسيمات :

$$\hat{H}^1 = \sum_U i\frac{Zu}{h} A\,(ru\hat{H}^o - \hat{H}^o ru) \qquad (6\text{-}69)$$

لو فرضنا أن A مستقلة عن ألمدي للذرات والجزيئات تحت التخصيص فإن $\hat{H}_{mj}$ - تصبح:

$$\hat{H}_{mj} = \sum_U \frac{Zu}{h} A \int \psi_m^o\,(ru(ru\hat{H}^o - \hat{H}^o ru)\psi_j^o\,dv$$

$$= i2\pi v_{mj} A \int \psi_m^o (\sum_U Z_u r_u)\psi_j^o\,dv \qquad (6\text{-}70)$$

لاحظ أن hv_{mj} استخدمت للفرق بين (E_m-E_j) ولاحظ أن العامل في التكامل الأخير هو عامل عزم ثنائي القطبية وهو المتوسط بين (n, m) علي النحو U_{mj} ويمكن إعادة المعادلة (6-70) مرة أخري :

$$H'_{mj} = i2\pi v_{mj} A.\,U_{mj} \qquad (6\text{-}71)$$

وبإعادة المعادلة (6-56) علي النحو :

$$h\frac{dCm}{dt} = -\sum_j C_j\,4\pi^2 v_{mj} A.\,Um\,\exp^{2\Pi iv mjt} \qquad (6\text{-}72)$$

من هذه المعادلة وبعد عمليات لتكاملات مضنيه فإننا نكتفي هنا بالخلاصة النهائية لإيجاد معامل اينشتاين للامتصاص والانبعاث المستمر علي النحو :

$$B = \frac{8\pi^2}{3h^2} U_{mn}^2 \qquad (6\text{-}73)$$

ميكانيكية أخري لحركة النظام مابين حالات ساكنة يمكن معالجتها بالمماثلة وكلها تعتمد علي القيمة المتوقعة لزمن- التوقف التشويش بين الحالات الخاضعة .

معالجة ايون ذرة الهليوم :

من المعلوم بان ذرة الهليوم تحتوي علي إثنين من الإلكترونات للفلك (S) وهذا يؤدي إلي ثباتية الذرة حيث أن العزم الزاوي لتلك الذرة مساويا

للصفر والغزل هنا يعني $-\frac{1}{2}$، $+\frac{1}{2}$ ويكون الغزل الكلي $S = 0$.

ولإيجاد قيمة العزم الكلي (S) فانه يؤخذ كل القيم من $L+S'$ وحتى $L-S'$ وإذا علم أن $L = S' = 0$ وفان الحالة المقررة للرمز J القيمة بصفر. والشكل العام لرمز الهيليوم في الحالة المستقرة هو S_0^1 والرمز L $m,$ إعدادكم يمكن أن تعين كل مدار لكل إلكترون والأنسب قيمة (n) نعين كل إلكترون. وعلي أي حال، الدورة الكيمائية للعناصر تتضمن أن (n) تعتبر تقريب جيد لعدد الكم. لذا فان جميع ذرات العناصر الأرضية القلوية والايونات التي لها التركيب الالكتروني العام ns^2 تتمتع كلها بحالة مستقرة لها لهذا الحد التعبيري .

وعلي ذلك فانه يمكن كتابة التوزيع الالكتروني لأول حالة مثارة لذرة الهليوم هو من 1S والي 2P . حيث إننا قد وضحنا مسبقا أن الانتقال من S إلي S غير مسموح. وبذلك تصبح الإثارة الالكترونية من $S_o^1 \rightarrow {}^1P_1$. وفي هذه الحالة تكون مغزلية الإلكترونين وهما في الحالة المثارة $S = \frac{1}{2} + \frac{1}{2} = 1$ وعليه فان التكرارية إذا $2S+1=3$ أي أن الحالة المثارة triplet state وإذا أردنا كتابة الدالة الموجه فتكون علي النحو في الحالة المثارة دالة الموجه لإلكترون في المدار (S) وإلكترون أخر في المدار (P) المسموح به.

$$\psi = \psi_S(1)\psi_P(z)\frac{Zu}{h}A\,(ru\hat{H}^o - \hat{H}^o ru) \qquad (6\text{-}74)$$

ويكون الاحتمال الكلي المقابل للمعادلة (61) هو :

بتربيع الدالة :

$$P(1,2) = \psi_S^2(1)\psi_P^2(2) = \psi^2 \qquad (6\text{-}75)$$

أو إذا فرضنا وجود الإلكترون في حيز ما علي المدار لأي منها فتأخذ الشكل :

$$P(1,2)=\psi_S^2(1)\psi_P^2(2)dv_1\ dv_2=\psi^2$$

وإذا استطعنا أخذ أحد الالكترونات وأردنا معرفه وجوده في الحيز ولـيكن dv بغـض النظر عن وجود الإلكترون (2) فبالتالي احتمالية وجود واحد باستقلالية عن الآخـر تتـأتي من العلاقة :

$$P_{(1)}=\psi_S^2(1)\int\ \psi_2^2 p\, dv_2=\psi_S^2(1) \qquad (6\text{-}76)$$

وبالتالي بتكامل المنطقة في المدار (S) علي اعتبار أن (2P) ثابت أي بالاحتفاظ لـ(P) فإننا نحصل علي :

$$P_{(2)}=\psi_S^2 P(2) \qquad (6\text{-}77)$$

يلاحظ أن الدالة (61) غير مقبولة وهذا يعود إلي الوصول لنتيجـة لمكـانين مختلفـين للإلكترونين وبالتالي يجب البحث عن دالة أخري تصبح مقبولة :

$$\psi_{(+)}=\psi_{1S}(1)\psi_{2P}(2)+\psi_{1S}(2)\psi_{2P}(1) \qquad (6\text{-}78)$$

$$\psi_{-}=\psi_{1S}(1)\psi_{2P}(2)-\psi_{1S}(2)\psi_{2P}(1) \qquad (6\text{-}79)$$

لذا نلاحظ أن الدوال تعطي احتمالات واحدة لكلا الإلكترونـين معـا وبالسـياق عـن الدالتين (65 ، 66) أيهما المقبولة وتعبر عن الحالة غير المستقرة لايون الهليوم. يدلنا باولي عن دوال الموجه يجب أن تكون غير متماثلة.

ولذا فإننا نلاحظ أن المعادلة (79) هي المقبولة والتي تعبر عن الحالة غير المسـتقرة. وعليه وإذا كان ولابد من اخذ المعادلة (79) فانه يلزم إدخال جزء أخر وهو الكم المغزلي لكي يكتمل الشكل المرغوب في كون حركة الإلكترون في الفراغ. لذا يلزم ضرب المعادلـة في دالات أخري مغزلية لتأخذ الرموز

$$\alpha(1)\alpha(2);\beta(1)\beta(2);\alpha(1)\beta(2);\alpha(1)\beta(2);$$

وبضرب تلك الرموز في الأجزاء الاخري للدالة علي هذا النحو :

بطريقة التباديل :

$$\psi_1 = \sqrt{\tfrac{1}{2}}\left[1S(1)2P(2) + 1S(2)2P(1)\right]\sqrt{\frac{1}{2}}\left[\alpha(1)B(2) - B(1)\alpha(2)\right]$$

$$\psi_2 = \sqrt{\tfrac{1}{2}}\left[1S(1)2P(2) - 1S(2)2P(1)\right]\sqrt{\frac{1}{2}}\left[\alpha(1)B(2) + B(1)\alpha(2)\right]$$

$$\psi_3 = \sqrt{\tfrac{1}{2}}\left[1S(1)2P(2) - 1S(2)2P(1)\right]\alpha(2)\alpha(2)$$

$$\psi_4 = \sqrt{\tfrac{1}{2}}\left[1S(1)2P(2) - 1S(2)2P(1)\right]B(1)B(2) \qquad (6\text{-}80)$$

حيث $\sqrt{\tfrac{1}{2}}$ ثابت المعايرة .

نلاحظ من الدوال الأربع أن الدالة (1) دالة مفردة Singlet degenerate وبالنسبة للدواب (4, 3, 2) هي دوال متطابقة .

حيث أن الطاقة الكلية تعتمد علي الجزء الفراغي للدالة. لذا نلاحظ أن الدالة المغزلية مختلفة، ولهذا تصبح مغزلية ثلاثية triplet spin وتكون في هذه الحالة antidegenerate .

وإذا أهملنا حد التنافر من الهملتونين، لذا فان الطاقة الكلية لأي من هذه الدوال تصبح $E_o = E_{1S} + E_{2P}$ وبالتالي تصبح طاقة معدله للرتبة صفر .

وعموما لابد من الأخذ في الاعتبار حد التنافر وهو جزء الاضطراب المؤثر علي النظام وتختلف الطاقات الثلاثة عن الحالة الفردية في (ψ_1) وتصبح ψ^3 أكثر ثابتا بالمقار 0.76 . ev>

إذا فما هو الجزء المؤثر في حسابات الطاقة للدالة الفردية؟ إذا علمنا أن الإلكترونين يشغلا حيزا واحدا في الفراغ وتكون الإحداثيات في هذه الحالة إذا متساوية .

$$\psi_{1,1} = \sqrt{\frac{1}{2}} \left[1S(1)2P(1) + 1S(1)2P(1) \right]$$

$$\psi_h = \sqrt{2} \left[1S(1)2P(1) \right] \qquad \text{(6-81)}$$

وبالنسبة للدوال الاخري الثلاثة :

$$^3\psi_1^3 = \sqrt{\frac{1}{2}} \left[1S(1)2P(1) - 1S(1)2P(1) \right] = 0 \quad \text{(6-82)}$$

ومنها يتضح أن الإلكترونين عملية احتمالية اقترابهما صغيرة عن الحالة الفردية وان حد التنافر أيضا اصغر. وهذا مما يدل علي أن أي إلكترون يتحاشى الاقتراب من الآخر. لذا فان المعادلة (69) طاقة التنافر تختزل بين الإلكترونين .

ولحساب طاقة التنافر في الحالة الفردية معدله للدرجة الأولي علي النحو التالي :

$$\left\langle \frac{1}{r_{12}} \right\rangle = \left\langle \psi_{1,2} \left| \frac{1}{r_{12}} \right| \psi_{12} \right\rangle \qquad \text{(6-83)}$$

وبعد عدة تكاملات عديدة نحصل في النهاية علي :

$$^1E = J + K = \left\langle \frac{1}{r_{12}} \right\rangle \qquad \text{(6-84)}$$

وبالتالي فان الطاقة الكلية للحالة الفردية ψ^1 هي :

$$^1E = E_0 + J + K \qquad \text{(6-85)}$$

علما بأن $-E_{1S} + E_{2P} = E_0$ طاقة رتبه صفر. ويمكن تتبع الطاقة الكلية ψ^3 بنفس الطريقة علي النحو :

$$\left\langle \frac{1}{r_{12}} \right\rangle = \left\langle {}^3\psi_{1,2} \left| \frac{1}{r_{12}} \right| {}^3\psi_{1,2} \right\rangle \qquad \text{(6-86)}$$

$$= \sqrt{\frac{1}{2}} \left\langle \left[iS(1)2P(1) - 1S(1)sP(1) \right] \right\rangle$$

لنحصل في النهاية علي :

$$\left\langle \frac{1}{r_{12}} \right\rangle = J - K,$$

$$^3E = E_0 + J - K \qquad\qquad (6\text{-}87)$$

ويطلق علي التكامل K بتكامل التبادل exchange integral وعموما أن الحالة الثلاثية هي الأكثر ثباتا من الحالة الفردية وأيضا, $^1\psi$ $^3\psi$ ينفصلا عن بعضها بمقدار 2k . انظر الشكل (6-1)

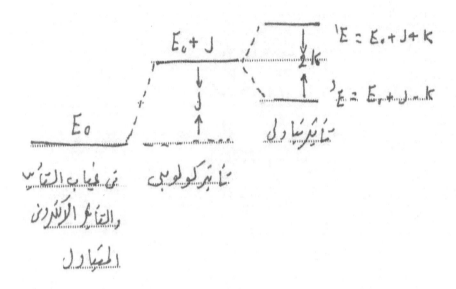

شكل (1) يبين حالة الانفصال الفردية والثلاثية لذرة الهيليوم المثارة

***

الباب السابع
أيون جزئ - الإيدروجين
The hydrogen- molecule ion

مقدمة عامة :

أبسط أنظمة الجزئ الممكنة هو تطلب اثنين من الانوية " ليكونا جزيئا" مع واحد إلكترون. ولبرهنه ربط مثل هذا النظام البسيط هو أخذ ايون جزئ الإيدروجين $-H_2^+-$ والذي يتكون من اثنين لانوية وواحد إلكترون ويكون كتابة الهاميلتونبان له علي هذا النحو

$$\hat{H} = -\frac{1}{2}\nabla^2 - \frac{me}{2m}\nabla_A^2 - \frac{me}{2m}\nabla_B^2 - \frac{1}{r_A} - \frac{1}{r_B} + \frac{1}{R_{AB}} \qquad (7\text{- }1)$$

حيث (1) يدل علي إلكترون واحد وB, A الانوية. r_A, r_B- المسافة للانوية للإلكترون R_{AB} - التبادل بين الانويتين انظر الشكل (1) me- الكتلة الاليكترونية $\frac{me}{M}$ تمثل الطاقة الحركية النووية

. كتلة النواة - M ، The nuclear kinetic energy

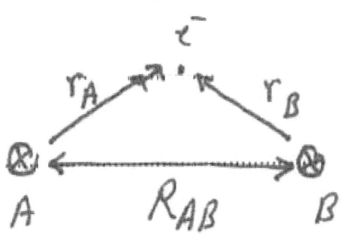

شكل (7-1) يمثل ايون جزئ الإيدروجين

ولهذا الفرض سوف تستعمل تقريب اوبن هايمر. وهو بالتقريب أن النـواة والحركـة الالكترونية يمكن معالجتهما علي انفراد. وتوضح المناقشة علي حقيقة أن الكتلـة النوويـة اكبر بكثير من الكتلة الالكترونيـة ولهـذا فـإن الإلكـترون سـوف يتحـرك اكـبر مـن النـواة. والبرهان استخدام سلاتر الكترونية هاميلتونيان، من حيث الوضع الثابت النووي كحـدود لتعيين طاقة E_B - اوبن هايمر- بورن Born-Opponheimer كدالة لإحداثيات النـواة ودالـة الموجه الالكترونية ψ_{el} . وباستخدام طاقـة E_{Bo} لتعيـين الطاقـة الكليـة ودالـة الموجـه النووية ψ_{nec} . ونستطيع أن نري أن مجموع دالة الموجه تقرب بواسطة الناتج البسـيط (ψ_{elc}, ψ_{nuc}) وهـي تماثـل معادلـة شرودنجـر للنظـام التـام. وعمومـا الخطـأ في هـذا التقريب هو رتبة الأس لكتلة الإلكترون إلي كتلة النواة ولذا فالنواة. الثقيلة هـي الأفضـل في التقريب .

ومن خلال تقريب بورن- اوين هايمر يكون هاميلتوينان الاليكتروني هو :

$$\hat{H}_{el} = -\frac{1}{2}\nabla^2 - \frac{1}{r_A} - \frac{1}{r_B} \qquad (7\text{-}2)$$

حيث لاحظ عدم وجود ما يشير لرمز الإلكترون، والطاقة الالكترونية هي قيمة ذاتية لمعادلة شرودنجر الالكترونية وان طاقة بورن – اوبن هايمر الكلية هي :

$$E_{Bo} = E_{el} + \frac{1}{R_{AB}} \qquad (7\text{-}3)$$

ومسألة ايون الإيدروجين سـهلة بقـدر كـاف، ويمكـن حلهـا عـدديا وبدقـة كـما هـو مطلوب مع أو بدون تقريب بورن اوبن هايمر فمع تقريب اوبن هايمر – فقيمة الطاقـة المحسوبة الكلية في الحالة المسـتقرة هـي " $^{-1}$-0.6026342 هـارتري $a.u$ " عنـد فصـل اتزان 2.0 بوهر $a.u$ وعند

عملية التفكك ليعطي ذرة إيدروجين وايون إيدروجين. فايون الإيدروجين عبارة عن بارا بروتون. فمع طاقة التحول تلك الطاقة بصفر المقابلة لفصل الجسيمات عند فصل لا نهائي. وعند هذه الحالة من الفصل فان الطاقة 0.5 au هارتري فان طاقة التفكك هي $a.u$ 0.10263- هارتري. هذه الطاقة ترمز لها بالرمز D_e ووطاقة الفصل عند الصفر D_0هي $a.u$ 0.09669 هارتري. والفرق بين القيمتين تقريبا 0.8% وحوالي 0.5 كيلو سعر حراري لكل كيلو مول. كلا من هذين القيمتين دقيقة جدا عن القيمة العملية.

تقريب بورن اوبنهايمر :

لقد افترض كل منهما أن النواة ثابتة لا تتحرك واخذ بنظرة الإعتبار حركة الالكترونات. وبصورة منفصلة عند حساب الجزيئات إعتبرا أن الإلكترون كتلته صغيرة جدا عند المقارنة مع كتلة النواة والتي تقدر بحوالي 1836 مرة اكبر عن الإلكترون. وعليه تكون الحركة للنواة بطيئة جدا وان حركة الإلكترون سريعة. وبهذه الفرضية تمت دراسة حركة الالكترونات وحركة النواة كل علي انفراد وهذا يعني أن عامل هاميلتونيان $\hat{H}$ يكتب علي النحو الأتي:

$$\hat{H} = \hat{H}_{elec} + \hat{H}_{Nuc}$$

$\hat{H}_{elec}$ عامل هاميلتونيان للإلكترون

$\hat{H}_{Nuc}$ عامل هاميلتونيان للنواة

حدود اتحاد وفصل النواة :

أحد الأمور اللطيفة حول التخمين الكيميائي هو انه كيف يفكر الكيميائي إجراء الأمور بالتقدير المقابل بالتصديق في أي وقت عمليا.

وكمثال في حسابات بورن اوبن هايمر أمكن إجراؤه علي ايون الإيدروجين H_2^+ لإيجاد الطاقة الالكترونية كدالة لفصل الانوية R_{AB} وان تلك الحسابات أمكن أخذها بصفر للفصل وهذا بالطبع لا يمكن إجراؤه عمليا أو غالبا تحسب مع هاميلتونيان كاملا.

لذا فان الطاقة موجبة لانهائية كلما تقترب الانوية ببعضها أو بلا حدود. فلو اثنين من الانوية حاملين لشحنة موجبة كل منها يميل للاتحاد فالناتج يعتبر نقطة أحادية الشحنة ولكن بمقدار وحدة الشحنتين معا.

بمعني أخر في مسألة نواه هيليوم بإلكترون مفرد H_e^+. والحل لتلك المسألة في المتناول. فلو أن النواة أخذت في فصل لا نهائي فإننا نحصل كما ذكرنا سابقا عن ذرة هيدروجين وايون إيدروجين ومستوي الطاقة الالكترونية متاح لمثل ذرة الإيدروجين وحسابات كل مراحل خطوات الوسط ليحدث سلسلة من المنحنيات لمستويات الطاقة كما هو في الشكل (7-2) والحدين هما حد الذرة - المتحد وحد الذرة المنفصل وعلي جوانب الرسم يمكن إيجاد إعداد الكم الرئيسية لمستويات الطاقة المقيدة.

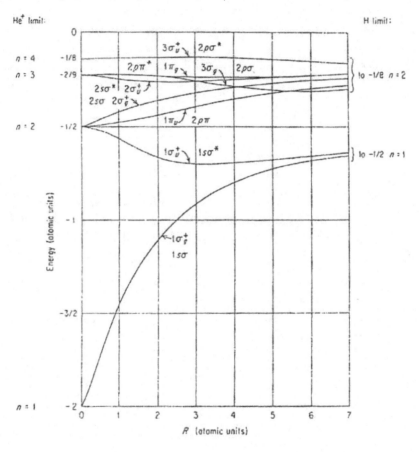

7

شكل (7-2) عدة مستويات منخفضة لايون جزئ الإيدروجين كدالة لمسافة التفاعل الداخلي

وكل منحني في الشكل (2) يبين مستوي طاقة المدار وعلي الجانبين المدارات الذرية وفي منطقة الوسط تقابل المدارات الجزيئية رمزين علي كل منحنـي الأول $1\sigma_u^+$, $1\sigma_g^+$ باستخدام التمثيل الرمزي من $D_{\infty h}-$ نقطة مجموعـة (والتـي تصـف التماثليـة لايـون الإيدروجين H_2^+, أو أي جزئ ثنائي الذرية متجـانس النـواة أخـر أو جـزئ خطـي تماثـل معكوس، وبإجراء العـدد، وهـو عـدد كـم كـاذب $C_{\infty h}-$ تبـين رمـوز لجزيئـات ثنائيـة الجزيئية غير متجانسة الانوية أو جزيئات خطية بدون التماثل الرموز الادني المسـتخدمة هنا تقريبا للمدارات. وبالتالي تكون دوال واحد إلكترون. وإعداد الرموز لنشـير أن المـدار المبين هو واحد، اثنين وثلاثة وهكذا تحوز المدارات تماثـل الإشـارة، والمجموعـة الثانيـة في الشكل (2-7) موضوعة علي وصف (L. C. A.O) للمدارات الجزيئية.

وبرسم $\psi(z)$ مقابل Z علي طول المحور Z للمدارات $1\sigma_g^+$ $1\sigma_u^+$ لعدة مسـافات داخلية انظر الشكل (3-7). لنعتبر أولا المدار $1\sigma_g^+$ عند فصل 8 بوهر فالمدار، كـما تـري هو مجموع لذرتين هيدروجين (1S - مدار) واحد علي كل نواة .

$$1\sigma_g^+ \sim 1S_A(H)+1S_B(H)\ (for\ L\arg\ R) \qquad (7\text{-}4)$$

وعندما R كبيرة تصبح تقريبا تقاربيه حتى يكون الفصل اللانهائي تاما. ولأجـل فصـل نووي داخلي بصفر تصبح الرابطة للمدار لايون الهليوم He^+

$$1\sigma_g^+ = 1S(He^+) \qquad (R=0) \qquad (7\text{-}5)$$

عند فصل متوسط، تكون الدالة ممهدة مـن واحـد لأخـر. وعنـد فصـل متسـع كبـير فالمدار $1\sigma_u^+$ يسلك كالفرق لاثنين هيدروجين لمدار 1S علي النحو :

$$1\sigma_v^+ \sim 1S_A(H)-1S_B(H)\ (R-L\arg) \qquad (7\text{-}6)$$

حيث A- ذرة موجبة علي المحور (Z) عند فصل صفر، علي أي حال تصبح لمدار

$2P_0$ لايون الهليوم He^+ (علي طول خط المحور) .

$$1\sigma_u^+ \approx 2P_1(He^+) \quad R \approx 0 \qquad (7-7)$$

هذا ولماذا حدود الذرة المشتركة تماثل لعدد كم رئيسي 2 (تذكر أنه بالنسبة لواحد إلكترون لذرة فالمدارات أو المستويات 2S ، 2P يحدث لها انحلال مع بعضها البعض. وهو نفس الحقيقة بالنسبة للأفلاك (3S، 3P, 3d وهكذا) فلو رسمنا محورين للمحيط الثابت ψ عند R- كبيرة وعند R- بصفر لنحصل علي الوضع كما في الشكل (7-4) لهذين المدارين .

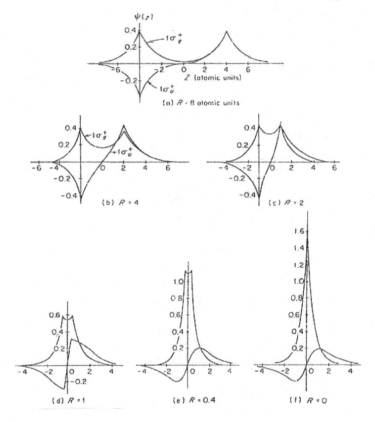

شكل (7-3) تعادل دوال الموجه بالنسبة للحالات $1\sigma_u^+$، $1\sigma_g^+$ لايون ذرة الإيدروجين علي خط محور الانوية البينية لفصل أنويه مختلفة

ولو تم رسم محيطي لبعدين للثابت ψ عند قيم R- كبيرة، صفر فإننا نحصل الشكل (7-4) لاحظ الصفات المتماثلة للمدارات خلال تماثل $D_{\infty h}$ للجزئ يكون موجود من أول حد إلي أخر، نتائج مماثلة لكل المدارات الاخري مثال الشكل (7-5) يبين المدارات $1\pi_g , 1\pi_u$ لاحظ أن الرموز تبين كلا من g, u تغيير الوضع خلال نقطة الأصل (نقطة التقاطع).

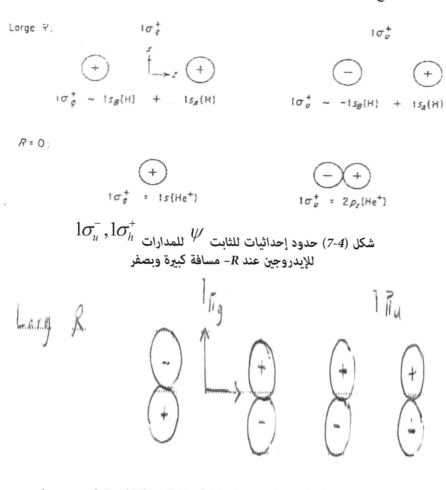

شكل (7-4) حدود إحداثيات للثابت ψ للمدارات $1\sigma_u^- , 1\sigma_h^+$ للإيدروجين عند R- مسافة كبيرة وبصفر

$$1\pi g .. = 2P_{z_B}(H) + 2P_{zA}(H), 1\pi u - 2P_{z_B}(H) + 2P_{z_A}(H)$$
$$R = Zero$$

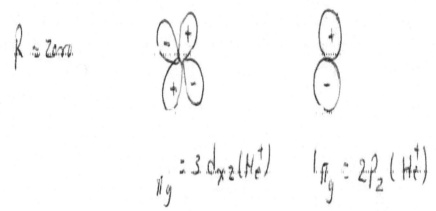

شكل (7-5) محيط بعدين للثابت ψ للمدارات $1\pi_g, 1\pi_u$ لايون ذرة الإيدروجين H_2^+ عند قيم *R* كبيرة وبصفر الشكل هو المرئي فقط

والطاقة الكلية في تقريب أوبنهايمر هو مجموع للطاقة الالكترونية والطاقة النووية شكل (7-6) الذي يبين طاقة التنافر النووي (والذي يكون لكل الحالات) برفقه الطاقة الالكترونية والطاقة الكلية للحالات $1\sigma_u^-, 1\sigma_h^+$ لايون ذرة الإيدروجين H_2^+ . لاحظ أن الطاقة الكلية فقط للحالة $1\sigma_g^+$ تقع أقل عند حدود الذرة المنفصلة E_u . والحقيقة أن هذه الطاقة هي اقل عن حد الفصل الذي هو منبع الربط. وهذا يعتبر أكثر ثباتا للنظام لبقائه في حالة $1\sigma_g^+$ للايون H_2^+ بطاقة فصل حوالي اثنين لبوهر مثلما $H+H^+$ وحقيقه بالنسبة للحالة $1\sigma_u^+$ هذه الحالة تعتبر اقل ثباتا علي كل مدي الفصل التداخل النووي عن $H+H^+$ والمدار $1\sigma_g^+$ يعرف بانه مدار رابط بينما $1\sigma_u^+$ يعرف بأنه رابط عاكس. (antibonding)

وحالة الرابط العاكس لايون H_2^+ هو فعلا حالة تنافر. فلو بطريقة ما، قد تكون، فالجزئ سوف يذهب بعيدا إلي حالة أكثر ثباتا

للشكل H , H^+. وطاقة الرابط العاكس أو المقاوم سيوجد فوق الطاقة الحركية في تجزئه H , H^+ . وحالة $1\sigma_g^+$ هو فقط الحالة لايون H_2^+ الثابتة مع التحفظ لعملية التفكك إلي حالة ذرة الإيدروجين المستقرة وايون الإيدروجين. كما توجد عدة حالات محددة تعتبر ثابتة مع الاحتفاظ لحالة ذرة الإيدروجين هذه الحالات من حيث المدار يأخذ إشارة موجبه في الذرات المنفصلة. هذه المدارات التي تعرف بالربط المتحد لدوال الذرة المنفصلة. بينما الآخر يعرف بالرابط العكسي أو الرابط العاكس.

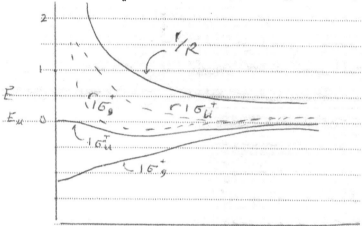

شكل (7-6) يبين طاقة التنافر النووية (المنحني الاعلي) والطاقة الالكترونية الأسفل أو الطاقة الكلية المنحنيات المتقطعة) $1\sigma_u^-, 1\sigma_h^+$ لايون ذرة الإيدروجين

الارتباط الخطي للمدارات الذرية والجزيئية التقريبي :

Linear Combination of Atomic Orbital, Molecular- Orbital Approximation

نحن نري أن في حدود الذرة المنفصلة مدارات ايون الإيدروجين بتصرف كما المجموع أو الفرق للمدارات الذرية المركزية علي النواتين. ونحن نفترض أن مدار الجزئ عن الانفصال الآخر يمكن التعبير عنه الارتباط الخطي للمدارات الذرية. وهذا إذا الارتباط الخطي للمدارات الذرية- الجزيئية المدارية L. C. A. O. M. O – التقريبي إذا:

$$\psi = a\phi_A + b\phi_B \qquad (7- 8)$$

حيـــث ψ - المــدار الجزيئـــي ϕ_A ،ϕ_B المــدار الــذري عــلي الانويــة للنــواة $(b \langle a), B, A$ المعامل الخطي :

وفي مسألة الارتباط الخطي الرموز a, b يعـاملا عـلي أنهـما دوال اهتزازيـة ويعينـا بتطبيق مبـدأ الاهتـزاز. ونحـن هنـا نحتـاج إلي تخفـيض القيمـة المتوقعـة لهاميلتونيـان. وبالتالي المدارات الجزيئية يجـب معايرتهـا لـو نسـمح لمضـاعفات لاجـرانجين لان يكـون سالب لطاقة الارتباط الخطي LCAO . لننظر إلي المعادلة :

$$\left[-\frac{1}{2}\nabla_1^2 - \frac{Z}{r_1} + \sum_v (J_{uv} - \hat{K}_{uv} \right] \psi_u(1) = E_u \psi_u(1) \qquad (7- 9)$$

لنحصل علي :

$$\delta \left\{ \left\langle \psi \middle| \hat{H} \middle| \psi \right\rangle - E \left\langle \psi \middle| \psi \right\rangle \right\} = 0 \qquad (7- 10)$$

والأجزاء ما بين الأقواس يمكن إعادة كتابتها علي النحو :

$$\left\{ \left\langle \psi \middle| \hat{H} \middle| \psi \right\rangle - E \left\langle \psi \middle| \psi \right\rangle \right\} = \left\langle \psi \middle| H - E \middle| \psi \right\rangle \qquad (7- 11)$$

فلــو اســتبدلنا في المعادلــة (8) لدالــة الموجــه، نحصــل، متــذكرين أن الدالــة $\left\langle \phi_A \middle| H \middle| \phi_B \right\rangle$ مساوية للدالة $\left\langle \phi_B \middle| H \middle| \phi_A \right\rangle$.

$$\left\langle \psi \middle| \hat{H} - E \middle| \psi \right\rangle = a^2 \left\langle \phi_A \middle| \hat{H} - E \middle| \phi_B \right\rangle = b^2 \left\langle \phi_B \middle| H - E \middle| \phi_B \right\rangle + 2ab \left\langle \phi_A \middle| \hat{H} - E \middle| \phi_B \right\rangle$$

$$a^2 (H_{AA} - E) + b^2 (H_{AA} - E) + 2ab(H_{AB} - ES_{AB}) \qquad (7- 12)$$

لنأخذ هذا التبسيط :

$$H_{AA} = \left\langle \phi_A \middle| \hat{H} \middle| \phi_B \right\rangle$$

$$H_B = \left\langle \phi_B \middle| \overline{H} \middle| \phi_B \right\rangle$$

$$H_{AB} = \left\langle \phi_A \left| \overline{H} \right| \phi_B \right\rangle \qquad (7\text{-}13)$$

$$S_{AB} = \left\langle \phi_A \middle| \phi_B \right\rangle$$

نأخذ المعادلة (7-12) مع الاحتفاظ بالرموز (b, a) ثم تضع النتيجة في صورة لمعادلة صفرية لنحصل :

$$\frac{\partial}{\partial a} \left\langle \psi \middle| \hat{H} - E \middle| \psi \right\rangle = 2a(H_{AA} - E) + 2b(H_{AB} - ES_{AB}) = 0 \quad (7\text{-}14)$$

$$\frac{\partial}{\partial b} \left\langle \psi \middle| \hat{H} - E \middle| \psi \right\rangle = 2(H_{AB} - E_{AB}) + 2b(H_{BB} - E) = 0 \quad (7\text{-}15)$$

وهنا نجد معادلتين مستقلتين لعاملين "غير معلومين" وهنا يجب أن نجعلها تلقائيا مساوية للصفر لنحصل في النهاية علي :

$$\begin{vmatrix} H_{AA} & -E & H_{AB} & -ES_{AB} \\ H_{AB} & -ES_{AB} & H_{BB} & -E \end{vmatrix} = 0 \qquad (7\text{-}16)$$

وبضرب الأطراف لنحصل علي معادلة أيضا صفرية ثم بالتعديل لنحصل علي :

$$E^2(1 - S_{AB}^2) - \left\{ 2E \left[\frac{1}{2}(H_{AA} - H_{BB}) - H_{AA}S_{AB} \right] + H_{AA} - H_{AB}^2 \right\} = 0 \quad (7\text{-}17)$$

هذه تعتبر معادلة تربيعيه في E, E- قيمها صحيحة ويمكن إيجادها بالمعادلة التربيعية لتعطي :

$$E^2 = \frac{\{A\}}{(1 - S_{AB}^2)_2} \delta \quad E = \sqrt{\frac{\{A\}}{(1 - S_{AB}^2)^2}} 0 \qquad (7\text{-}18)$$

ومن (18) نجد أن الجذرين من المعادلة التربيعية :

$$E_+ = \frac{(H_{AA} + H_{AB})(1 - S_{AB})}{1 S_{AB}^2} = \frac{H_{AB} + H_{AB}}{1 + S_{AB}} \qquad (7\text{-}19)$$

أو :

$$E_ = \frac{(H_{AA}-H_{AB})(1+S_{AB})}{1-S_{AB}^2} = \frac{H_{AB}-H_{AB}}{1+S_{AB}} \qquad (7\text{- }20)$$

حيث يوجد لدينا طاقات لثلاث تكاملات ولكي تعين دوال الموجه. نستبدل مرة أخري في المعادلات التفاصيلية بالإحتفاظ بالرموز (b,a) المعادلات (15, 14) .

$$a\left[H_{AA}-\left(\frac{H_{AA}-H_{AB}}{1+S_{AB}}\right)+b\left[H_{AB}-\left(\frac{H_{AA}+H_{AB}}{1+S_{AB}}\right)S_{AB}\right]=0 \qquad (7\text{- }21)$$

وكذلك :

$$a\left[H_{AB}-\left(\frac{H_{AA}+H_{AB}}{1+S_{AB}}\right)S_{AB}+b\left[H_{AA}-\left(\frac{H_{AA}+H_{AB}}{1+S_{AB}}\right)\right]=0 \qquad (7\text{- }22)$$

بربط (22, 21) لإيجاد الثوابت b,a حيث ψ_+ يمكن كتابتها علي النحو :

$$\psi_+ = a(\phi_A+\phi_B) \qquad (7\text{- }23)$$

يلاحظ أن الثابت ببساطة هو ثابت المعايرة ويمكن تقييمه باستخدام متطلب المعايرة أو التعادل :

$$\langle\psi_+|\psi_1\rangle = a^2\, J\langle\phi_A|\phi_B\rangle+\langle\phi_B|\phi_B\rangle+2\langle\phi_A|\phi_B\rangle$$

$$= a^2\,(2+2S_{AB}) = 1 \qquad (7\text{- }24)$$

أو :

$$a = \frac{1}{\sqrt{2+2S_{AB}}} \qquad (7\text{- }25)$$

معطية :

$$\psi_+ = \frac{(\phi_A+\phi_B)}{\sqrt{2+2S_{AB}}} \qquad (7\text{- }26)$$

وبالمثل يمكن إيجاد ψ_- علي النحو :

$$\psi_{-} = \frac{(\phi_A - \phi_B)}{\sqrt{2+2S_{AB}}} \qquad (7\text{- }27)$$

وتكون معالجة الارتباط الخطي لايون جزئ الإيدروجين H_2^+

دعنا نحاول الإنتباه إلي الحالة للمدار $1S_g^+$ ثم احسب طاقة الحالة المستقرة. وهـذا يتطلب الطاقة الالكترونية من خلال تقريب بورن- اوبن هايمر ثم نضيف طاقـة التنـافر النووية. نحن نحتاج الطاقة الالكترونية ثم نحتاج لثلاث تكاملات كما في المعادلة (E_+) أو E_- (20, 19) المدار الذري هو IS وان - اليكترونية هاميلتونيان كما في المعادلة (2) هي:

$$\hat{H}_{el} = -\frac{1}{2}\nabla^2 - \frac{1}{r_A} - \frac{1}{r_B} \qquad (7\text{- }28)$$

ويمكن كتابة H_{AA} علي النحو :

$$H_{AA} = \left\langle 1S_A \middle| \hat{H} \middle| 1S_A \right\rangle$$

$$= \left\langle 1S_A \middle| -\frac{1}{2}\nabla^2 - \frac{1}{r_A} \middle| 1S_A \right\rangle - \left\langle 1S_A \middle| \frac{1}{r_B} \middle| 1S_A \right\rangle \qquad (7\text{- }29)$$

الجزئية الأولي علي الجانب الأيمن عبارة عن طاقة المدار الأول للإيدروجين علي الذرة E_H. A والجزء الثاني يمكن تقييمه علي النحو :

$$= \left\langle 1S_A \middle| \frac{1}{r_B} \middle| 1S_A \right\rangle = N^2 \int e^{-2rA} \frac{1}{r_B} dv \qquad (7\text{- }30)$$

هو نفس الشـكل للجـزء الـداخلي للتفاعـل. ونحـن نسـتخدم للتقيـيم جـزء التنـافر الداخلي الالكتروني في مسألة ذرة الهليوم المعادلة (20) وبتقييمها بين نهايتي صـفر ومـالا نهاية لتعطي :

$$\left\langle 1S_A \left| \frac{1}{r_B} \right| 1S_A \right\rangle = \frac{1}{R}\left[1-e^{-2R}\left(1+R1\right)\right]^7 \qquad (7\text{-}31)$$

حيث R- ترمز للفصل الداخلي للانوية إذا:

$$H_{AB}=E_H - \frac{1}{R}\left[1-e^{2R}\left(1+R\right)\right] \qquad (7\text{-}32)$$

ويمكن كتابة H_{AB} علي النحو :

$$H_{AB}=\left\langle 1S_A \left| \frac{1}{2}\nabla^2 - \frac{1}{r_B} \right| 1S_B \right\rangle - \left\langle 1S_A \left| \frac{1}{r_A} \right| 1S_B \right\rangle \qquad (7\text{-}33)$$

والعامل في الجزء الأول الكترونية هاميلتونيان الهيـدروجيني للـذرة B، الدالـة $1S_B$ – دالة ذاتية E_H– قيمة ذاتية. إذا الجزء الصحيح الأول مساويا $E_H S_{AB}$. والجزء الثاني (S_{AB}) من السهل تقييمه باستخدام الإحداثيات الكروية الشكل والإحداثيات هـي : λ ,u, ϕ حيث :

$$\lambda=\frac{r_A + r_B}{R} , U = \frac{r_A - r_B}{R} \qquad (7\text{-}34)$$

وأما ϕ تدل علي الدوران حول المحور النووي الداخلي وحجم المعدل في الإحداثيات الكروية هو :

$$dv=\frac{R^3}{8}, (\lambda^2 -U^2)d\lambda \, du \, d\phi \qquad (7\text{-}35)$$

وبالنسبة للمدار الهيدروجيني مع الشحنة النووية واحد والتداخل الصحيح هو :

$$SAB=\frac{1}{\Pi}\int e^{-r_A} e^{-r_B} \, dv = \frac{1}{\Pi}\int e^{-(r_A+r_B)} \, dv$$

وبعد إجراء التكاملات لنصل إلي :

$$S_{AB}=\frac{R^3}{2}(1+R+\frac{1}{3}R^2) \qquad (7\text{- }36)$$

وبالمثل :

$$\left\langle 1S_A \left| \frac{1}{r_A} \right| 1S_B \right\rangle = \frac{1}{\Pi}\int \frac{1}{r_A} e^{-(r_A+r_B)}\, dv$$

لتعطي في نهاية إجراء التكاملات إلي :

$$=\frac{R^2}{4\Pi}\left[4\Pi\frac{e^{-R}}{R^2}(1+R)\right]=e^{-R}(1+R) \qquad (7\text{- }37)$$

ومجموع النتائج للحد H_{AB} هو :

$$H_{AB}=e^{-R}(1+R+\frac{1}{3}R^2)E_M-e^{-R}(1+R) \qquad (7\text{- }38)$$

وبربط المعادلات 36, 37, 38 تبعا للمعادلة (20) فإننا نحصل علي النتائج في الشكل (7) للطاقة الالكترونية وشكل (8) .

وبدراسة الأشكال (8,7) نري أن الناتج بسيط لمعادلة الربط والطاقة الالكترونية، الطاقة الكلية تؤدي لفصل محدد صحيح للذرة. وعلي أي حال الطاقة الالكترونية لا تستطيع أن تؤدي إلي اتحاد صحيح وتكون بنسبة 25% .
وتتنبأ الطاقة الكلية علي الربط لقيمة De 0.065 هارتري حوالي 65% لطاقة حقيقية بقيمة 0.105 هارتري .

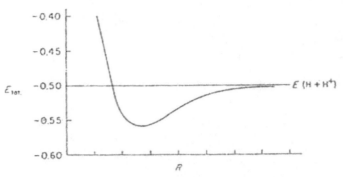

شكل (7) الطاقة الكلية للاتحاد الخطي للمدار الذري

والمدار الجزئي البسيط لايون 16_g^A , H_2^+ وحدة نووية

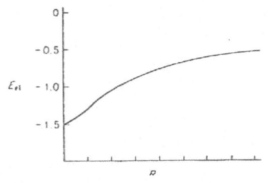

شكل(8) الطاقة الكلية للاتحاد الخطي للمدار الذري والجزيئي والحالة H_2^+ طاقة وحدة نووية

والنموذج البسيط للاتحاد الخطي للمدار الذري والجزيئي لايون الإيدروجين H_2^+ يمكن تعديله بواسطة إدخال تأثير الشحنة النووية مثل حدود الاهتزاز في الشكل المشابه لمعالجة الاهتزازية لذرة الهيليوم He هذا التعديل يعتبر معقول لعمل الشحنة النووية باثنين في حدود الوحدة الفردية. وواحد في حدود فصل الذرة والفصل البيني تأثير الشحنة النووية يقع بين تلك القيم مشتملا تأثير الشحنة النووية ξ والأجزاء المختلفة التي تدخل في الحسابات هي :

$$H_H = \frac{\xi^1}{2} \qquad\qquad (7\text{-} 39)$$

$$S_{AB}=e^{-\xi R}(1+\xi R+\frac{1}{3}\xi^2 R^2) \qquad (7-40)$$

$$\left\langle \frac{1}{r_A}\left|\frac{1}{r_{\mathbf{B}}}\right|1S_A \right\rangle=\frac{1}{\xi^2 R}\left[1-e^{-2\xi R}(1+\xi R)\right] \qquad (7-41)$$

$$\left\langle \frac{1}{S_A}\left|\frac{1}{r_{\mathbf{B}}}\right|1S_A \right\rangle=\frac{e^{-\xi R}}{\xi^2}(1+\xi R) \qquad (7-42)$$

تعين ξ عند كل قيمة (R)- لتعطي وحدة الذرة الصحيحة. وحدود فصل الذرة E_{el}- أيضا تؤدي إلي الحدود الصحيحة. إضافة لذلك أدني قيمة في E_{tot} تحدث عند الفصل الصحيح داخل الانوية عند هذا الفصل 2- بوهر، ξ تأخذ قيمة 1.293 الطاقة الكلية هو 0.5865- هارتري والقيمة الحقيقية هي 0.60263- هارتري De– 0.08651+ هارتري والقيمة الصحيحة هو 0.10263 هارتري.

برهنة إضافية بسيطة في الطاقة وذلك بعمل أكثر مرونة في دالة الموجه. وكمثال، المسألة يمكن أن تحل لأي درجة مطلوبة في الإحداثيات الكروية الصحيحة بواسطة اختيار دالة موجه داخله لسلسلة آس في λ, U للشكل :

$$\psi=e^{-\alpha\lambda}\sum_m\sum_n C_{mn}\,\lambda^m U^n \qquad (7-43)$$

بواسطة معالجة α, C'_s كدوال اهتزازية.

***

الباب الثامن

جزئ الإيدروجين

The hydrogen molecule

مقدمة :

أبسط الجزيئات المتعادلة علي الإطلاق ألا وهو جزئ الأيدروجين، علاقة هاميلتونيان غير التامة هي :

$$\hat{H} = -\frac{1}{2}\nabla_1^2 - \frac{1}{2}\nabla_2^2 - \frac{1}{r_{A1}} - \frac{1}{r_{B1}} - \frac{1}{r_{A2}} - \frac{1}{r_{B2}} + \frac{1}{r_{12}}$$

$$-\frac{me}{2m}\nabla_A^2 - \frac{me}{2m}\nabla_B^2 + \frac{1}{R_{AB}} \qquad (8\text{- }1)$$

خلال تقريب بورن- اوين هايمر والذي تستخدم علي هاميلتونيان الالكترونية هو :

$$\hat{H}_{el} = -\frac{1}{2}\nabla_1^2 - \frac{1}{r_{A1}} - \frac{1}{r_{B1}} - \frac{1}{2}\nabla_2^2 - \frac{1}{r_{A2}} - \frac{1}{r_{B2}} + \frac{1}{r_{12}} \qquad (8\text{- }2)$$

الطاقة الكلية عند أي فصل نووي بيني هو يمثل مجموع الطاقة الالكترونية والتنـافر النـووي البينـي. لاحـظ أن هاميلتونيـان النـووي يحتـوي هاميلتونيـان لمسـألة أيـون الأيـدروجين H_2^+ لإلكـترون واحـد وواحـد بالنسـبة لعـدد (2) إلكـترون وجـزء التنـافر الالكتروني البيني هو :

$$\hat{H}_{el} = -2\hat{H}_{H_2^+}\frac{1}{r_{12}} \qquad (8\text{- }3)$$

ومن الواضح نفس العلاقة لمسألة ايون الإيدروجين مسألة الهليوم وذرة الإيـدروجين، وأحد التقريب لحل مسألة الإيدروجين H_2 هـو اسـتخدام نظريـة التشـويش مـع دالـة الموجه الصحيحة لأيون الإيدروجين H_2^+ .

هذه الطريقة ليست عملية حيث $\left\langle \psi_i^o \middle| \frac{1}{r_{12}} \middle| \psi_i^o \right\rangle$ تعتبر صعبه للتقييم في الأنظمـة المغلقة هنا عن ما هي في مسألة الهيليوم. حسابات عددية مباشرة

طوعت لدقة عالية لجزئ الإيدروجين H_2 وعلي أي حال، تلك الطريقة معقدة علي طول الخط ولا تستخدم للأنظمة الكبيرة جدا. ونحن هنا تدخل بإهتمام طريقة يمكن تطبيقها للجزيئات الكبيرة في الارتباط الخطي L.C.A.O لايون جزئ الإيدروجين H_2^+ التي كانت بسيطة وتؤدي إلي نتائج دقيقة. ومن خلال ذلك يمكن طبيعيا تقريبها لمسألة جزئ الإيدروجين H_2 .

يوجد تقريبين مختلفين لدالة الموجه الجزيئية وهما: الأولي تؤدي إلي "نظرية المدارات الجزيئية" والثانية مفادها "نظرية رباط التكافؤ".

أولاً : طريقة المدار الجزيئي : The molecular orbital theory

هنا نستطيع كتابة مجموع دالة موجه المدار الجزيئي للحالة المستقرة لجزئ الإيدروجين كحاصل لاثنين بواحد إلكترون في المدار الجزيئي $1S\sigma$ علي هذا النحو :

$$\psi_{MO} = 1S\sigma(1)\ 1S\sigma(2) \qquad (8\text{-}\ 4)$$

ولو استبدلنا في الارتباط الخطي LMCO للمدار الجزيئي $1S\sigma$ وهنا قد تعتبر دالة خاصة :

$$\psi_{MO} = N\left[1S_A(1) + 1S_B(1)\right]\left[1S_A(2) + 1S_B(2)\right] \qquad (8\text{-}\ 5)$$

وتبادل الثابت (N) الذي يمكن إيجاده مباشرة علي هذا النحو :

$$\langle \psi_{MO} | \psi_{MO} | \rangle = N^2 \langle 1S_A(1) + 1S_A(2) + 1S_B(1) + 1S_B(2) + 1S_A(1)$$

$$1S_B(2) + 1S_B(1) + 1S_A|(2)|\ 1S_A(1) + 1S_A(2) + 1S_B(1)$$

$$1S_B(2) + 1S_A(1) + 1S_B(2) + 1S_B(1) + 1S_A(2)\rangle$$

$$= N^2 \langle 4 + 8.5 + 45^L = 4N^2(1+S)$$

أو :

$$N = \frac{1}{2(1+S)} \qquad (8\text{-}\ 6)$$

ويمكن تقييم طاقة مدار الجزيئي الالكترونية بالشكل :

$$E_{MO}=\left\langle \psi_{MO}\middle|\hat{H}\middle|\psi_{MO}\right\rangle$$

$$=2E_H\frac{(ad|aa)+(ad|bb+2(ab|ab)+4(ab|ab)}{2(1+S)^2}$$

$$=\frac{2(B|aa)+2(A|ab)}{1+S} \qquad (8-7)$$

ملاحظة سوف نستخدم تلك الرموز المختصرة للتبسيط :

$$\langle ad|aa\rangle=\left\langle 1S_A(1)\ 1S_A(2)\middle|\frac{1}{r_{12}}\middle|1S_A(1)\ 1S_A(2)\right\rangle$$

$$\langle ad|bb\rangle=\left\langle 1S_A(1)\ 1S_B(2)\middle|\frac{1}{r_{12}}\middle|1S_A(1)\ 1S_B(2)\right\rangle$$

$$\langle ad|ab\rangle=\left\langle 1S_A(1)\ 1S_A(2)\middle|\frac{1}{r_{12}}\middle|1S_B(1)\ 1S_B(2)\right\rangle$$

$$\langle ad|ab\rangle=\left\langle 1S_A(1)\ 1S_A(2)\middle|\frac{1}{r_{12}}\middle|1S_A(1)\ 1S_B(2)\right\rangle \qquad (8-8)$$

$$\langle B|aa\rangle=\left\langle 1S_A(1)\middle|\frac{1}{r_{12}}\middle|1S_A(1)\right\rangle$$

$$\langle A|ab\rangle=\left\langle 1S_A(1)\middle|\frac{1}{r_{12}}\middle|1S_B(1)\right\rangle$$

ولو أجرينا حسابات عند قيم مختلفة للحد R_{AB} ولمدار هيدروجين 1S "مدار ذري ولوحدة شحنة نووية" فأدني قيمة وجدت للطاقة الكلية عند قيمة R= 1.59 بوهر والطاقة الكلية عند تلك القيمة لفصل ذري وجدت 1.0974- هارتري وطاقة الفصل لذرتي الإيدروجين هي 1.5- هارتري. وقيمة التفكك المتوقعة للطاقة هي 0.0974 هارتري ومسافة

الرباط العملية هـي 1.40 بـوهر بيـنما طاقـة التفكـك العمليـة هـي 1.74 هـارتري والنتائج الحسابية دقيقة. ولكـن القـيم العدديـة ليسـت دقيقـة مـثلما مـع ايـون جـزئ الإيدروجين. والناتج أو الحاصل العددي لجزئ الإيدروجين يمكن تطـويره بإدخـال شـحنه النواة المؤثرة ξ كدالة متغيره لحساب الطاقة بالاحتفاظ للحد ξ عند كل انفصـال ذري فإننا نحصل علي ادني طاقة فصل لمسافة 1.38 بوهر لطاقة كلية 1.128- هارتري وطاقـة تفكك 1.28 هارتري. وان قيمـة ξ عنـد حسـاب الفصـل المتـزن هـي 1.197 والمحسـوبة لفصل الأنوية داخليا هـي فقـط 0.02 بـوهر مـن القيمـة الدقيقـة علـي أي حـال طاقـة التفكك هي 0.046 هارتري والتي تكافئ حوالي 29 كيلو سعر حراري لكل مول .

وبرسم مجموع طاقة المدار الجزيئي انظر الشكل (1-8)

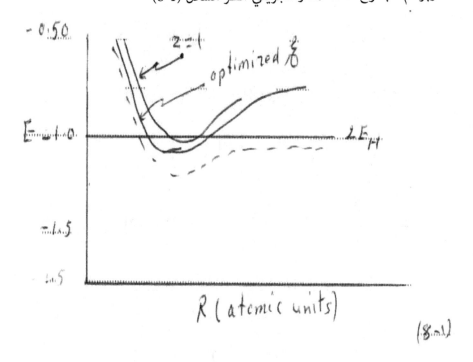

شكل (1-8) يبين مجموع الطاقات المدار الجزيئي لجزئ الإيدروجين كما هو محسوب من طريقة المدار الجزيئي، المنحني لأعلي شحنة نواه ثابتة للوحدة المنحني ألوسط قبل تأثير الشحنة النووية والمنحني المتقطع - التام مقابل دالة الفصل النووي البيني

ثانياً: طريقة رابطة التكافؤ The valence-band theory

طريقة رابطة التكافؤ بعض الأحيان تعرف بطريقة هيتلر- لندن وبدأت مع ناتج المدارات الذرية. فبالنسبة للحالة المستقرة لجزئ الإيدروجين نحصل :

$$\psi_{VB} = N\left[1S_A(1)\ 1S_B(2) + 1S_B(1)\ 1S_A(2)\right] \qquad (8\text{- }9)$$

وبتقييم ثابت المعايرة نجد :

$$\langle \psi_{VB}|\psi_{VB}|\rangle = N^2 \langle 1S_A(1)\ 1S_B(2) + 1S_B(1)\ 1S_A(2)|1S_A(1)\ 1S_B(2) + 1S_B(1) 1S_A(2)\rangle$$

$$= N^2 \langle 1S_A(1)\ 1S_B(2)|\ 1S_A(1)\ 1S_B(2)\rangle$$

$$+ \langle 1S_B(1)\ 1S_A(2)|\ 1S_B(1)\ 1S_A(2)\rangle$$

$$= 2\langle 1S_A(1)\ 1S_B(2)|\ 1S_B(1)\ 1S_A(2)\rangle\ ]$$

$$= 2N^2(1+S^2) \qquad (8\text{- }10)$$

$$N = \frac{1}{\sqrt{2(1+S^2)}} \qquad (8\text{- }11)$$

كما يمكن تقييم طاقة رباط التكافؤ ليعطي :

$$\langle \psi_{VB}|\hat{H}|\psi_{VB}|\rangle = 2E_H + \frac{(aa/bb) - 2(B/aa) + (ab/ab) - 2S(A/ab)}{1+S^2}$$

والتكاملات المختلفة كما في المعادلة (8-8) ولو حسبت الطاقة الكلية كدالة للمسافة R_{AB} مستخدما مدارات IS للإيدروجين الذري بوحدة للشحنة النووية، فقيمة ادني طاقة عند مسافة (R) هي 1.51 بوهر والطاقة الكلية عند تلك المسافة 1.1105- هارتري ولطاقة تفكك 0.1161 هارتري. والنتيجة تعتبر أفضل نسبيا عن قيم المدار الجزيئي البسيط ولكن ليست كافية لمثل التي حسبت بصورة جيدة عن طريق المدار الجزيئي مع الاهتزاز ξ. ويمكن تحسين النتيجة عن طريق تأثير الشحنة النووية ليكون تعيين المتغير عن كل طول رباط، وبعد

الوصول تبين ادنى طاقة عند R 1.44 بوهر كانت 1.1389 – هارتري طاقة رباط 0.1389 هارتري وقيمة ξ الاهتزازية 1.166 ، والطاقة تعتبر أفضل نسبيا عن طاقة المدار الجزيئي مع الاهتزازية ξ. لكن طول الرباط المتنبأ ليس بالجيد. وبرسم تكافؤ طاقة الرباط الكلية كدالة للفصل النووي البيئي، فإننا نحصل على الشكل (2) والفرق واضح بين الشكلين (1, 2) ألا وهو أن طاقة رباط التكافؤ تؤدي إلى طاقة الفصل الذري الصحيح المحدد لهارتري 1.5- .

ولكي تعين الفرق بين طريقتي المدار الجزيئي وطاقات تكافؤ الرباط عند حدود الفصل الذري خذ المعادلة (7) و (12) والأجزاء .

$$S,(aa/bb),(ab/ab),(aa/ab),(B/aa)\, and\, (A/ab)$$

وتؤول إلى الصفر كلما R- تؤول إلى ما لا نهاية والمعادلة (8) تعتبر إذا رباط تكافؤ صحيحة لكن حدود المدار الجزيئي أيضا عالية بواسطة $\frac{1}{2}(aa/aa)$.

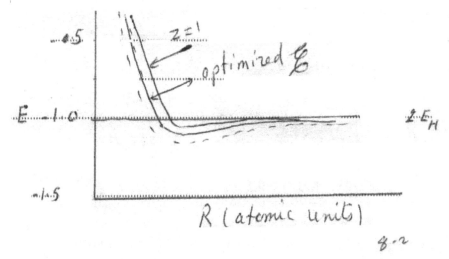

شكل (2-8) يبين حالة الطاقة المستقرة لجزئ الإيدروجين بطريقة تكافؤ الرباط (المنحني الأعلي) وشحنة نواه وحدة ثابتة تأثير الشحنة النووية (الوسط) والمقتطع التام.

$$E_{MO} \to 2E_H + \frac{1}{2}(aa/aa) \quad R=\infty \qquad (8\text{-}13)$$

$$E_{VB} \to 2E_H \qquad R=\infty \qquad (8\text{-}14)$$

وتنافر الإلكترون البيني الناشئ عن إلكترونين علي نفس مركز الذرة ولكي نعرف لماذا يحدث؟ فإننا نقارن دالتي الموجه وتكون إذا دالة موجه رباط التكافؤ :

$$\psi_{VB} = N[1S_A(1)\ 1S_B(2) + 1S_B(1)\ 1S_A(2)] \qquad (8\text{-}9)$$

وبتحديد المعادلة (5) فإننا نحصل علي :

$$\psi_{MO} = N[1S_A(1)\ 1S_B(2) + 1S_B(1)\ 1S_A(2)$$
$$1S_A(1)\ 1S_A(2) + 1S_B(1)\ 1S_B(2)\ ] \qquad (8\text{-}15)$$

الجزء الأول من المعادلة 15 (جزء التكافؤ) هما الجزئيين اللذان ظهرا في دالة رباط الموجه، الأجزاء الأخيرة تفاعل الإلكترونين الموجودان علي نفس الذرة في نفس الوقت. بينما وربما يكونا مناسبا عندما تقترب مراكز الانوية الذرية من بعضها، وعليه كلما كانت R- كبيرة فيعتبر التفاعل غير مناسب. وبوجود تلك الأجزاء والانوية تؤدي طاقة المدار الجزيئي إلي حدود خاطئة.

تفاعل الوضع النسبي للذرات في جزئ (تفاعل التركيب) :

configuration interaction

لوجدت بعض الطرق لنزع الجزء الأيوني من دالة المدار الجزيئي حتى تفاعل فصل كبير ربما تحسن طاقة المدار الجزيئي. ولنفترض دالة موجه المدار الجزيئي كونت من حاصل احد الإلكترونين $15\sigma^b$ - مدار لايون جزئ الإيدروجين L.C.A.O لنحصل :

$$\psi'_{MO} = \frac{1}{2(1-S)}[1S_A(1) - 1S_B(1)][1S_A(2) - 1S_B(2)]$$

$$=\frac{1}{2(1-S)}\left[1S_A(1)\ 1S_A(2)+1S_B(1)\ 1S_B(1)-1S_A(1)\ 1S_B(2)\right.$$
$$\left.-1S_B(1)\ 1S_A(2)\ \right] \qquad (8\text{- }16)$$

أجزاء التكافؤ والأيوني ظهر في هذه الدالة بإشارات معاكسة ولو أن المعادلة (16) طرحت من المعادلة (15) عند قيمة R- كبيرة تلاحظ إزالة الجزء الأيوني ولنبدأ تحسين دالة الموجه ψ لتكون ارتباط خطي للمعادلة 16, 15 .

$$\psi=C_2\psi_{MO}+C_2\psi'_{MO} \qquad (8\text{- }17)$$

ثم نعالج المعاملات علي أنها دوال أهتزازية في المظهر وسوف نخلط التراكيب $(1\sigma_U^+)^2\ \ (\sigma_g^+)^2$, وبواسطتهما يتم حساب تفاعل التركيب البيني والمعالجة الاهتزازية تعتبر مماثلة لواحد تستخدم لتعيين دالة L.C.A.O لأيون جزئ الإيدروجين H_2^+ وناتج التعيين هو :

$$o=\begin{vmatrix}\langle\psi_{MO}|\hat{H}|\psi_{MO}\rangle & -E & \langle\psi_{MO}|\hat{H}|\psi_{MO}\rangle \\ \langle\psi_{MO}|\hat{H}|\psi'_{MO}\rangle & & \langle\psi_{MO}|\hat{H}|\psi_{MO}\rangle-E\end{vmatrix} \qquad (8\text{- }18)$$

حيث لا يوجد تداخل في عناصر-جانبية وبالتالي فإن الدوال $(1\sigma_g^0)$, $(1\sigma_U^0)$ نجدها متعامدة .

ولو أن حسابات صورة التفاعل الداخلي اجري كدالة للمسافة R, ولو اشتملت تأثير شحنة النواة الإهتزازية فإن إتزان التداخل النووي هو 1.45- بوهر والطاقة الكلية عند هذا الإنفصال هو 1.14777- هارتري وأقصي ξ عند هذا الانفصال هو 1.193 . والطاقة تعتبر أفضل من المدار الجزيئي أو طاقة رباط التكافؤ ويعطي معالجة المدار الجزيئي مع صورة التفاعل الداخلي. وأفضل النتائج عند معالجة تكافؤ الرباط ومعالجة رباط التكافؤ يمكن أن تفيد لو أن بعض الطرق أمكن وجودها لتضاف إلي بعض المساهمات الأيونية ودعنا لنعمل مضاهاة لدالة الموجه علي هذا الشكل .

$$\psi=C_2\psi_{VB}+C_2\psi_{VB} \qquad (8\text{- }19)$$

حيث :

$$\psi_{AB}=\frac{1}{\sqrt{2(1+S^2)}}\left[1S_A(1)1S_A(2)+1S_B(1)1S_B(2)\right] \qquad (8\text{- }20)$$

فيزيائيا ψ''_{AB} − تعني وضع كلا الإلكترونين علي الذرة A وكلاهما علي الذرة B علي التوالي والمعادلة (19) دالة موجه تفاعل - تركيب بيني ψ_{AB} - تقابل تركيب رابطة التكافؤ التساهمي بينهما ψ'_{AB} تقابل المجموع لاثنين مساويا التركيب الأيوني الوزني. وتعاد مرة أخري تعيين المعاملات المختلفة فيكون الناتج المعين .

$$o=\begin{vmatrix} \langle\psi_{VB}|\hat{H}|\psi_{VB}\rangle \quad -E & \langle\psi_{VB}|\hat{H}|\psi_{VB}\rangle \\ \langle\psi_{VB}|\hat{H}|\psi_{VB}\rangle & \langle\psi_{VB}|\hat{H}|\psi_{VB}\rangle-E \end{vmatrix} \qquad (8\text{- }21)$$

فلو أن حساب ترتيب التفاعل الداخلي لرابطة التكافؤ اجري كدالة للحد R مع اشتمال تأثير الشحنة النووية المتغيرة المعينة. فالناتج يؤدي إلي أن يكون مماثلا لمعالجة المدار الجزيئي مع ترتيب لتفاعل داخلي .

حسابات تامة : Exact calculation

لكي نحسن استغلال طاقة الجسيم-المستغل، فانه يجب أن نتضمن r_{12}− في دالة الموجه لبعض الصور، ففي عام 1933 ادخل كلا من جيمس وكوليدج James& Coolidge دالة الموجه علي هذه الصورة

$$\psi=\frac{-\alpha(\lambda_1+\lambda_2)}{2\Pi}\sum_m\sum_n\sum_J\sum_K\sum_P C_{mnjkp}(\lambda_1^m\lambda_2^n U_1^j U_2^k U^P+\lambda_1^n\lambda_2^m U_1^k U_2^j U^P) \quad (8\text{- }22)$$

حيث الرموز U,λ وصفت مسبقا وأما U− فإنها تعتمد علي فصل الإلكترون الداخلي .

$$\lambda_j=\frac{r_{AI}+r_{Bi}}{R_{AB}}$$

$$U_i = \frac{r_{AI} - r_{Bi}}{R_{AB}}$$

(8-23)

$$U = \frac{2r_{12}}{R_{AB}}$$

والرمز α عبارة عن حد شكلي يأخذ الجزء الثالث عشر لهذا الشكل وليعطي طاقة التفكك والتي تقدر 7×10^{-4} هارتري أو حوالي (46) كيلو سعر لكل مول من القيمة المعملية .

كما وجد العديد من العلماء من أسهموا في تقدير تلك القيم وذلك من 1905 وحتى الآن فمنهم كولوز وولنيويز Kolos & wolniewicz .

وأكثر الحسابات دقة للبيانات بواسطة هذين العالمين حيث استخدما 90 جزئية في شكل المعادلة 22 ولم يستخدما تقريبا بورن-اوبنهايمر وكانت الطاقة الكلية 1.1744744- هارتري بالنسبة لقيمة D القيمة 0.1744744 .

***

الباب التاسع

التركيب الالكتروني

Electronic stricture of polyatomic molecular

طريقة المدار الجزيئي لهيكل :

The Huckel molecular – orbital method

نحـن هنا من المهم أن نعلم الأساس الخلفي المنطقي الحسابي وبالمعرفة كيف نطبـق النتائج لتفسير الرباط الكيميائي والظواهر الكيميائية الاخري. فأي تقنيه لحساب جزيئـي يمكن تطويقه أفضل تلك هو تطلب حاسوب الكتروني للحسابات لأي نظام أهم كيميائ. علي الرغم معظم كيمياء الكم العملية تستخدم بشدة الحاسوب بكثرة. وسوف نركز علي المسائل التي يمكن حلها بها ولهذا السبب سوف نركز علي أفضل طريقة بسيطة لطريقـة المدار الجزيئي وسوف ننبه لطريقة هيكل .

طريقة هيكل تشتمل تلك الأساسـيات المطوعـة في الحسـابات المعقـدة ولا تـدخل التقييم للتكاملات المعقدة أو الحل المتكرر " معادلـة غـير قانونيـة مـع معاونـة نظريـة المجموعة التي سوف تدخل للمساعدة الشاملة وعلي نحو ملائم حلت المسائل المعقـدة عند تقريب مستوي هيكل".

ونحـن نعلـم أن نظريـة هيكـل تسـتخدم فقـط مـدارات غـلاف التكـافؤ وتـأثير هاميلتونيان وتكاملها يقيم تجريبيا فبالنسبة لأنظمة الكترونيـة مـن نظـام π وتبعـا لنظرية هيكل التقليدية ففي مثل تلك الأنظمة الرابطة الثنائية تعتبر مرتبطـة للرابطـة σ الواقعة علي سطح الجزئ، والرابطة π للجزئ الثنائي الذريـة يعـرف بالرابطـة (Pi) ونفترض أن نظام رابطة π للجزئ يمكن لنا معالجته منفصلا عـن نظـام σ فنظرية هيكل تقليديا نتناول بشدة بالأنظمة π. ففي جزيئات مرتبطـة لـذرات مـن عناصر نموذجية فكل ذرة لها أربع مدارات تكافؤ متاحة ففي سطح أنظمة بأي-إلكـترون فقط واحد من P- مدارات من كل

ذرة يساهم للنظام $-\pi$ والأخر في نظام $-\sigma$ إذا ركيزة المبدأ الأساسي للمدارات الجزيئية $-\pi$ تكون صغيرة جدا عن بقية التكافؤات الاخري المكملة تدخل تفاعلات كيميائية تلك الأنظمة وعموما تدخل تغيرات كبيرة في نظام $-\pi$ عن نظام $-\sigma$.

إذا هيكل -هاميلتونيان هو مجموع لتأثير واحد إلكترون هاميلتونيان. وهذا الإلكترون الهاميلتونيان كلهم يأخذوا نفس شكل المعادلة .

$$\hat{H} = \sum_{i}^{etec} \left(-\frac{1}{2}\nabla_1^2 - \sum_{A}^{atoms} \frac{Z_A}{r_{Ai}}\right) + \sum_{i}^{etec} \sum \frac{1}{r_{ij}} \qquad (9\text{-}1)$$

وكميات تقريب هيكل لحل معادلة L.C.A.O لواحد إلكترون فقط يتحرك في المجال لكل مراكز الذرات والناتج هو مجموعة لمدارات جزئ واحد إلكترون وتقابلهم قيمة الطاقة. وترمز الالكترونات للمدارات الجزيئية لتعطي شكل المدار الجزيئي المناسب .

بيوتادايين والأكرولين : Butadiene and Acraline

يحتوي كلا من البيوتادايين والأكرولين علي أربع روابط (π) إلكترون وهما كبيران بكفاية لشرح أو تفسير طريقة هيكل بشكل تام. وأيضا الطريقة بسيطة بكفاية من حيث يمكن حل المعادلات. وأيضا مسألة البيوتادايين يمكن تبسيطها بالتركيب σ المتماثلة وهي :

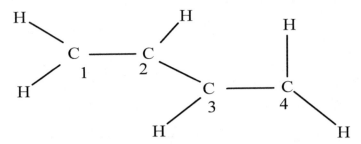

هنا يلاحظ وجود $D-\pi$ مدار ذري علي كل ذرة كربون من تلك المدارات الجزيئية سوف يتم التركيب والمدارات الجزيئية تأخذ الشكل:

$$\psi_1 = C_{i1} \, \%_1 + C_{i2} \, \%_2 + C_{i3} \, \%_3 + C_{i4} \, \%_4 \qquad (9\text{-}2)$$

هذه المعادلة الإنتقالية يمكن إشتقاقها بتغير الكميات $\langle \psi_i | h - E_i | \psi_i \rangle$ حيث E_i عبارة عن طاقة مدار واحد إلكترون مع الاحتفاظ بالمعاملات الاخري ووضع الناتج مساويا للصفر لنحصل علي.

وبتمديد المعادلة (1) نحصل علي عدة معادلات طويلة، وبتغير المعادلات مع الاحتفاظ لكل المعاملات ووضع الناتج المستقل بذاته مساويا للصفر وفي النهاية نحصل علي معادلات أخري لنحصل علي معادلة لمصفوفة صفر لنظرية هيكل Hukel theory علي النحو :

$$\begin{vmatrix} \alpha - \xi_i & \beta & O & O \\ \beta & \alpha - \xi_i & \beta & O \\ O & \beta & \alpha - \xi_i & \beta \\ O & O & \beta & \alpha - \xi_i \end{vmatrix} = Zero \qquad (9\text{-}3)$$

وبالنسبة لنظام الاكرولين σ ليأخذ الشكل :

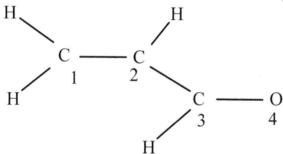

مرة أخري كل ذرة كربون أو ذرة أكسوجين تساهم بمدار واحد $\pi - D$ والمعادلة المحصلة المنتقلة يمكن كتابتها علي النحو :

$$\begin{vmatrix} \alpha - \xi_i & \beta & O & O \\ \beta & \alpha - \xi_i & \beta & O \\ O & \beta & \alpha - \xi_i & \beta CO \\ O & O & \beta CO & \alpha_0 - \xi_i \end{vmatrix} = 0 - \qquad (9\text{-}4)$$

بينما المعادلة الخطية علي النحو :

$$\begin{vmatrix} C_{i1}(\alpha-\xi_i) & +C_{is}\beta & & & =0 \\ C_{i1}\beta & +C_{i2}(\alpha-\xi_i) & +C_{i3}\beta & & =0 \\ & +C_{is}\beta & C_{i3}(\alpha-\xi_i) & +C_{i4}\beta CO & =0 \\ & & +C_{i3} & C_{i4}(\alpha_0-\xi_i) & =0 \end{vmatrix} = Zer \qquad (9\text{- }5)$$

ولكي نحل معادلة هيكل عموديا $\beta-$ تؤخذ C-C علي أنها طاقة، $\alpha-$ كربـون لتعطي وحدة طاقة صفر وبالتالي تكتب علي الصورة :

$$\alpha_a = \alpha + h_a\beta \qquad (9\text{- }6)$$

$$B_{ab} = K_{ah}\beta \qquad (9\text{- }7)$$

حيث الرموز K_{ah}, h_a- تعتمد علي الذرة أو الرباط الموجود فلو قسمنا عـلي β نجد أن :

$$x_i = \frac{\alpha - \xi_i}{\beta} \qquad (9\text{- }8)$$

فإن معادلة هيكل تصبح :

$$\begin{vmatrix} X_i & 1 & O & O \\ 1 & X_i & 1 & O \\ O & 1 & X_i & 1 \\ O & O & 1 & X_i \end{vmatrix} = 0- \qquad (9\text{- }8)$$

والمعادلة الخطية تصبح :

$$\begin{aligned} & C_{ii}X + C_{i2} = 0 \\ & C_{i1} + C_{12}X_1 + C_{i3} = 0 \\ & C_{i2} + C_{i3}X + C_{i4} = 0 \\ & C_{i3} + C_{i4}X_i = 0 \end{aligned} \qquad (9\text{- }9)$$

وبالنسبة للاكرولين :

$$\begin{vmatrix} X_i & 1 & O & O \\ 1 & X_i & 1 & O \\ O & 1 & X_i & K_{CO} \\ O & O & K_{CO} & h_o + X_i \end{vmatrix} = 0 - \qquad (9\text{- }10)$$

وكذلك المعادلة الخطية لها :

$$C_{ii} + C_{i2} = 0$$
$$C_{i1} + C_{121} + C_{i3} = 0$$
$$C_{i2} + C_{i3}X_i + C_{i4}K_{CO} = 0 \qquad (9\text{- }10)$$
$$C_{i3}K_{CO} + C_{i4}(h_O + X_i) = 0$$

والمعادلات 8 ,10 كلاهما يعطي رتبة رباعية متعددة في X_i وهذا يؤدي إلي أربع جذور لطاقات الرباط ويمكن تقديرهم من المعادلة (7) .

ولو أن المعادلة (8) امتدت فإننا نحصل للبيوتادايين المتعدد الحدود .

$$X_i^4 - 3X_i^3 + 1 = 0 \qquad (9\text{- }11)$$

هذه المعادلة (10) رباعية في X_1^2 معطيه القيم 2.018 - 0.382 للحد X^2 وقيمة $\pm 0.618,\ \pm 1.618(X)$ وباستخدام المعادلة (7) تعين الطاقات في ترتيب تصاعدي .

$$\xi_1 = \alpha + 1.1618\ \beta$$
$$\xi_2 = \alpha + 0.618\ \beta$$
$$\xi_3 = \alpha - 1.618\ \beta \qquad (9\text{- }12)$$
$$\xi_4 = \alpha - 0.618\ \beta$$

كل ذرة كربون من البيوتادايين لها أن تساهم بواحد إلكترون إلي النظام π لكل الأربع وكل مدارين في الحالة الأرضية تمثل بازدواجية لتعطي طاقة إلكترون π - الحالة المستقرة، E_o .

$$E_o = 2\xi_1 + 2\xi_2$$
$$= 4\alpha + 4.472\ \beta \qquad (9\text{- }12)$$

$$\nabla E = E_1 - E_o$$

$$= \xi_3 - \xi_1 = -1.236 \;\; \beta \qquad (9\text{- }12)$$

وأول عملية انتقال أحادي تم حدوثها عند $14.63\times10^4 Cm^{-1}$ (وبالتالي نظرية هيكل أهملت التنافر الالكتروني ولذلك لا تستطيع التنبؤ عن الفصل من أحادي - ثلاثي)

.

ويمكن استخدامها لتقدير القيمة للحد B $-3.75\times10^4 Cm^{-1}$ ويمكن إيجاد معاملات الارتباط الخطي (LCAO) باستبدال الجذور واحد عند الزمن، في المعادلة الخطية المناسبة وفي المعادلة العيارية وفي معادلة هيكل التقريبية (في تقريب هيكل) ومع مساواة S_{UV} للحد δ_{UV} تصبح معادلة المعايرة :

$$\sum_U C_{iN}^2 = 1 \qquad (9\text{- }15)$$

ولنأخذ $\psi_1 -$ المدار الجزيئي والقيمة للحد (X) أدت إلي ξ_i كانت 1.618-.
استبدل في المعادلة (10) أول معادلة لنحصل علي :

$$-1.618_{C11} + C_{12} = o$$

$$C_{12} = 1.618 \qquad (9\text{- }16)$$

استبدل القيمة مباشرة بالقيمة لـ(X) إلي المعادلة (10) المعادلة الثانية لنحصل :

$$C_{11} + 1.618_{C11} X - 1.618) + C_{13} = o$$

$$C_{13} = 1.618\, C_{11} \qquad (9\text{- }17)$$

وبالمثل استبدل في المعادلة (10) الثالثة والرابعة نجد أن :

$$C_{14} = C_{11}$$

وظروف المعايرة :

$$C_{11}^2 + C_{12}^2 + C_{13}^2 + C_{14}^2 = 1$$

لنحصل :

$$C_{11}^2 \; \left[2 + 2(1.618)^2\right] = 1$$

$$C_{11} = 0.3718 \qquad (9\text{-}17)$$

ومن المعادلات 15 وحتى 17 :

$$C_{12} = 0.6015 \qquad \left[(0.3718\&1.617)\right]$$
$$C_{13} = 0.0015$$
$$C_{14} = 0.3718$$

ومعاملات المدارات الاخري يمكن إيجادها بالمثل والنتيجة النهائية هي:

$$\psi_1 = 0.3718\%_1 + 0.6015\%_2 + 0.6015\%_3 + 0.3718\%_4$$
$$\psi_2 = 0.6015\%_1 + 0.3718\%_2 + 0.3718\%_3 + (-0.6015\%_4)$$
$$\psi_3 = 0.6015\%_1 - 0.3718\%_2 - 0.3718\%_3 + 0.6015\%_4$$
$$(9\text{-}19)$$
$$\psi_4 = 0.3718\%_1 - 0.6015\%_2 + 0.6015\%_3 - 0.3718\%_4$$

لاحظ أن عدد العقد علي طول السلسلة تزداد كلما زادت الطاقة والتعيين للاكرولين وليس بمفكوك المعادلة (10) لنحصل علي :

$$X^4 + h_o X^3 - (2 + K_{Co})X^2 - h_o X + K_{Co}^2 = 0 \qquad (9\text{-}20)$$

وقيمة مناسبة للحدود (1) لكل من K_{Co}, h_o بمعني :

$$\alpha_o = \alpha + \beta \qquad (9\text{-}21)$$
$$\beta_O = \beta$$

استبدل في المعادلة (20) :

$$X^4 + X^3 - 3X^2 - 2X + 1 = 0 \qquad (9\text{-}22)$$

هذه المعادلة يمكن حلها بواسطة إستخدام الطريقة المعتادة لإيجاد الجذور المتعددة الحدود، والجذور هي :

$$-1.879, -1.000, 0.347 \, and \, 1.523$$

وباستخدام المعادلة $X_i = \dfrac{\alpha - \xi_1}{\beta}$ لإيجاد طاقة إلكترون لمدار واحد علي النحو :

$$\xi_1 = \alpha + 1.879\beta$$

$$\xi_2 = \alpha + \beta$$
$$\xi_3 = \alpha - 0.347\beta \qquad (9\text{- }22)$$
$$\xi_4 = \alpha - 1.523\beta$$

وطاقة الحالة المستقرة للإلكترون π :

$$E_o = 2\xi_1 + 2\xi_2$$
$$= 4\alpha + 4.411\beta$$

بينما لأول حالة نشطه (إثارة) :

$$E_1 = 2\xi_1 + \xi_1 + \xi_3$$
$$= 4\alpha + 4.411\beta$$
$$\Delta E = E_1 - E_1$$
$$= \xi_3 - \xi_1 = -1.347\beta$$

لو استخدمنا قيمة β المعايرة من طيف البيوتادايين والتي وجدت $5.05 \times 10^4 \ Cm^{-1}$ والقيمة العملية لأول قفزة π, π^* وجدت $4.26 \times 10^4 \ Cm^{-1}$.

وهذه القيمة مطابقة لهذا التقريب البسيط ولو أن نظرية هيكل استخدمت الحسابات الطيفية فلابد من $h_o, -k_{ab}$ قيمهما أن تقارن مقابل لسلسلة من المركبات المشابهة لذلك المركب تحت الاختبار :

إذا معاملات مركب الأكرولين يمكن وضعها علي النحو التالي :

$$\psi_1 = 0.228\%_1 + 0.4288\%_2 + 0.5774\%_3 + 0.6565\%_4$$
$$\psi_2 = 0.5774\%_1 + 0.5774\%_2 + 0.0\%_3 + -0.5774\%_4$$
$$\psi_3 = 0.6565\%_1 - 0.2280\%_2 - -0.5774\%_3 + 0.4285\%_4$$

(9- 24)

$$\psi_4 = 0.4285\%_1 - 0.6565\%_2 - 0.5774\%_3 - 0.2280\%_4$$

معاملات LCAO كمتجهات ومصفوفات :

L.C.A.O Coefficients as vector, and matrices

لنكتب معاملات LCAO لدالة موجه مركب - بيوتادايين كعمود لنأخذ :

$$c_1 = \begin{matrix} 0.3718 \\ 0.6015 \\ 0.6015 \\ 0.3718 \end{matrix} \; ; c_2 = \begin{matrix} 0.6015 \\ 0.3718 \\ -0.3718 \\ -0.6015 \end{matrix} \; ; c_3 = \begin{matrix} 0.6015 \\ -0.3718 \\ -0.3717 \\ 0.6015 \end{matrix} \; ; c_4 = \begin{matrix} 0.3718 \\ -0.6015 \\ -0.6015 \\ -0.3718 \end{matrix} \qquad (9\text{- }25)$$

ولتأخذ المصفوفة هاميلتوينان- هيكل h مصفوفة بواحد للمتجه فرضا C_1 لتعطي :

$$hC = \begin{vmatrix} \alpha & B & O & O \\ B & O & B & O \\ O & B & \alpha & B \\ O & O & B & \alpha \end{vmatrix} \begin{vmatrix} 0.3718 \\ 0.6015 \\ 0.6015 \\ 0.3718 \end{vmatrix} = \begin{vmatrix} 0.3718\alpha + 0.6015\beta \\ 0.6015\alpha + 0.9733\beta \\ 0.6015\alpha + 0.9733\beta \\ 0.3718\alpha + 0.6015\beta \end{vmatrix}$$

$$= (\alpha + 1.618\beta) \begin{vmatrix} 0.3718 \\ 0.6015 \\ 0.6015 \\ 0.3718 \end{vmatrix} = \xi_1 C_1 \qquad (9\text{- }26)$$

هذا الشكل يأخذ شكل دالة قيمة ذاتية والمتجه C_1 يعـرف متجـه ذاتي eignvector

للحد (h) المناظر للقيمة الذاتية eign value ξ_1 لاحظ أيضا أن :

$$C_1^l \, C_1 = [0.3718 \; 0.6015 \; 0.6015 \; 0.3718] \begin{vmatrix} 0.3718 \\ 0.6015 \\ 0.6015 \\ 0.3718 \end{vmatrix} = \qquad (9\text{- }27)$$

إذا لنحصل :

$$C_1^{/}\, hC_1 = \xi_1 \qquad (9\text{- }28)$$

نفس النتيجة يمكن تعيينها لمتجهات أخري فلو أخذنا مربع مصفوفة (C) من حيث أعمدة المصفوفة كقيمة ذاتية بمعادلة القيم C_4, C_3, C_2, C_1. (24) لنحصل علي :

$$C = [C_1\ C_2\ C_3\ C_4\ ] \qquad (9\text{- }29)$$

حاصل المصفوفة $C^1\, hC$ علي النحو :

$$C^1\, hC = \begin{vmatrix} \alpha + 1.618\beta & O & O & O \\ O & \alpha + 1.618\beta & O & O \\ O & O & \alpha + 1.618\beta & O \\ O & O & O & \alpha + 1.618\beta \end{vmatrix} \qquad (9\text{- }30)$$

تفسير دالة الموجه للارتباط الخطي L.C.A.O .

والتبادل المطلوب لداله الموجه الجزيئية هو :

$$\langle \psi_i | \psi_i \rangle = 1 \qquad (9\text{- }31)$$

فلو ضربنا المعادلة (30) بواسطة عدد للالكترونات في كل مدار f_i وجمعنا كل المدارات المختلفة (المليئة) نحصل :

$$\sum_i^{occ} f_i \langle \psi_i | \psi_i \rangle = n \qquad (9\text{- }32)$$

حيث n- عدد الالكترونات في النظام :

وقد تقدم مسبقا وصفا لمربع دالة الموجه $|\psi_i|^2$ كجزء من احتمالية وجود وصف الجسيم بالدالة ψ_i في أمكنة مختلفة في الفراغ فبالنسبة للاكرولين أو بالنسبة للبيوتادايين .

$$|\psi_i|^2 = C_{i1}^2 |X_1|^2 + C_{i2}^2 |X_2|^2 + C_{i3}^2 |X_3|^2 + C_{i4}^2 |X_4|^2$$

$$+ C_{i1}^A\, C_{i2}\, X_1^A\, X_L + C_{i1}^A\, C_{i3}\, X_1^A\, X_S + C_{i1}^A\, C_{i4}\, X_1^A\, X_4 + C_{i2}^A\, C_{ix}\, X_1^A\, X_1$$

$$+C_{i2}^{A}C_{i3}X_{2}^{A}X_{3}+C_{i2}^{A}C_{i4}X_{2}^{A}X_{4}+C_{i3}^{A}C_{i1}X_{4}^{A}X_{1}+C_{i3}^{A}C_{i2}X_{3}^{A}X_{L} \quad (9\text{- }33)$$

$$+C_{12}^{A}C_{13}X_{3}^{A}X_{4}+C_{14}^{A}C_{11}X_{4}^{A}X_{1}+C_{14}^{A}C_{12}X_{4}^{A}X_{2}+C_{14}^{A}C_{13}X_{4}^{A}X_{3}$$

وبتكامل هذه المعادلة وباستخدام تقريب هيكل نحصل :

$$\langle\psi_i|\psi_i\rangle=C_{i2}^{2}+C_{i2}^{2}+C_{i3}^{2}+C_{i4}^{1} \quad (9\text{- }34)$$

حيث يعتبر تكامل تعادل تام إذا (C_{i4}^{2}) هو تكامل محتمل لإيجاد إلكترون واحد

حيث أيضا في ψ_i مستقر في X_4 والكثافة الكلية هي عند U، q_u هي المجموع للتوزيعات لكل مدار جزيئي ممتلئ علي النحو:

$$q_u=\sum_{i}^{occ} f_i\, C_{iu}^{2} \quad (9\text{- }35)$$

u- تعني كثافة الشحنة الكلية .

فبالنسبة للاكرولين في الحالة المستقرة :

$$q_1=2(0.2250)^2+2(0.5774)^2=0.771$$

$$q_2=2(0.4285)^2+2(0.5774)^2=1.034 \quad (9\text{- }36)$$

$$q_3=2(0.5774)^2+2(0)^2=0.667$$

$$q_4=2(0.6565)^2+2(-0.5774)\ =1.529$$

لاحظ المعادلة الآتية :

$$1-0.771=0.229,1-1.034=-0.034,1-0.663=0.333$$

$$and\ 1-1.529=-0.529\ respectivly$$

فكل مركز يساهم بواحد إلكترون لأنظمة (π) ويلاحظ المواضع (3، 1) يحصلا علي محصلة اقل من واحد لمحصلة موجبة بينهما و(2،4) اكبر من الوحدة لذا فإنهما يأخذا محصلة سالبة وكما هو متوقع أن الشحنة متمركزة في اتجاه الأكثر سالبيه وهي ذرة الأكسجين .

وفي أول حالة نشطة من $\pi \leftarrow \pi^A$ فإنها تأخذ الشكل : $(\psi_1)^2(\psi_1)(\psi_3)$

علي النحو في حالة الاكرولين :

$$q_1=2(0.228)^2+2(0.5774)^2+2(0.6565)^2=0.868$$

$$q_2 = 2(0.4285)^2 + 2(0.5774)^2 + (-0.5286)^2 = 0.753$$

(9- 37)

$$q_3 = 2(0.5774)^2 + 2(0)^2 + (-0.5774)^2 = 1.6$$

$$q_4 = 2(0.6565)^2 + 2(-0.5774)^2 + (0.4285)^2 = 1.379$$

ومثلما ذكر فيما سبق في محصلة الشحنة من 1 وحتى 4 فهي علي التوالي ,0.132 0.379- ,0 ,240 يلاحظ في الحالة النشطة أن الكثافة الالكترونية قد فقدت بواسطة تلك الذرة الغنية بالالكترونات في الحالة الأرضية المستقرة وتكتسب بواسطة تلك الذرات أيضا الناقصة مثل تلك الشحنة التوزيعية وتأخذ نتيجة هامة في الكيمياء الضوئية وفي عام 1939 كولون- ادخل تصور لرتبة الرباط bond order ويعين كما يلي :

$$P_{uV} = \sum_{i}^{OCC} f_i \, C^*_{iu} C_{iv} \qquad (9\text{- }38)$$

رتبة الرباط يلاحظ إنها متعلقة لطول الرباط. وبالنسبة لمركب البيوتادايين نجد انه في الحالة الأرضية - المستقرة

$$P_{12} = P_{34} = 2(0.3715)(0.6015) + 2(0.6015)(0.3718) = 0.894$$

$$P_{23} = 2(0.6015)(0.6015) + 2(0.3718)(-0.3718) = 0.447$$

(9- 39)

فطول الرابطة بين 1 ,2 وبين 3 ,4 هي $1.34A^o$ بينما بين 2 ,3 فهي $1.46A$ ومن هنا نري أن مثل تلك الذرات ذات رتبة رباط اكبر. والأقصر في الرباط وبالنسبة للأكرولين .

$$P_{12} = 0.862 \; ; = 1.36 \; A^o \;\; length$$

$$P_{23} = 0.495 \; ; = 1.45 \; A^o \;\; length \qquad (9\text{- }39)$$

$$P_{34} = 0.758 \; ; = 1.22 \; A^o \;\; length$$

وكما أوضحنا أن (C-O) لا تستطيع مباشرة المقارنة مع (C-C) في الطول. وعليه يتخذ مركب أخر به C-O للمقارنة :

مصفوفة كثافة الرتبة الأولي :

يمكن حساب قيم رتبة الرباط للذرات اللارابطة بالرغم من تلك لا تأخذ علاقة مباشرة لطول الرباط. وناتج المصفوفة مهم في الكيمياء الكمة هذه المصفوفة هي مصفوفة كثافة الرتبة الأولي لأجل مسالة L.A.C.O الصورة المفردة. وتكون كثافة الشحنات العناصر النظرية للمصفوفة وكثافة شحنة الرتبة الأولي لمصفوفة P والحالة المستقرة لهيكل الأكرولين هي :

$$P=\begin{vmatrix} 0.771 & 0.862 & 0.263 & -0.367 \\ 0.862 & 1.034 & 0.493 & -0.104 \\ 0.263 & 0.495 & 0.667 & -0.758 \\ -0.367 & -0.104 & 0.758 & 1.529 \end{vmatrix} \qquad (9\text{- }40)$$

لاحظ أن الكمية الضئيلة للحد P هو عدد الالكترونات في النظام فأي صفة واحد إلكترون لهذا النظام يمكن حسابه من مصفوفة كثافة الرتبة الأولي فلو أن A هي بعض صفات واحد- الكترون للنظام، إذا :

$$\langle A\rangle = T_r P_A \qquad (9\text{- }41)$$

$$= \sum_U \sum_V P_{UV} A_{UV} \qquad (9\text{- }42)$$

حيث يعطي الخط الثاني للناتج في الأجزاء لعناصر المصفوفة الخاصة والمثال الخاص تحتوي طاقة هيكل عامل واحد إلكترون فقط إذا الطاقة هي :

$$E=\langle H\rangle=\sum_{U}\sum_{V} P_{UV}\, h_{UV}$$

$$+0.771\alpha+0.862\beta+0.762\,\beta+1.034\alpha+0.495\beta+0.495\beta+$$

$$0.667+0.758\beta Co+1.529\alpha_o$$

$$=4\alpha+5.759\beta$$

كثافة طيف انتقال إلكترون جزئ :

يمكن حساب الكثافة الالكترونية المنتقلة للجزئ من الإجراءات الحسابية لثنائي القطب الانتقالي. كما يمكن كتابة الدوال الموجية للحالات n, m في مدارات الجزئ التقريبي كحاصل لانتقال واحد إلكترون في مدار جزئ علي الصورة :

$$\psi_m=\psi_k\prod_{i\neq K}^{OCU}\psi_i \qquad (9\text{- }44)$$

$$\psi_n=\psi_i\prod_{j\neq i}^{OCU}\psi_i \qquad (9\text{- }44)$$

حيث ψ_i, ψ_k تمثل المدارات التي منها واليها يأخذ الإلكترون في التحرك والانتقال الثنائي القطب هو :

$$U_{mn}=\left\langle\psi_k\prod_{i\neq k}\psi_i\left|\overline{U}\right|\psi_i\prod_{j\neq i}\psi_j\right\rangle$$

$$=\left\langle\psi_k\left|\overline{U}\right|\psi_i\langle\prod_{i}\psi_i\left|\prod_{j}\psi_j\right.\right\rangle$$

$$=\left\langle\psi_k\left|\overline{U}\right|\psi_i\right\rangle=U_{ki} \qquad (9\text{- }45)$$

نحن هنا نبين عامل حقيقة إنتقال واحد إلكترون وان المدار الجزيئي متعادل ويمكن كتابة عامل ثنائي القضبية (dipole) .

$$\overline{U}=e\sum_{A} r_A \qquad (9\text{- }46)$$

حيث r_A- موضع المتجهات لمواقع المجموعات لكل دالة والمجموع يكون إذا علي كل المواقع، ولكي نأخذ الانتقال بالتخصيص ولنفترض أن التحول الأول من $\pi \rightarrow \pi^*$ في مركب بيوتادابين. ولو أن أصل محاور نظام كارتيزيان موضوع في المركز للرابطة الأحادية ما بين C_2-C_3 والمحور X موضوع موازيا للأربطة ما بين كل من C_1-C_2 ، C_3-C_4 ، لمثل ذلك ذرتي الكربون C_1-C_2 يمتلكا قيما موجبة، والمحور Y موضوع علي سطح الجزئي، ومباشر مثل كل من C_1-C_2 له قيمة موجبة Y ، وتكون المحاور، مفترضا أن طول الرباط معطيا لزاوية رابطة 120°.

	X	Y	Z
C_1	1.715	0.632	0
C_2	0.365	0.632	0
C_3	-0.365	-0.632	0
C_4	-1.715	-0.632	0

وحقيقة عملية الانتقال القطبي لا تعتمد أو مستقلة لاختيار المحور. والاختيار الموجود يتم فقط للمناسب وعامل الموضع الخاص هو بوحدة الانجستروم .

$$r_1 = 1.715i + 0.632j$$
$$r_2 = 0.365i + 0.632j \qquad (9-47)$$
$$r_3 = -0.365i -- 0.632j$$
$$r_4 = -1.715i - 0.632\sigma$$

حيث أن j, I عبارة عن X ,Y- محاور كارتيزية ومعادلة دالة الموجه (π) - إلكترون - بيوتادايين من المعادلة (24-9) وحساب الانتقال

القطبي من المعادلة (9-46) من المدار ψ_2 إلي ψ_3 في المعادلة (45 -9) وباستخدام امتداد L.C.A.O لدالة الموجة ومن خلال تقريب هيكل فالناتج هو :

$$U_{kL} = \sum_{U} C_K C_{lu}\, r \qquad (9\text{- }48)$$

وبالنسبة للبيوتادايين تستخدم المعادلات (9-33b,c) والمعادلة (9-47) .

$$U_{32} = (0.6015)^2 r_1 - (0.3718)^2 r_2 + (0.3718)^2 r_3 - (0.6015)^2 r_4$$
$$= 2\,(0.6015\,)^2 r_1 - (0.3718\,)^2 r_2$$
$$= 2[0.3715(1.715i + 0.623j) - 1.382(0.365i + 0.632j)]$$
$$= 0.767i + 0.283j \qquad (9\text{- }49)$$

يلاحظ أن الانتقال القطبي الثنائي هو عامل يأخذ قيمة 0.818 (في وحدة الشحنة الالكترونية $10^{-3}CmX$) ويقع 20° للمحور X الموجب (خاصية المحور Y- الموجب) فلم تم حساب الانتقال من ناحية عكسية أي من $\pi \leftarrow \pi^*$ للاكرولين فانه يتم استخدام المعادلات (9-24) ، (9-40) لتغطي القيمة 1.066 نفس الوحدات في زاوية 22° للمحور X الموجب وبالنسبة للشدة الكلية للاكرولين واليونادين يلاحظ باستخدام المعادلة $B = \frac{8\pi^3}{3h^2} U_{mu}^2$ وهو مربع تلك المعادلة أو الكثافة النسبية باستخدام العلاقة $P_v = \frac{8\pi v^2\, kT}{C^3}$.

***

الباب العاشر

التركيب الالكتروني لذرات عديدة الإلكترون

The electronic structure of many- electron atoms

مقدمة :

كل المعالجات النظرية لعديد الإلكترونات مبنية علي عملية تقريب المجال المركزي. وفي هذا التقريب لقد فرض أن كل إلكترون يتحرك باستقلالية في مجال كروي ناشئ عن النواة. وقد افترضنا مفهوم في ذرة الهليوم وهو السلوك الزاوي لدالة موجه لواحد إلكترون مستقل ويكون مشابهه لما في ذرة الإيدروجين فالرموز (m,l) إعداد كم يمكن أن تعين كل مدار لكل إلكترون والأنسب قيمة (n) تعين كل إلكترون وعلي أي حال الدورة الكيميائية للعناصر تتضمن أن (n) تعتبر تقريب جيد لعدد الكم .

والتقنية المستخدمة الشائعة للحسابات الكلية علي ذرات عديدة الإلكترون حيث يفترض اختيار توزيع للالكترونات وتم حل معادلات الحركة لإلكترون واحد علي الجهد من التوزيع المفترض للآخرين. والتوزيع لهذا اللالكترون سيكون إذا يتضمن في المجال التقريبي حيث يوجد إلكترون أخر محسوب في هذا المجال والعملية هنا مستمرة حتى يتم حساب التوزيع لكل الالكترونات.

هذا الاحتمال يعتبر الأفضل عن التوزيع المفترض في المقدمة وتعاد العملية مرة أخري لو التوزيع الثاني المحسوب ليس مطابقا مع الحساب الأول للحصول علي الدقة المطلوبة. هذه الطريقة تعرف بعملية المجال الذاتي المتماسك (S.C.F) - self - consistent field . وقد استخدم هارتري تكامل لإعداد صحيحة مباشرة. ومعظم الإجراءات المستخدمة مستخدمة دالة موجية منتظمة مثل الارتباط الخطي لبعض الدوال الأساسية المناسبة.

والعملية المعادة تستخدم مصفوفة جبرية بسيطة نسبيا. وابتكر هارتري تعبيرا ثم حسنه مرة أخري في عام 1930 بواسطة فوك خاصة للتغير الداخلي المنتظم للالكترونات واستخدم إجراءات S.C.F تقريبا ما تعرف إلي طريقة هارتري- فوك .

مبدأ باولي ومبدأ اوف بايو : The principle and the aufbau principle

في 1926 اقترح باولي مبدأ عدم التأكد لكي يفسر الدورية للعناصر. وقد اقترح أن كل إلكترون في الذرات العديدة الالكترونات يجب أن تأخذ أربعة من أعداد الكم إضافة لذلك. لا يوجد لاثنين أو أكثر من الالكترونات متكافئة في الذرية حيث في المجال القوي تطابق في كل إعداد الكم k_1 n_2 m_1 ,k_2 وهذا يتضمن عدد كم إضافي ليس موجودا في حل مسألة الإيدروجين.

هذا الأخير الإضافي لعدد الكم والذي عينه بواسطة دبراك 1933-عدد الكم المغزلي (أو عزم زاوي حقيقي) والآن نريد تعيين أعداد الكم وهي n. l, m and m_s ولكي نري حلا علاقة مبدأ باولي للنظام المشوش للإلكترونات ونبرهن أن يحقق إعداد الكم الأربع إيجاد إحتلال المدار (التركيب الفراغي) لذرات عديدة الإلكترون .

ولمعظم المدارات المعلومة، المدار الممتلئ في الذرة المعتدلة يمكن يستدل بواسطة طبقة المدارات لزيادة (n + l) مع تلك القيم الأقل للعدد (n) فالأعداد المناسبة للالكترونات المعلومة في كل مدار أو مستوي مع كل (2) في كل مستوي حتى كل الالكترونات تمتلأ المستوي. هذه الطريقة الشائعةتعرف مبدأ اوف بايو .

جدول (*1*) بناء المدارات الذرية للمستوي (*n+ l*) وكذلك (*n*)

n+l	المدارات			
1	1S			
2	2S			
3	1P	5S		
4	3S	4S		
5	3d	4P	5S	
6	4d	5P	6S	
7	4f	5d	6P	7S
8	5f	6d	7P	8S

جدول (1) يبين بناء المستوي (n+l) للقيمة 8 .هذا يعتبر كاف لكل العناصر المعلومة. كل مستوي (S) يحتل 2 إلكترون وكل (P) بست الكترونات وكل d-10،f-14 مثال عنصر له العدد30 (زنك) له التركيب الفراغي علي هذاالنحو $1S^2,2S^2,2P^6,3S^2,3P^6,4S^2,3d^{10}$ ويمكن الاختصار علي الصورة $[Ar][4S^2][3d^{10}]$ ،$[Ar]$ تعني غاز الارجون الخامل وتقيد مدارات التكافؤ المثبتة، ما عدا حدوث طبقة الطبقة المتنبأ لبعض العناصر الانتقالية لعناصر اللاكتينيدات واللانثيديدات. بعض الاستثناءات يمكن تفسيرها من قاعدة إضافية. عند امتلاء كامل أو نصف امتلاء للمستوي d ،فيمكن امتلاؤه بواسطة انتقال بواحد إلكترون من المدار (S) الأقل التالي (n + l) مثال الكروم له الشكل الفراغي $[Ar].4S^1\,3d^5$ والنحاس -29 ليأخذ التركيب الالكتروني $[Ar].4S^1\,3d^{10}$ وهذا يعطي الفراغ الصحيح المولبيديوم (Mo) (وليس للتنجستين- w) والفضة والذهب.

وتبين الدورية الكيميائية للعناصر في التركيب الالكتروني لها. فالعنـاصر في المكـان للجـدول الدوري تأخذ نفس الأعداد. ومن تركيب التكافؤ المصاحب قيمة. ولو أن قاعدة (n + l) طبقت علي مثال كل الغازات الميثالية ماعـدا الهيليـوم فالتركيـب هـو nS^2, nP^5 . وكـل عنـاصر مجموعة الأكسوجين تأخذ التركيب $nS^2\, nP^6$ ومجموعة عنـاصر القلويـات تأخـذ الشـكل التركيبي nS^1 وهكذا...

وفي الحقيقة وفي تصحيح الجدول الـدوري الحـديث بعكـس قيمـة l لأقـل إلكـترون موضوع بواسطة مبدأ اوف بايو شكل (1) .

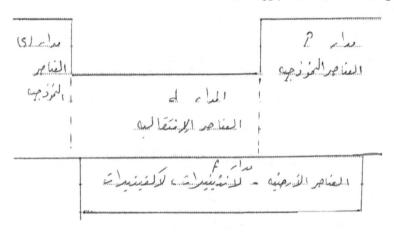

شكل (*1*) رسم تخطيطي للجدول الدوري

المجموعة المتماثلة : The symmetric group

لإيجاد حالات التماثل لتركيبه نظام عديد الإلكترون لابـد مـن معرفـه التركيـب التـام لنظـام تلـك المجموعـة. منهـا التماثـل الحقيقـي للعـزم للجسـيمات المسـتقلة والتماثـل للجسيمات المتشابهة والمجموعة أحادية الصورة - الواحدةٍ SU(N) من حيث أن n هـي (2S+1) - غزل الإلكترون - هي المستخدمة لوصف كمية التحرك الزاوية للجسيم .

لنفترض التركيب المستقر لذرة الكربون وهو $1S^2\,2S^2\,2P^2$ حيث نلاحظ أن المدارين S كاملا الاحتلال وبالتالي يعرفا بأنهما مدارين مغلقين وأما المدار 2P والذي من المفروض أن يتحمل 6 الكترونات يحتوي فقط علي اثنين من الالكترونات ويعرف بأنه مدار جزئيا ممتلئ والآن لتحدد العزم الزاوي للإلكترونين هذا يقابل حاصل ضرب اثنين من $D^{1/2}$.

$$D^{1/2} \times D^{1/2} = D^0 + D^1 \qquad (10\text{- }1)$$

وبالتالي يكون ناتج الغزل الكلي صفر، وواحد، D^0 لمجموع كلي قيمة (S) صفر، لتقابل حالة مفردة لا منحلة، D^1 لنوع S بواحد لتطابق حالة ثلاثية منحلة "triplete" .وأما العزم الزاوي المداري الإجمالي يأخذ الشكل :

$$D^1 \times D^1 = D^0 + D^1 + D^2 \qquad (10\text{- }2)$$

وبالنسبة للمدار P بقيمة واحد، بحيث يأخذ قيمة المجموع L بصفر ليكون الحالة S ويكون بالقيمة واحد للمدار P . ومع الحالة 2 للمدار D وهكذا البناء .

المجموعات المتماثلة :

لإيجاد سماحية حالات باولي للأنظمة العامة فإننا نحتاج إستخدام ترتيب المجموعة المتماثلة (المجموعة المتماثلة) فالمجموعة المتماثلة S(N) للدرجة (N) تعتبر المجموعة التي لها مثل عاملها كل التبديلات الممكنة للمواضيع (N) .

مثال: لو كان لدينا موضعين (1, 2) فالمجموعة في هذه الحالة S(2) تتألف من تماثل العملية إذا التغيير الداخلي ويمكن كتابة النتيجة :

$$|1 \qquad 2| \xrightarrow{E} |1 \qquad 2| \qquad (10\text{- }3)$$

$$\xrightarrow{F} |2 \qquad 1|$$

انظر إلي الجدول (2) نلاحظ أن مثلا عند (4) الأجزاء الممكنة هي (1,1,1,1) (4) ,(3,1) ,(2,2) ,(2,1,1) وبالاختصار (1^4) , (4) , (3, 1) ,(2, 1^2) ,(2^2) وهكذا فالأرقام المستقلة تعرف بالأطوال وهذه العملية (تخطيط يونج Young diagram) ويعرف المقارن بالأخر مثل (3, 1) , (2, 1^2) بينما التمثيل (2^2) يعرف التقارن الذاتي أو التزاوج الذاتي وهذا التصور لتمثيل القران. المهم في تركيب حالات باولي المخصصة للأنظمة العديدة الإلكترون .

حالات باولي المسموحة :

للشرح: لنعتبر حالة لأربع الكترونات متكافئة فالتمثيل المسموح المتبادل هو $[2^2],[3,1],[4],$ نعين العدد إلي القوالب في مخطط يونج لنحصل علي النتيجة التالية :

(10- 5)

4i

$\frac{1}{2}$	$\frac{1}{2}$	$\frac{1}{2}$	$\frac{1}{2}$

$$\sum m_i = 4 \times \frac{1}{2} = 2$$

$$S = 2$$

(10- 6)

$[3, 1]$

$\frac{1}{2}$	$\frac{1}{2}$	$\frac{1}{2}$
$-\frac{1}{2}$		

$$\sum m_i = 3 \times \frac{1}{2} - \frac{1}{2} = 1$$

$$S = 1$$

انظر إلي الجـدول (2) نلاحـظ أن مـثلا عنـد (4) الأجـزاء الممكنـة هـي (1,1,1,1) (4) ,(3,1), (2,2), (2,1,1) وبالاختصـار (1^4) , (4) , (3, 1), $(2, 1^2)$, (2^2) وهكـذا فالأرقـام المسـتقلة تعـرف بـالأطوال وهـذه العمليـة (تخطـيط يـونج Young diagram) ويعرف المقارن بالأخر مثل (3, 1) , $(2, 1^2)$ بينما التمثيل (2^2) يعـرف التقـارن الـذاتي أو التزاوج الذاتي وهـذا التصـور لتمثيـل القـران. المهـم في تركيـب حـالات بـاولي المخصصـة للأنظمة العديدة الإلكترون .

حالات باولي المسموحة :

للشرح: لنعتـبر حالـة لأربـع الكترونـات متكافئـة فالتمثيـل المسـموح المتبـادل هـو $[2^2],[3,1],[4],$ نعين العدد إلي القوالب في مخطط يونج لنحصل علي النتيجة التالية :

4i

$\frac{1}{2}$	$\frac{1}{2}$	$\frac{1}{2}$	$\frac{1}{2}$

(10- 5)

$$\sum m_i = 4\times\frac{1}{2} = 2$$

$$S = 2$$

$[3, 1]$

$\frac{1}{2}$	$\frac{1}{2}$	$\frac{1}{2}$
$-\frac{1}{2}$		

(10- 6)

$$\sum m_i = 3\times\frac{1}{2} - \frac{1}{2} = 1$$

$$S=1$$

$$[2^2] \quad \begin{array}{|c|c|} \hline \frac{1}{2} & \frac{1}{2} \\ \hline -\frac{1}{2} & -\frac{1}{2} \\ \hline \end{array} \qquad (10\text{- }7)$$

$$\sum m_i = 2\times\frac{1}{2} - 2\times\frac{1}{2} = 0$$

$$S=0$$

فلو أن التمثيل خلال (3) R لحالات تلك الغازات هو المطلوب ببساطة هي تكون D^S ومن ناتج المعادلة (5-10) وحتى (7-10) نجد إننا نحوز D^S واحدة، وثلاثة D^1 واثنين D^0 وهذا يكون نفس الشئ ويتم إيجاده لو أن إننا حصلنا الأربع $D^{1/2}S$.

وأي تجزئه للعدد N يتبعه أي نظام طبقي S(N) فيكون التعبير عنه علي النحو التالي :

$$(\lambda)=(1^{b1}, 2^{b2}, \dots\dots\dots\dots\dots N^{bb,N}, \qquad (10\text{- }8)$$

حيث b_1- عدد الحلقات للطول الأول ، $2b_2$- عدد الحلقات للطول الثاني وهكذا. حقيقة فأي تجزئة للحد (b_i) سوف يساوي الصفر ويمكن العمل علي أي نظام طبقي لمجموعة خاصة، يمكن تمثيل $[\lambda]$ للمجموعة المتماثلة S(N) وذلك بأخذ الهيئة الآتية :

$$Xr\,(R);[\lambda]=\frac{1}{N!}\sum_{CpES(N)} h_{Cp} X\,(P)_{(\lambda)} \prod_{i=1}^{N} \left[X\ R^i\right]^{bi} \qquad (10\text{- }9)$$

حيث $X_r\,(R)$ $[\lambda]$ عبارة عن صفة للعملية (R) في الممثلة للمجموعة الخاصة بعد ملائمتها لتمثيل $[\lambda]$ للحد S(N) ، N- عدد للحد S(N)، (N! – رتبته) والمجموع عبارة عن العدد الكلي للطبقات (C_p) للحد S(N)، h_{cp}- رتبه طبقة النظام C_p للحد S(N) ، $X(P)_{(\lambda)}-$ عبارة

عن خاصية للسماحية P (خلال النظام C_p) لتمثيل (λ) للحد S(N). والناتج علي طول الحلقات (i) لتجزئة النظام (λ) انظر المعادلة (10-8) $R'-$ هي عملية R للمجموعة الخاصة مرفوعة للأس ith كمثال: $C^2(\phi)$ مساوية $C(2\phi)$، $\left[X(R^i)\right]^{hi}$ - تشير أن الناتج صفة مرفوعة للقوة bith .

والمعادلة (10-9) يلاحظ إنها معقدة الوصف عند عملية التطبيق. لتفسير استخدامها من جدول (10-2) تعتبر أول ملاءمة إلي (2) فإننا نحوز التماثل R(3) .

$$XD'[E];[2]=\frac{1}{2!}\{\ 1\times1\times\left[X\,(E^i)\right]^2+1\times1\times\left[X\,(E^2)\right]\ \}$$

$$=\frac{1}{2\times1}\times12=6 \qquad (10\text{-}\ 10)$$

وبالنسبة $C(\phi)$ للحد R(3) نحصل علي :

$$XD'[C(\phi)];[2]=\frac{1}{2!}1\times1\{\ [C\,(\phi)]^2+$$
$$+1\times1\times\{X\left[C^2\ (\phi)\right]\ \}$$
$$=\frac{1}{2!}[\ 1\times1\times(1+2Cos\phi)^2+1\times1\times(1+2Cos2\phi)\ ]$$
$$=\frac{1}{2!}(1+4Cos^2\phi+1+2Cos2\phi)$$
$$=2+2Cos\phi+2Cos2\phi \qquad (10\text{-}\ 11)$$

وناتج التمثيل الاختزالي :

$R(3)$	E	$C(\phi)$
Γ	6	$2Cos\phi+2Cos2\phi$

(10-12)

تختزل إلي D^o+D^2 وملائمة D^1 إلي 1^2 تختلف فقط في الهيئة للنظام (2) للحد S(2) لنحصل علي:

$$X_{D^i}(E);[1^2]=\frac{1}{2!}\{\ 1\times 1\times[X\ (E)]^2+1\times 1\times[X\ (E)^2]\ \}$$

$$=\frac{1}{2!}(3^2-3)$$

$$=3 \qquad (10\text{- }13)$$

أو

$$X_{Di}[C(\phi)];[1^2]=\frac{1}{2!}\{\ 1\times 1\times[C\ (\phi)]^2+1\times(-1)\times(X[C^2\ (\phi)])\}$$

$$=\frac{1}{2!}[\ 1+4Cos\phi+4Cos^2\phi-(1+2Cos2\phi)\ ]$$

$$=1+2Cos\,\phi \qquad (10\text{- }14)$$

والتمثيل هنا لا يختزل D^1 . ودالة الغزل يصاحبها بالقيمة $[2]$ وتكون حالة ثلاثية. والتبادل المقارن $[I^2]$ ملائم لهذا. إذا D^1 دالة خاصة مرتبطة باثنين من دوال الغزل للحالة ^3P وبالمثل $[I^2]$ دالة غزل في الحالة الأحادية. وهذا يكون مرتبط مع الدالة الخاصة ملائمة (2) والدوال الخاصة D^2, D^o تأتي مع دالة الغزل $[I^2]$ للحالات ، $[^1S]$. $[^1D]$

الرموز المستخدمة : The used symbols

الرموز المستخدمة هي $-S, {}^1S, {}^3P, {}^1D$ عدد الكم المغزلي الكلي لعدد الكم المداري صفر وعدد الكم العزم الزاوي L للذرة ويشتمل الرمز التام J, L, S^1 والعزم الزاوي الكلي. الذي يأخذ الشكل L_j (2S+1) و (2S+1) الغزل المتعدد المعبر عند بالعدد. L- وهو عدد الكم الزاوي - المغزلي الكلي ولنأخذ حاصل بسيط للتمثيل D^S, D^L لتعطي التمثيل D^J.

مثال : لحالة الكربون ^3P لنحصل علي :

$$D^S \times D^L = D^1 \times D^1$$

$$= D^0 \times D^1 + D^2 \qquad (10\text{- }15)$$

بالنسبة للقيمة J بصفر واحد واثنين أو الرموز $^3P_0, {}^3P_2, {}^3P_1$ للحالة الأحادية أو التمثيل المغزلي هو D^o الجموع الكلي وبالتالي J ستساوي L، لتعطي الرموز $^1D_2, {}^1S_0$ ومجموعة الحالات الناتجة من التركيب الالكتروني سوف تكون مماثلة. إما بما يعرف j-j المزدوجة أو إزدواج روسيل- ساوندرز Russell – Saunder أو S,L وعلي أي حال L,S لا معني في إزدواج j-j ولنعتبر الشكل P^2 مرة أخري حيث القيمة j تكون $\frac{1}{2}$ أو $\frac{3}{2}$.

$$D^{1/2} \times D^1 = D^{1/2} \times D^{3/2} \qquad (10\text{- }16)$$

قارن قيم J المكافئة للقيمة ($1/2$) للالكترونين، لنحصل علي :

$$D^{1/2} \times D^{1/2} = D^0 \times D^1 \qquad (10\text{- }17)$$

ولكن D^o هو فقط اللامنتظم وهذا يعطي قيمة صفر J ثم زوج القيم المكافئة J لتعطي $3/2$.

$$D^{3/2} \times D^{3/2} = D^0 \times D^1 + D^2 + D^3 \qquad (10\text{- }18)$$

والرموز D^o, D^2 اللامنتظم وهذا يعطي J قيمة صفر واثنين وأخيرا قيمة اللاتكافؤ J ويمكن تزاوجها

$$D^{1/2} \times D^{3/2} = D^1 + D^2 \qquad (10\text{- }19)$$

ازدواجية روسيل- ساوندرز للنتروجين والبروتكتنيوم :

مثال : ولنأخذ التركيب الالكتروني للنتروجين في الحالة الأرضية علي النحو N– ,$1S^2$, $2S^2$, $2P^3$ لتطبيق ازدواجية روسيل- ساوندرز لإيجاد حالات الانتقال لباولي وهنا نجد ثلاث الكترونات في المدار P المفتوح والمجموعة إذا المناسبة هي S(3) بالنظر إلي جدول (2) للحد

S(3) نجد أن الغزل المسموح الممثل هو $[2,1]$ ، $[3]$ وهذا يقابل إلي قيم S للقيم

$\frac{1}{2}, \frac{3}{2}$ علي التوالي وتكون رباعية وازدواجية لحالات غزل :

وللائمة التعيين ولمطابقة $[I^3]$ لنحصل :

$$X_{Di}(E);[I^3]=\frac{1}{3!}\{ 1\times 1\times[X(E)]^3 +3\times(-1)\times[X(E^2)]$$
$$[X(E)]+2\times 1[X(E^3)]$$
$$=\frac{1}{6}[27-(3\times 3\times 3)+[2\times 3]$$
$$=1$$

ولإيجاد $X[C(\phi)]$ لنحصل علي :

$$X_{Di}[C(\phi)];[I^3]=\frac{1}{3!}(1\times 1\times\{X[C(\phi)]\}^3 ++3\times(-1)\times\{X[C^2(\phi)]\}\{X[C(\phi)]\}$$
$$+2\times 1\times\{X[C^3(\phi)]\}$$
$$=\frac{1}{6}[(7+12Cos\phi+6Cos2\phi+2Cos3\phi)$$
$$-3(1+4Cos\phi+2Cos2\phi+2Cos3\phi)$$
$$+2(1+2Cos\,3\phi)=1 \qquad (10\text{- }21)$$

(المعادلة (21) استخدمت مطابقة ثلاثية trigonometric للحصول لبساطة إيجاد النواتج للسلوك تحت الدوران) ونملك للحالة الرباعية فقط الجزء الوحيد $^4S_{3/2}$.

وللائمة D^1 إلي $[2,1]$ للحصول علي الأجزاء المسموحة للحالة المزدوجة وللتطبيق نحصل :

$$X_{Di}(E);[2,1]=\frac{1}{3!}(1\times 2\times[X(E)]^3 +3\times 0\times[X(E^2)][X(E)]+2\times -1\times[X(E^3)])$$

$$=\frac{1}{6}(54+0-6)=8 \qquad (10\text{- }22)$$

وبالنسبة لـ $C(\phi)$:

$$X_{D^1}\ [C(\phi)];[2,1]=\frac{1}{3!}(1\times 2\times\{X[C\ (\phi)]\}^3+3\times 0\times\{X[C^2\ (\phi)]\}\{X[C\ (\phi)]\}$$

$$+2\times -1\times\{X[C^2\ (\phi)]\}$$

$$=\frac{1}{6}\ [(14+24Cos\phi+12Cos3\phi+4Cos3\phi+0-(2+4Cos3\phi)$$

$$=2+4\ Cos\phi+2Cos2\phi$$

$R(3)$	E	$C(\phi)$
Γ	$2+4Cos\phi+2Cos2\phi$	

وهذا يختـزل إلي D^1+D^2 وهنـا الآن يمكـن ازدواج حـالات D, P وبازدواجيـة S& L لإيجاد j نجد أن حالات P .

$$D^{1/2}\times D^1=D^{1/2}\times D^{5/2} \qquad (10\text{- }25)$$

لحالة D

$$D^{1/2}\times D2=D^{3/2}+D^{5/2} \qquad (10\text{- }26)$$

طاقة التأين والميل الاليكتروني :

ما هو المقصود بطاقة التأين وهو الذي عرف بجهد التأين ويعرف بأنه كمية الطاقـة اللازمة لنزع إلكترون من مداره الأكثر خارجي من ذرة في حالتها المستقرة. وهنا نريـد أن نحدد نوع وقوه الروابط الكيميائية وتعرف بـ IP بأنها طاقة التغير .

$$A\rightarrow A^{+}+e \qquad (IP)$$

وهذا بالاحري لو أن الذرة امتصت كمية من الطاقة يرمز لها بإشارة موجبة والعكس لو أن النظام فقد كمية من الطاقة فتكون الإشارة سالبة. وتعين الطاقة بطريقـة التحليـل الطيفي وتقاس بالجهد الالكتروني وتوجد عدة عوامـل يعتمـد عليهـا جهـد التـأين وهـي نصف قطر الذرة والشـحنة النوويـة والتركيـب الالكـتروني وجهـد التـأين التتـابعي انظـر الشكل (2) .

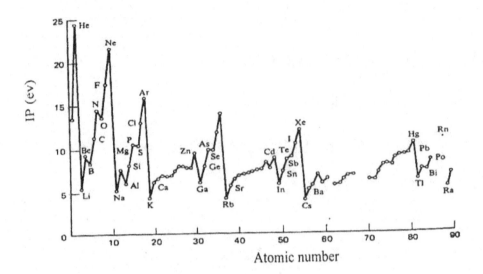

شكل (2) ثابت جهد التأين للعناصر مقابل العدد الذري

ويبين الشكل (2) تغير IP مع العدد الذري Z. فنجد مثلا العناصر Ar, Ne أو K, Li, Na والذي

تقول عنه بالعناصر المتماثلة نجد أن قيمه الطاقة لها متقاربة فمثلا $IP_{Ne} = 21.6ev$ ولكن

$P_{Ar} = 15.8$ وفي الصوديوم $IP_{Na} = 5.1ev$ في $L_i = 5.4\,ev$ بالنظر إلي النقص الطفيف

في قيمة IP نلاحظ خاصية أهمية في عملية تكوين الروابط,, وبأخذ التعبير علي هذا النحو :

$$1P = \frac{'Z^2}{2n^2}\,H^+$$

(10- 27)

$Z' -$ هنا الشحنة المؤثرة وهي للوحدات e.v (إلكترون فولت لهارتري (H= 27.2 ev) .

وأما الميل الالكتروني electron affinity لعنصر عبارة عن الطاقة اللازمة عند إضافة إلكترون

إلي ذرة معزولة في حالتها الثابتة. والطاقة المنطلقة (المتحررة) تأخذ إشارة سالبة وبتكون الايون

السالب أي أن :

$$B + e^- \rightarrow B^- + E(el - Aff)$$

وعموما بان IP ليست EA فالعناصر التي لها تركيب ثابت من الصعب اكتسابها

إلكترون ومن الملاحظ أن EA تزداد بزيادة العدد

الذري فمثلا للكلور 3.4 ev وهذا يبين أن قيمة الميل الالكتروني الكبيرة ميل العنصر لاكتساب الإلكترون. يلاحظ بعض الشذوذ عن هذه القاعدة بان العدد الذري له تأثير علي قيمة الميل، فنجد الفلور F= 3.4 ev واليود I= 3.1 ev بينما الكلور Cl=3.6 ev وهذه قيمة غير متوقعة في حالة الكلور .

ولقد افترض كوويمان نظرية وهي أن طاقة الأفلاك الذرية تعبر إلي حد ما عن طاقة التأين علي النحو :

$$(IP)_i = Zero-(E\phi_i) =- E\phi_i \qquad (10- 28)$$

وهذا يعني أن عملية تخلص الإلكترون من الفلك الخارجي ϕ لا يؤثر علي بقية الالكترونات الاخري حيث أن كل إلكترون له كمية طاقة لازمة للنزع، وهذا ما سبق (طاقة الأول اقل من الثاني والثاني اقل من الثالث وهكذا...) إذا كل إلكترون له طاقة محددة.

نصف القطر الذري :

إذا تكلمنا عن القطر ونصف القطر فانه يلزم معرفه الحجوم الذرية، فالحجوم الذرية بالنسبة للفلزات القلوية تأخذ نهايات عظمي ويقل الحجم تدريجيا كملا اتجهنا داخل الذرة ثم يبدأ في نهاية عظمي مرة أخري عند العمود الأول للعناصر القلوية .

ويلاحظ أيضا معامل التمدد والتوصيل الحراري معتمدان علي دورية الأوزان الذرية وأما بالنسبة لأنصاف أقطار الانوية، يقل نصف القطر للذرات كلما زادت الشحنة علي الأيون. فمثلا الحديد $1.2\ \overset{o}{A}$، الحديدوز $0.80\ \overset{o}{A}$ والحديديك $0.63\ \overset{o}{A}$ للايونات الموجبة .

وأما الأيونات السالبة فمثلا أيون الكبريت الثنائي $1.73\ \overset{o}{A}$ والسداسي $1.34\ \overset{o}{A}$ بينما ذرة الكبريت $1.9\ \overset{o}{A}$. وبالنسبة للعناصر التي

تأخذ دورة مائلة للداخل وكأنها شبيهة بالسلم يلاحظ التساوي في نصف القطر كما في عنصر ـ الليثيوم والمغنسيوم والسكانديوم على التوالي $0.78 \overset{o}{A}$ ، $0.78 \overset{o}{A}$ ، $0.78 \overset{o}{A}$.

كذلك يقل نصف قطر العنصر ـ في الدورة الواحدة مع إضافة الكترونات جديدة. وعموما لكل تلك الظروف نجد أن قطر الذرة يتوقف على الطريقة التي يتم بها التعيين. وقد أمكن وضع تعبير رياضي لحساب نصف قطر الذرة على النحو :

$$r_{AR} = \frac{n_2}{r}$$

وعموما عملية القياس تعبير مجازي حيث هو تقريبا من الكثافة الالكترونية على المدار إلى مركز الذرة. لذا فان منحنيات توزيع الكثافة الالكترونية المحتملة لذرة مثلا الإيدروجين ابسط الذرات على الانطلاق نجدها عند أبعاد معينة من النواة :

والكثافة الكلية الاحتمالية الالكترونية ما هي إلا مجموع جبري لاحتمالية وجود الإلكترون في نقطة معينة في الأفلاك الفراغية لنأخذ المعادلة الآتية :

$$\psi_{(1 \to 18)} = \frac{1}{\sqrt{18!}} \left| 1(S) i / S(2) \ldots\ldots\ldots 3P(17) 3^- P(18) \right| \quad (10\text{-}29)$$

مثلا لذرة الأرجون :

ولإيجاد طاقة الادني بطريقة التغير على هذا النحو :

$$E = \left\langle \psi_{(1 \to 18)} \left| \hat{H} \right| \psi_{(1 \to 18)} \right\rangle \quad (10\text{-}30)$$

وعليه تركيب الأغلفة فانه ينبع طريقة هوند أو لتركيب بوهر معتمدا على طاقة الإلكترون في الأغلفة الرئيسية والفرعية معا. ثم توجد

طريقة وهي بنظام الهرم المقلوب لتبين قيمة الطاقة لأي علاف أيهما اقرب أو اقل في قيمة الطاقة .

شكل (3) يبين الكثافة الاحتمالية لوجود الإلكترون في المدار

كذلك يلاحظ من العناصر أن العناصر في أخر عمود الثمانية وهو ما يمثل العناصر النبيلة، نجد أن الغلاف الأخير الممتلئ يحدد أساسا الحجم الذري. ومن ناحية أخري بالنسبة للغلاف الخارجي للذرات العديدة الالكترونات يلاحظ وجود منحنيات ليست حادة ولا يعطي قمة حادة مما يلاحظ وجود تداخل بين الأغلفة أو المدارات أيضا مؤثر الطاقة له تدخل في الكثافة الالكترونية وبكتابة الهاميلتوينان لذرة ما عبارة عن الشكل الأتي:

$$\hat{H} = \hat{H}^o + \hat{H}_{rep} + \hat{H}_{S.O} \qquad (10\text{- }31)$$

$\hat{H}^o -$ مجموع مؤثرات الطاقة المشابهة لإلكترون ذرة الإيدروجين وهو :

$$\hat{H}^o = \sum_i \left(-\frac{1}{2}\nabla_i^2 - \frac{Z}{ri}\right) \qquad (10\text{- }32)$$

$\hat{H}_{rep} -$ حد التنافر repulsim

$$\hat{H}_{rep} = \sum_i \sum_j \frac{1}{r_{ij}} \qquad (10\text{- }33)$$

والحد الأخير Spin- orientation

$$H_{S.O} = \sum_i \hat{L}_i \hat{S}_i \qquad (10\text{-}34)$$

التأثير المتبادل بين الدورانية والمغزلية :

هذا بالنسبة للقياس في الوسط العادي بدون مؤثرات خارجية ولكن إذا قيست في مجالات أخري ولكن تحت تأثير مجال مغناطيسي ـ magnetic field (Zemann effect) فيمكن التعبير الآن علي الصورة :

$$\hat{H}_B = -\hat{U}.B = -(\overline{U}_L + \hat{U}_S)B \qquad (10\text{-}35)$$

حيث B- المجال المغناطيسي المؤثر U_S , U_L- العزوم المغناطيسية للحركية الدورانية والمغزلية .

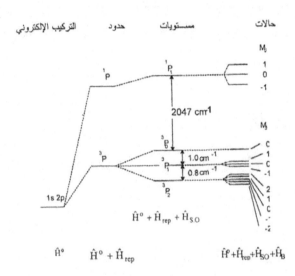

شكل (4) تأثير المجال المغناطيسي علي التركيب الإلكتروني لذرة (He)

إضافة لكل تلك المؤثرات والتي تبين الدقة واللادقة في عملية القياس للأقطار مثلا عدد الكم الزاوي الكلي (J) حيث لكل مستوي عدد (2J+1) وكل حالة من الحالات له قيمة مميزة ومختلفة عن الاخري.

فما معنى طاقة الأفلاك الفيزيائي :

درس كوديمان طاقـة الأفلاك الفيزيائي ϕ_i المتولـدة في مجـال تناسـقي ذاتي واوجـد العلاقة بين طاقة الايونات وطاقة الذرة المتعادلة الآتية :

$$E\left[X^+\right] = E\left[X\right] - \xi_K \quad , k = 1, 2, \ldots\ldots N \quad \text{(10- 36)}$$

$$E\left[X^-\right] = E\left[X\right] - \xi_m \quad , m = N+1, N+2 \quad \text{(10- 36)}$$

حيث X – ذرة متعادلة، X^+ – ايونات موجبة X^- – ايونات سالبة .

حيث K– مدار يعبر عن الحالة المستقرة للذرة المتعادلة .

m– أفلاك غير ممتلئة – يلاحظ وجود علاقة بينهما بين k, m طاقة التأين وطاقة المدارات. وكما ذكرنا بان طاقة التأين الأولي تعتبر أدني كمية من الطاقة لحدوث تغيير في المدار .

$$X_{(g)} \rightarrow X^+ + e^-$$

$X_{(g)}$ – ذرة في الحالة المستقرة، X^+ – ذرة في حالة التأين. وأما بالنسبة للميـل الاليكتروني هو إكتساب الكتروني من ذرة في الحالة المستقرة لتصبح في حالـة أخـري مـن حالات الطاقة وليكتمل المدار الخارجي لها .

$$X_0 + e^- \rightarrow X^-$$

X_0 – ذرة في الحالة المستقرة، X^- – ذرة حامله لشـحنة الكترونيـة سـالبة لتصل إلي الحالة الثمانية .

مثال: احسب نسبة الحيود في نظرية لفرض كوويمـان المئويـة في طاقـة التـأين الأولي والثانية لليثيوم إذا علمت أن :

أ-   طاقة التأين الأولي   = 5.39 ev

ب-   طاقة هارتري – فوك = 7.43- H

ج-   طاقة 1S   = 2.478-H

د-   طاقة 2S   = 0.1963-H

ومن الدراسة الطيفية انبعث أشعة لها طول موجي 22.6 nm .

الحل

الطول الموجي باستخدام علاقة دي بروجلي :

$$\frac{hC}{\lambda}=E_{2S}-E_{1S} \qquad (10- 37)$$

وعليه فان طاقة المدار 1S علي النحو :

$$E_{1S}=E_{2S}-\frac{hC}{\lambda}= \qquad (10- 38)$$

حيث h- ثابت بلانك ، C- سرعة الضوء، λ- الطول الموجي إذا بالاستبدال :

$$E_{IS}=-5.29-\frac{(6.626\times10^{-27}\times3\times10^{8})}{22.6\times10^{-9}}\ \frac{1}{1.602\times10^{-12}}$$

$$1.602=-ev=1.6021\times10^{-12}erg$$

$$=-5.29-54.903=-60.193\ ev$$

إذا علم بان طاقة التأين الإيدروجين (H) = 27.2 ev

وبالتالي طاقة التأين الأول E_1, E_2 علي التوالي هي :

$$E_1=67.4016\ ,\ E_2=-5.34\ ev$$

$$-2.478\times27.2\ \&\quad =-0.1963\times27.2$$

وتكون النسبة المئوية في الحيود هي :

$$E_1=\frac{5.39-5.34}{5.39}\times100=0.1\%$$

$$E_2=\frac{67.401-60.193}{60.193}\times100=11.9758\%$$

وبعد أن تقدمنا بتفصيل عن التركيب الذري لذرة عديدة الالكترونات فما يتبقي منا في هذا الجزء هو كيفية توزيع الالكترونات بطريقة أخري وكيفية حساب الطاقة لها ولنأخذ بعض الأمثلة وهما

ذرتي الهليوم والليثيوم والطرق المشهورة التي تناولت تلك المواضيع وهي طريقة المصفوفات وأولها طريقة سلاتر .

طريقة سلاتر - دالة الموجه : (الذرة اليهليوم الأرضية)

إذا علم أن دالة الموجه للحالة المستقرة لذرة اليهليوم علي النحو :

$$\psi_{1,2} = \sqrt{\tfrac{1}{2}} \left[1S(1)1S(1)\left\{\alpha(1)\beta(2) - \alpha(2)\beta(1)\right\}\right] \quad (10\text{- }38)$$

دالة موجه مقبولة محققه لشرطين وهما أنها غير متماثلة لتبديل إحداثيات الإلكترونين1 ,2 ثانيا تعبر عن تطابق الإلكترونين في الفراغ والغزل، وهذا يعني أيضا أنها لا تعطي فرصة بتساوي أعداد الكم الأربع .

ومصفوفة سلاتر لدالة الموجه عن ذرة اليهليوم بالصورة الآتية :

$$\psi_{1,2} = \sqrt{\tfrac{1}{2}} \begin{vmatrix} 1S(1)\alpha(1) & 1S(1)1B(1) \\ 1S(2)\alpha(2) & 1S(2)B(2) \end{vmatrix} \qquad (10\text{- }39)$$

وبمفكوك المصفوفة نحصل علي هذه الصورة :

$$= \sqrt{\tfrac{1}{2}} \left\{\left[1S(1)1S(1)\left[\alpha(1)\beta(2) - \alpha(2)\beta(1)\right]\right\}\right.$$

يلاحظ بعد مفكوك المعادلة (2) لنحصل مرة أخري علي المعادلة (1): ومن شروط المصفوفات لعلماء الرياضة أن تحقق عدة شروط أساسية وهي :

أ- إذا كان صفان أو عمودان في مصفوفة مربعة A متساويان فان المصفوفة لهما مساوية صفرا وبمعني أنه إذا كان العمودان متساويان فالمصفوفة بصفر .

ب- ثانيا إذا كان كل عنصر في صف أو عمود في مصفوفة مربعة تساوي صفر .

ج- ثالثا عند أي تغير في المصفوفة لعددين متجاورين أو غير متجاورين في المصفوفة تأخذ المصفوفة المتغيرة إشارة سالب .

مثال: إذا كان لدينا مصفوفة ذات درجة (3×3) فيكون حاصل ناتج علي النحو التالي :

$$A=\begin{vmatrix}2&4&3\\1&5&6\\8&7&9\end{vmatrix}=2\begin{vmatrix}5&6\\7&9\end{vmatrix}-4\begin{vmatrix}1&6\\8&9\end{vmatrix}+3\begin{vmatrix}1&5\\8&7\end{vmatrix}$$

$$=2(5\times9-7\times6)-4(1\times9-8\times6)+3(1\times7-5\times8)$$

مثال: إذا علم أن $A=\begin{vmatrix}a&b\\c&d\end{vmatrix}$ اوجد قيمة هذه المصفوفة عند A=0 أو A=-A ؟

أولاً : عند A=0 وهـذا يعنـي تسـاوي احـد الصـفوف أو احـد الأعمـدة وأيـا كانـت الصورة فان A=0 وهذا الشرط الأول في المصفوفة a=b و c=d أو a=c :

$$A=\begin{vmatrix}a&b\\c&d\end{vmatrix}=\begin{vmatrix}a&a\\a&a\end{vmatrix}=Zero$$

ثانياً:

$$A=\begin{vmatrix}a&b\\c&d\end{vmatrix}=-\begin{vmatrix}b&a\\d&c\end{vmatrix}=-A$$

بمعني تغير احد العناصر في المصفوفة بتبديل الموقع .

تفسير ذرة الليثيوم من منظور سلاتر :

من المعلوم بان ذرة الليثيوم تحتوي علي ثلاث الكترونـات والتركيـب الالكـتروني عـلي النحو $1S^2 2S^1$ وبالتالي يمكن أن تكتب دالة الموجه علي النحو التالي :

$$1S(1)\ 1S(2)\ 1S(3) \qquad (10\text{- }40)$$

يلاحظ وجود تماثـل في الفـراغ مـن حيـث يمكـن تبـديل الإحـداثيات لأي إلكترونـين. وينقصنا شرط أخر وهو دوال الغزل للالكترونات حتى نحقق شرط باولي ولنبدأ في كتابـة مصفوفة سلاتر علي هذا النحو:

$$\begin{vmatrix} 1S\alpha(1) & 1S\beta(1) & 1S\alpha(1) \\ 1S\alpha(2) & 1S\beta(2) & 1S\alpha(2) \\ 1S\alpha(3) & 1S\beta(3) & 1S\alpha(3) \end{vmatrix} = Zero$$

أو تأخذ الصورة :

$$\begin{vmatrix} 1S\beta(1) & 1S\beta(1) & 1S\alpha(1) \\ 1S\beta(2) & 1S\beta(2) & 1S\alpha(2) \\ 1S\beta(3) & 1S\beta(3) & 1S\alpha(3) \end{vmatrix} = o$$

وما تحققه شرط المصفوفة أنها تؤول للصفر من حيث تساوي احد الأعمدة بالأخري وإذا كانت ذرة الليثيوم قائمة في التركيب أو تلاشت وهذا مرفوض لذا فإننا سوف نأخذ شكلا أخر من أشكال المصفوفات بناءا علي التركيب الالكتروني للمدارات $1S^2\ 2S^1$ علي هذه الصورة :

$$\psi = \sqrt{\frac{1}{6}} \begin{vmatrix} 1S\alpha(1) & 1S\beta(1) & 2S\alpha(1) \\ 1S\alpha(2) & 1S\beta(2) & 2S\alpha(2) \\ 1S\alpha(3) & 1S\beta(3) & 2S\alpha(3) \end{vmatrix} \neq o \qquad (10\text{- }41)$$

$$(3N-3)$$

أو تأخذ الصورة :

$$\psi = \sqrt{\frac{1}{6}} \begin{vmatrix} 1SB(1) & 1S\beta(1) & 2SB(1) \\ 1SB(2) & 1S\beta(2) & 2SB(2) \\ 1SB(3) & 1S\beta(3) & 2SB(3) \end{vmatrix} \neq o \qquad (10\text{- }42)$$

وهنا نلاحظ أن التركيب مقبول ليأخذ التركيب الالكتروني المألوف $1S^2 2S^1$. ويمكن كتابة المصفوفة علي هذا النحو :

$$\psi = \left| 1S(1)\ 1S'(2)\, 2S(3) \right| \qquad (10\text{- }43)$$

وبالنسبة لشرط التعادل يمكن حذفه لأنه ثابت ومعلوم من خصائص المحددة .

حساب طاقة ذرة الليثيوم :

لدراسة حساب طاقة الليثيوم يمكن كتابة الهاميلتونيان علي هذه الصورة :

$$\hat{H} = -\frac{1}{2}\nabla_1^2 - \frac{1}{2}\nabla_2^2 - \frac{1}{2}\nabla_3^2 - \frac{Z}{r_1} - \frac{Z}{r_2} - \frac{Z}{r_3} + \frac{Z}{r_{12}} + \frac{Z}{r_{13}} + \frac{Z}{r_{23}} \quad (10\text{- }44)$$

يلاحظ وجود ($\frac{1}{r_0}$) وهو ما يمثل حدود التنافر ، $\nabla -$ عامل لابلاس Z- الشحنات

وهنا افترضنا وجود نواه واحدة متمركزة وثابتة لثلاث الكترونات ولنأخذ الهاميلتونيان :

$$\hat{H} = \hat{H}^o + \hat{H}^1$$

وهنا $\hat{H}^o -$ تكتب للثلاث الكترونات في حالة مستقلة: أي أن :

$$\hat{H}^o = (-\frac{1}{2}\nabla_1^2 - \frac{Z}{r_1}) + (-\frac{1}{2}\nabla_2^2 - \frac{Z}{r_2}) + (-\frac{1}{2}\nabla_3^2 - \frac{Z}{r_3}) \quad (10\text{- }45)$$

وأما مؤثر الاضطراب فهو $\hat{H}^1$ والذي يمثل الباقي من المعادلة (7) بعد المعادلة (8)

:

$$\hat{H}^1 = \frac{Z}{r_{12}} + \frac{1}{13} + \frac{1}{r_{23}} \quad (10\text{- }45)$$

يلاحظ أن دالة الموجه مشابه لما هو في ذرة الإيدروجين وبالتالي فان دالة الموجه ما هي إلا تجميع خطي علي النحو التالي :

$$E^o = E^o_{1S} + E^o_{1S} + E^o_{2S}$$

ويلاحظ أن الطاقة المذكورة في المعادلة (10) في المدار (1S) باثنين إلكترون، وواحد في المدار الثاني وهو يمثل ثلاث ذرات هيدروجين . وبالتالي تكون الطاقة الكلية هي :

$$E^o = -\frac{Z^2}{2n^2} - \frac{Z^2}{2n^2} - \frac{Z^2}{2n^2}$$

$$=\left[-\frac{9}{2\times1^2}-\frac{9}{2\times1^2}-\frac{9}{2\times2^2}\right]H=-\frac{81}{8}H$$

$$H=-\frac{81}{8}\times27.209=-275.5\,ev$$

ولكي نصل إلي الطاقة فإننا نستخدم شرط التعامد والمعايرة للدوال المغزلية والفراغية للتكامل :

$$E^1=\int\psi^o\,\hat{H}^1\,\psi^o\,d\tau$$

وعموما الطاقة تؤول درجة مساوية $E^1=83.5\ ev$ وبالتالي فإن الطاقة لذرة الليثيوم في الحالة الأرضية للدرجة الأولي

$$E=E^o+E^1=-275.5-83.5=-192\ ev$$

ولقد وجد أن الطاقة الفعلية لليثيوم هي 203.5- وبالمقارنة نجد أنه يوجد نسبه خطأ بين القيمتين علي النحو 5.65% ويمكن الوصول إلي نتيجة أفضل ولكن بعد إجراء عدة تكاملات أخري علي E^3, E^2- للرتبة الثانية والثالثة

ويمكن إجراء المعالجة لذرة الليثيوم بكتابة الدالة التجريبية الآتية :

$$A=\frac{1}{\sqrt{\pi}}(b_1)^{3/2}e^{-b_1r} \qquad (10\text{- }45)$$

$$B=\frac{1}{\sqrt[4]{2\pi}}(b_2)^{3/2}(2-b2)\ \ e^{-b_1r}$$

إذا ما عوضنا $Z=b_1=b_2$ في المعادلة (14) وبالتالي فان مصفوفة سلاتر للدالة التجريبية يمكن كتابتها علي الصورة :

$$\psi^o=\frac{1}{\sqrt{6}}\begin{vmatrix}A(1) & A'(1) & B(1)\\ A(1)(2) & A'(2) & B(2)\\ A(1)(3) & A'(3) & B(3)\end{vmatrix}\neq o \qquad (10\text{- }45)$$

والطاقة الكلية التي يمكن الحصول عليها من هـذه الدالـة تكـون أقـل مـا يمكـن إذا فاضلنا تكامل التعبير الأتي :

$$E = \frac{\langle \psi^o | \hat{H} | \psi^o \rangle}{\langle \psi^o | \psi^o \rangle} \qquad (10\text{- }46)$$

بحيث تكون الطاقة نهاية صغري بالنسبة لكل من (b_2, b_1) أي أن:

$$\left(\frac{\partial E}{ab_1}\right)_{b2} = Zero \quad , \left(\frac{\partial E}{\partial b_2}\right)_{b1} = Zero \qquad (10\text{- }47)$$

وعموما تم إيجاد القيمة مباشرة للثابت b_2, b_1 علي النحو التالي :

$$b_2 = 1.776 \quad , b_1 = 2.686$$

وتكون الطاقة الكلية للحالة الأرضية لليثيوم إذا:

$$E = -7.3922 \times 27.29 = -201.134 \ ev$$

وهذه الطاقة تقريبا قريبة جدا من القيمة 203.5ev- لخطأ حوالي 1.1759% .

ويمكن الوصول إلي نتائج أفضل لو أخذنا في الاعتبار مقدار التنافر بين الالكترونات .

قانون حساب ثوابت الحجم:

وضع سلاتر عدة قواعد لحساب ثابت الحجب، مـن حسـاب $Z' = Z - S$ حيث ان Z' - الشحنة المؤثرة ، $S-$ ثابت الحجب وعليه فان إلكترون في الفلك الأول (المدار الأول 1S) يحجب بمقدار 0.3 ev

وبالنسبة للالكترونات التي تأخذ $n\rangle 1 \quad , \quad l = 0$ فان القانون المستخدم هو :

$$S_{n,l} = 0.35\ X + 0.85 y + 1.0 Z \qquad (10\text{- }48)$$

حيث $X-$ عدد الالكترونات الموجودة في مستوي الإلكترون المحجب $Y-$ عـدد الالكترونات في المستوي (n-1) Z عدد الالكترونات في المستوي الاعلي وهكذا.

وأما بالنسبة لإلكترون يدور في المدار 3d فان القانون المستخدم هو :

$$S_{ed} = 0.35X + 1.0y \qquad (10-49)$$

حيث X – العدد في المدار 3d Y – عدد الالكترونات عند $n=3$, $l \rangle 2$.

مثال: احسب الشحنة Z' المؤثرة للذرات والايونات الآتية مستخدما قواعد سلاتر ؟

$$L_i, L_i^+, C \quad and Fe$$

الحل

أ- بالنسبة لذرة الليثيوم (3)، حيث يكون الحجب في المدار الأول 1S هو :

$$S_{12} = 0.3 \times 0.3; \qquad S_{25} = 0.35 \times +0.854 + 1.02$$

$$= \overline{Z} = 3 - 2.05 = 96$$

= 0.35 (1) + 0.85 (2) + 1.0 x (10) =

$$2 = L_i^+$$

ب- $S_{1S} = 0.3X1 = 0.3 ; Z' = 2 - 0.3 = 1.7$

$$6 = C$$

ج- $S_{1S} = 0.3X(1) = 0.3 ; Z' = 6 - 0.3 = 5.7$

$$= 2.40 \, S_{1S} = 0.35X(2) + 0.85X(2) = ; Z' = 6 - 2.4 = 3.6$$

د- $26 = Fe$

$$S_{1S} = 0.3 ; Z' = 26 - 0.3 = 25.7$$

$$S_{2S} = 0.3 \times 5 + 0.85 \times 2 = 3.45 ; Z' = 26 - 3.45 = 22.55$$

$$S_{3S} = 0.35 \times 5 + 0.85 \times 8 + 1 \times 2 = 11.275$$

$$= 10.55 ; Z' = 26 - 10.55 = 15.45$$

$$= 17.725$$

$$S_{3d} = 0.35 \times 6 + 1.0 \times 18 = 20.1 ; Z' = 26 - 20.1 = 5.9$$

$$= 2.95$$

$$S_{4S} = 0.35 \times (1) + 0.85 \times 14 + 1.0 \times 10 = 2225 Z' = 26 - 2225 = 3.75 ;$$

$$= 1.875$$

$$Z'_{2S} = Z'_{2P}; Z'_{3S} = Z'_{3P}; \; Z'_{5S} = Z'_{4P}; \ldots\ldots$$

جدول(1) يبين قيم الشحنة المؤثرة (Z') لبعض الذرات المتعامدة

	z	1s	2s	2p	3s	3p	4s	3d	4p
He	2	1.6875							
Li	3	2.6906	0.6396						
Be	4	3.6848	0.9560						
B	5	4.6795	1.2881	1.2107					
C·	6	5.6727	1.6083	1.5679					
N	7	6.6651	1.9237	1.9170					
O	8	7.6579	2.2458	2.2266					
F	9	8.6501	2.5638	2.5500					
Ne	10	9.6421	2.8792	2.8792					
Na	11	10.6259	3.2857	3.4009	0.8358				
Mg	12	11.6089	3.6960	3.9129	1.1025				
Al	13	12.5910	4.1068	4.4817	1.3724	1.3552			
Si	14	13.5745	4.5100	4.9725	1.6344	1.4284			
P	15	14.5578	4.9125	5.4806	1.8806	1.6288			
S	16	15.5409	5.3144	5.9885	2.1223	1.8273			
Cl	17	16.5239	5.7152	6.4966	2.3561	2.0387			
Ar	18	17.5075	6.1152	7.0041	2.5856	2.2547			
K	19	18.4895	6.5031	7.5136	2.8933	2.5752	0.8738		
Ca	20	19.4730	6.8882	8.0207	3.2005	2.8861	1.0995		
Sc	21	20.4566	7.2868	8.5273	3.4466	3.1354	1.1581	2.3733	
Ti	22	21.4409	7.6883	9.0324	3.6777	3.3679	1.2042	2.7138	
V	23	22.4256	8.0907	9.5364	3.9031	3.5950	1.2453	2.9943	
Cr	24	23.4138	8.4919	10.0376	4.1226	3.8220	1.2833	3.2522	
Mn	25	24.3957	8.8969	10.5420	4.3393	4.0364	1.3208	3.5094	
Fe	26	25.3810	9.2995	11.0444	4.5587	4.2593	1.3585	3.7266	
Co	27	26.3668	9.7025	11.5462	4.7741	4.4782	1.3941	3.9518	
Ni	28	27.3526	10.1063	12.0476	4.9870	4.6950	1.4277	4.1765	
Cu	29	28.3386	10.5099	12.5485	5.1981	4.9102	1.4606	4.4002	
Zn	30	29.3245	10.9140	13.0490	5.4064	5.1231	1.4913	4.6261	
Ga	31	30.3094	11.2995	13.5454	5.6654	5.4012	1.7667	5.0311	1.5554
Ge	32	31.2937	11.6824	14.0411	5.9299	5.6712	2.0109	5.4171	1.6951
As	33	32.2783	12.0635	14.5368	6.1985	5.9499	2.2360	5.7928	1.8623
Se	34	33.2622	12.4442	15.0326	6.4678	6.2350	2.4394	6.1590	2.0718
Br	35	34.2471	12.8217	15.5282	6.7395	6.5236	2.6382	6.5197	2.2570
Kr	36	35.2316	13.1990	16.0235	7.0109	6.8114	2.8289	6.8753	2.4423

***

الباب الحادي عشر
الوصف الكيفي للرباط الكيميائي
Quantitative discreption of chemical bonding

مقدمة :

سوف نتناول في هذا الباب ما هي الرابطة وما هي كيفية تكوين الرابطة بطريقة منظور الكم فمن المعلوم بأن جزيئات المواد الكيميائية تتكون من ذرتين أو أكثر مرتبطة بعضها البعض بقوي مؤثرة بينهما هذه القوي الناتجة ناتجة عن حدوث تفاعل بين مختلف الذرات لتؤدي في النهاية إلي شكل جزيئات ثابتة والتي تعرف بالرباط الكيميائي. وهذا الثبات في الجزيئات ناتج عن تغلب أو تساوي بين قوي التجاذب بين الانوية والالكترونات علي قوي التنافر بين الانوية وكذلك الالكترونات بقربها بعضها البعض .

إذا يعرف الرباط الكيميائي بالقوي التي تكون جزئ أو أكثر ليتماسكا مع بعضهما البعض لتؤدي في النهاية إلي جزئ ثابت .

وأيا كان الوصول إلي رباط إلا أن الذرات مكونة من جسيمات مشحونة (موجبة أو سالبة) وبالتالي وجود تأثير متبادل يأخذ الشكل الكهروستاتيكي. وهذا الشكل يعتمد علي الشحنة الذرية والتركيب الالكتروني للذرة. وعموما إذا قلنا بان الرباط يتكون من ذرتي ليكونان في النهاية لجزئ ثابت فبالتالي هذا التكامل يظهر في المدارات الخارجية غير المكتملة مما يؤدي إلي اقتراب الكترونات احدي الذرتين من نواه الذرة الاخري لتؤدي إلي ثبات جزئ .

لتأخذ التأثير المتبادل بين ذرتي هيدروجين فباقتراب ذرتي الهيدروجين من بعضهما البعض وبالتالي تزداد احتمالية وجود كلا الإلكترونين ويكون شكل الإلكترونين قرب النواة للذرتين. وعموما هذا الاقتراب كما هو ملاحظ الغزل بينهما مختلفان وهذا لا يتعارض مع قاعدة باولي

الاستثنائية. ولكن في حالة الذرات الثمانية لا يؤدي إلي اقتراب بين الذرات ولا يوجد ثبات .

ومن سياق المناقشة تبادر إلينا وجود أكثر من رباط كيميائي :

1- رابط ايوني - رابط تكافؤ الكهربي .
2- رابط تساهمي .
3- رابط تناسقي .
4- رابط لغلاف مكتمل .

فالكترونات التكافؤ في المدار الخارجي هي المسئولة عن الاشتراك في الرباط الكيميائي كما في الأمثلة الآتية عنصر الكلور وعنصر الصوديوم فالتركيب الالكتروني للأول 2, 8, 7 بينما في الثاني 1 ,8 ,2 . فالأول يحتوي الغلاف الأخير علي (7) والثاني يحتوي علي واحد فقط وعند الاقتراب من بعضها فإنها يؤثران علي بعضها البعض بتأثير قوي متبادل ذو شكل لويس. ويحدث التجاذب الكهروستاتيكي بين + والانيون - الناتج عند انتقال إلكترون لتكوين رباط كهروستاتيكي أو رباط ايوني وكمية الطاقة اللازمة لانتقال إلكترون من الصوديوم ليكون (Na^+) مساوية 5.14 ev ولكن مع الكلور ليصبح Cl^- لتكون الطاقة للتحويل من Cl إلي Cl^- هي 3.65 ev- وتكون طاقة الرباط بينهما (Cl^-, Cl) إلي NaCl هي $\Delta E_\infty = 1.49ev$ وهذه القيمة تكافئ تقريبا 34.4 Kcal/ mole وعليه فان الطاقة الكلية للتأثير المتبادل يمكن التعبير عنها بالصورة التالية:

$$\Delta E(R) = \frac{-e^2}{R} + \Delta E_\infty \qquad (11\text{- }1)$$

الجزء الأول من المعادلة من يمين طرفها يعبر عن التجاذب الكولومبي بين الشحنة الموجبة والشحنة السالبة، R- كما هو معلوم المسافة بين الذرتين من الأنوية فعند R- كبيرة جدا فان المقدار للجزء الأول بصفر

وتصبح قيمة (E(R مقدار ثابت وموجب بالمقدار 1.49 ev ولكن مع اقتراب الـذرتين مع بعضهما فيصبح المقدار $-e^2\big/R$ ذات معني والقيمة $\Delta E(R)$ سالبة عنـد مسـافة لقيمة (R) اقل من انظر الشكل (1)

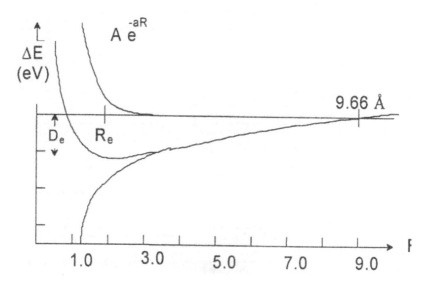

شكل (1) طاقة التأثير المتبادل بين الزوج الأيوني لايوني الصوديوم والكلور كدالة مع المسافة R

مثال: اوجد المسافة البينية (R) التي يكون عندها قوي التجاذب وقوي التنافر

الحل

يعبر الحد الثاني عن طاقة التنافر علي النحو : $\Delta E_\infty = 1.49ev$

وبالنسبة للحد الأول في المعادلة وهو $-e^2\big/R$ لابد وأن يتساوي مع الحد الأول عند تساوي قوي التجاذب والتنافر معا أي أن :

$$1.49 = -e^2\big/R = \frac{-(4.80298\times10^{-10})^2}{R}$$

$$\therefore R = \frac{2.3068616 \times 10^{-19}}{1.49 \times 1.6622 \times 10^{-12}} = 9.3143 \times 10^{-8} \, Cm^{-1} = 9.3143 \overset{o}{A}$$

$$(1 \, ev)$$

حيث أن $1 \overset{o}{A} = 10^{-10} \, m$

ملاحظة من العلاقة (1) لابد وان يعبر عن التأثير المتبادل التنافر. ومن الملاحظ أن الأفلاك الذرية تتناسب مع المسافة من النواة ويمكن تمثيل هذا التنافر بدالة أسية وتأخذ الصورة البسيطة Ae^{-aR} وبذلك تكتب طاقة التأثير المتبادل بين الأيونين بالصورة :

$$\Delta E(R) = Ae^{-aR} - \frac{-e^2}{R} + \Delta E_\infty \qquad (11\text{-}2)$$

$a, A-$ ثوابت ويمكن تعيينها مباشرة من دالة الموجه أو عمليا بطريقة مناسبة خواص بللورة كلوريد الصوديوم (Lattic) عند ادني قيمة للمسافة (R). وعند تلك القيمة من R تعرف R_e أو التي يكون عندها قوي التجاذب مساوية لقوي التنافر وتكون طاقة الوضع بصفر أي أن :

$$\Delta E = E_{Na} + E_{Cl} - E_{Na}Cl = D_e \qquad (11\text{-}3)$$

$$= D_e + IP - EA = D + 1.49 \qquad (11\text{-}4)$$

ولوحظ أن $4.22 \, ev = D_e$

وعموما العلاقة بين تردد المهتز وثابت قوة الرابطة K تعطي بالمعادلة :

$$v = \frac{1}{2\pi} \sqrt{\left(\frac{k}{u}\right)} \qquad (11\text{-}5)$$

u- الكتلة المختزلة، v- تردد المهتز فبالنسبة لكلوريد الصوديوم فإن :

$$u = 2.30314 \times 10^{-23} \, g, \qquad v = 1.093 \times 10^{13} \, S^{-1}$$

$$= 6.75 \, ev/\overset{o}{A}$$

وبالتالي $R_e = 2.3609\,\overset{o}{A}$ وهي معلومة ، $D_e , K-$ معلومة وبالتالي يمكن استخدامها لتعيين الثوابت a , A فعند $R = R_e$ فان طاقة الوضع بصفر وعليه

$$Zero = \frac{dE}{dR}$$

وبالمعادلة :

$$(\frac{dE}{dR})_{R=R_e} = -aAe^{-a\mathrm{Re}} + \frac{e^2}{R_e^2} = Zero \qquad (11\text{- }5)$$

وبحل هذه المعادلة بالنسبة للثابت A فإن :

$$A = \frac{e^2}{aR_e^2} e^{a\mathrm{Re}} \qquad (11\text{- }6)$$

وبالتعويض بالمعادلة (6) في المعادلة (2) :

$$\Delta E_{(R)} = \frac{e^2}{(aR_e^2)} e^{-a(R-\mathrm{Re})} - \frac{e^2}{R} + \Delta E_\infty \qquad (11\text{- }7)$$

وطاقة المهتز التوافقي $E = \frac{1}{2} K \times^2$ فان التفاضل الثاني للطاقة بالنسبة للإزاحة هو $\frac{\partial^2 E}{\partial X^2} = k$ وبتفاضل المعادلة الأخيرة سنحصل عن $8.193 = a\mathrm{Re}$ وإذا علم أن $3.47\,\overset{o}{A}$ ومن حساب Re وبالتعويض في المعادلة 6 نستطيع حساب قيمة De والتي تساوي 3.87 ev .

تجاذب فان ديرفالز : Van der Weals attraction

تجاذب فان ديرفالز ناشئ عن نواتين بغلاف خارجي مكتمل الالكترونات الخارجية (لحالة الثمانية) كما في ذرة الهليوم فهي متعادلة مكتملة المدار الخارجي وفي مثل تلك الحالات نلاحظ عدم وجود بعض المؤثرات التأثير الكولومبي تأثير الشحنة عزم الحثي inductive effect ولكن الحد المعبر عن التنافر بالطبع موجود. وهذا الحد Ae^{-aR} وهو

الذي يوضح التداخل الحثي بين الذرتين آيا كان. إلا أنهما يؤديان إلي تنافر وحتى من تداخل السحابة الالكترونية سواء أكانت متعادلة أو مشحونة وعموما ظهر لغاز الهيليوم وجود قوي تجاذب بسيط. وتعرف بتجاذب فاندرفالز أو تجاذب لندن للتشتيت. وإذا علم بان قوي التشتيت تعتمد علي الاستقطابية للذرات فان نموذج الجسم المهتز يمكن إعادة استخدامه ولدراسة هذه الظاهرة نفترض أن ذرتين علي مسافة (R)- وسمح لهما بالاقتراب إلي مسافة يحدث لها بدءا في التنافر أو ما قبل تلك المسافة لعدم حدوث تنافر. وعموما فان جهد التأثير المتبادل بين الذرتين (جهد الكتروستاتيكي) .

$$V_{Z_1,Z_2} = e^2 \left[\frac{1}{R} + \frac{1}{R+Z_2-Z_1} - \frac{1}{R-Z_1} - \frac{1}{R-Z_2} \right] \quad (11\text{- }8)$$

ولنقدر الشكل (2) بين الذرتين Z_1, Z_2 لمسافة R علي النحو التالي:

$$\leftarrow Z_1 \rightarrow \qquad\qquad \leftarrow Z_2 \rightarrow$$

$$+^{e_1} \leftarrow R \rightarrow +^{e_2}$$

وبكتابة مؤثر الهاميلتونيان لهذا النظام ذو المحور الاحداثي الواحد علي الصورة :

$$\hat{H} = -\frac{h^2}{2m}\frac{\partial^2}{\partial Z_1^2} + \frac{1}{2}K Z_1^2 - \frac{h^2}{2m}\frac{\partial 2}{\partial Z_2^2} + \frac{1}{2}K Z_2^2$$

$$+ V' \; (Z_1 , - Z_2) \qquad (11\text{-}9)$$

إذا كانت R كبيرة جدا بالنسبة للمتغيرين Z_1, Z_2 بعد تحليل V^- حول $Z_1 = Z_2 = 0$. وبعد إهمال بعض الحدود في R^{-1}, R^{-2} وقربنا V^- إلي أول حد يساوي صفر. وحينئذ فإن مؤثر الهاميلتونيان (7) يصبح علي الصورة :

$$\hat{H} = -\frac{h^2}{2m}\left(\frac{\partial^2}{\partial Z_1^2} + \frac{\partial 2}{\partial Z_2^2}\right) + \frac{1}{2}K(Z_1^2 + Z_2^2) - \frac{2e^2}{R^3} Z_1 Z_2 \quad (11\text{- }10)$$

هذه المعادلة يمكن حلها إلي معادلتين وهذا يعني إنها المهتز توافقي في اتجاهين إلا أن مضروب ($Z_1 Z_2$) في الحد الأخير من الطرف الأيمن لا يسمح بذلك لذا فانه يجب البحث عن دالتين مقبولتين لمتغيرين جديدين :

$$\lambda_1 = Z_2 - Z_1 \quad , \quad \lambda_2 = Z_1 + Z_2$$

أو بالتعويض بهذين المتغيرين فانه يمكن الفصل من المعادلة (9) وفي النهاية فان طاقة المهتز في الحالة الأرضية (فقطة البداية) أي أن:

$$E_o = \frac{1}{2} h \left(v_1 + v_2 \right) \qquad (11\text{-}11)$$

وبالتعويض عن $(v_2 + v_1)$ فان طاقة المهتز في الحالة الأرضية

$$E_o = hv - \frac{1}{2} hv \frac{e^4}{k^2 R^6} + \ldots \qquad (11\text{-}12)$$

$hv -$ المهتز في الحالة الأرضية وفي وجود مؤثر خارجي علي النظام فإن طاقة المؤثر هي :

$$E_{eff} = \left[-\frac{1}{2} hv \frac{e^4}{k^2 R^6} \right] \quad \text{طاقة تجاذب} \qquad (11\text{-}13)$$

وحيث أن $\left| \alpha = \dfrac{e^2}{k} \right|$ تمثل الاستقطابية في حالة الحركة التوافقية البسيطة وبالتعويض نحصل علي :

$$E_{eff} = -\frac{1}{2} hv \frac{e^2}{R^6} \qquad (11\text{-}14)$$

وهنا نلاحظ أن الطاقة تتناسب طرديا مع مربع الاستقطابية وعكسيا مع (R) من الرتبة (6) هذا القانون في اتجاه واحد ولكن إذا كان المؤثر في جميع الاتجاهات فبأخذ الشكل :

$$E_{eff} = -\frac{3}{4} hv \frac{\alpha^2}{R^6} \qquad (11\text{-}15)$$

هذا بالنسبة لجسيم واحد أما بالنسبة لعدد من الذرات فانه يمكن كتابة المعادلة والتي أدخلت بواسطة لندن (المعدلة) .

$$\Delta E_{eff} = -C_6 / F^6 \qquad\qquad (11\text{-}16)$$

C_6- يعرف بمعامل فان ديرفالز وتم حساب أيضا A, a المعينة عمليا علي النحـو

$$a = 5.04 \overset{o}{A}{}^{-1} \quad , \quad A = 1.657\, ev \qquad :$$

وأن قيمة $C_6 = 0.78\ ev \overset{o}{A}$ انظر الشكل (2) :

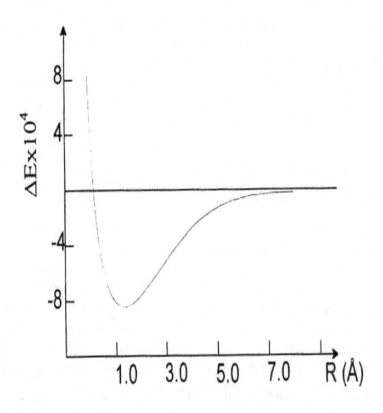

شكل (2) يبين طاقة الوضع المتبادل بين ذرتين لغلاف ممتلئ

***

الباب الثاني عشر
الدراسة الكمية للتماثل ونظرية لمجموعات
The symmetry quantum study& group theory

مقدمة :

من أهم المواضيع الرياضية والمستخدمة علي نطاق واسع في مجال ميكانيكا الكم هي نظرية المجموعات، ولدارسة التركيب الالكتروني الفراغي للذرة. كما بنيت هذه النظرية (نظرية المجموعات- الرمز) لتطبق علي التماثل الهندسي للذرات، الجزيئات والبللورات وأصبحت من أهم الطرق المستخدمة في تحليل النتائج العملية لتقنيات الأطياف وتفسير المركبات في مجال الكيمياء العضوية وغير العضوية .

ما هو مفهوم كلمة مجموعة:

أولا: إذا أردنا معرفة كلمة مجموعة أو زمر لابد من وجود شرطين هما :

أ- العملية

ب- الفئة

فكلمة فئة تعني فئة الأرقام والعملية عملية الضرب. مثلا فإذا تحقق وجود المعكوس الضرب وهو محقق لكل رقم ينتمي للفئة .

مثال : 5 ، $1/5$ يلاحظ وجود عنصر واحد - وهو محايد في عملية الضرب كذلك خاصية التوزيع بمعني $(5\times6)\times7=5\times(6\times7)$ وحينئذ يقال عنها مجموعة .

والدراسة الكمية للتماثل تعرف بنظرية المجموعات group theory وعموما نظرية المجموعات في معظم الأحيان تمدنا بالأشكال لدراسة التركيب الفراغي .

التماثل : (C) Symmetry

ويلعب التماثل دورا هاما في تعيين الخواص الفيزيائية لأي جسيم وخاصة في مجال الجزيئات. ويمكننا من معرفة وأشكال المدارات الجزيئية وإدخال علاقات رابطة بين أجزاء الجزئ الواحد مما يؤدي إلي اختزال وتبسيط الحسابات ولكي نريد معرفة تماثل انظر الشكل (1) .

يلاحظ التشابه الكبير بين المكعبات ويمكننا تحديد العينة الأساسية والتي نلاحظ تكرارها في كل حالة من الحالات. ونلاحظ عدم التفرقة بين الوضع الابتدائي والنهائي للشكل الواحد .

وكأننا وضعنا مرآه مستوية شكل (1) .

بين أجزء الشكل الواحد كما نجد حركة دوران بزاوية معينه .

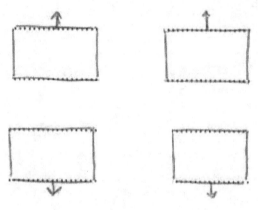

شكل (*1*)

ولنفرض لدينا كتاب في الشكل (2) التالي: هذا الكتاب يمكن أن يدور حول محور أفقي بزاوية 180° فسوف يظهر الجانب الآخر من الكتاب ويكون في وضع رأسي معكوس. ولكي نتفهم أكثر بان نجعل وجه من الكتاب بلون والأخر بلون أخر. حتى نتعرف أكثر علي عملية الدوران وإذا رجع الكتاب مره أخري ليعود إلي اللون السابق فانه يلزم الدوران مرة أخري بزاوية مقدراها 180° . وعليه لكي يعود

الكتاب إلي الوضع الأصلي فانه يلزم مرتين من الدوران كل واحدة 180°. وبالتـالي يقال هنا بأنه عنصري تماثل ويأخذ الرمز (C) أو مستوي تماثـل (C_2) ويطلـق عـلي تلـك العملية بالرمز E وتعني أي يظهر للعيان مرة أخري emerge .

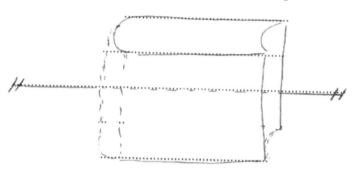

شكل (2)

ولو أخذنا الكرة المتماثلة من جميع الاتجاهات آيا كان الوضع فإنها تبدو مع دورانها هذا الوضع الثابت عند أي زاوية خلال المحور الذي يمر بـالمركز وعنصرـ التماثـل في هـذا الوضع لانهائي .

المكعب: شكل (3) .

يلاحظ أن المكعب إذا دار فله عدة محاور أولها .

(أ) وإذا دار حول محاور تمر بمركز المكعب بشرط المرور من مركز وجه المكعب ليس فقط من وجه المكعب .

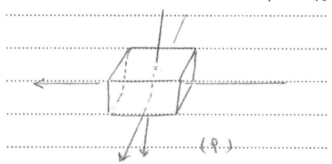

(ب) إذا دار حول محاور تمر من أحد الأركان مارا بمركز المكعب شكل (ب)

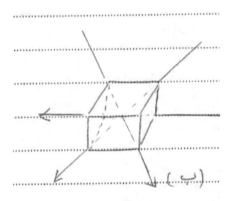

(ب)

شكل (ج) محاور تلامس فقط منتصفا الخطوط المحددة للمربعات وأيضا تمر بالمركز (ج)

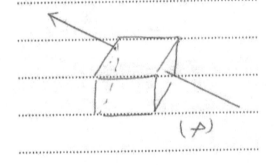

(ج)

يلاحظ من الشكل (ج) أن الاختراق يمر بوجه المكعب من ناحيتين ليمر بمركز المكعب نجد أن المرور أعطي 4 محاور كل $C_4 - 90^o$.

والشكل (ب) المحور يخترق الأركان وتمر بالمركز وعدد المحاور هنا أربعة كل دورة 120° درجة C_3

والشكل (أ) المحاور تخترق الأوجه لتلامس منتصفا الخطوط المحددة لمركز المربعات وتمر بالمركز كل 180° درجة - التماثل C_2 لنأخذ جزئ الماء H_2O الماء :

يتكون من اثنين من الإيدروجين وأكسوجين ومـن المعلـوم بـان المـاء قطبـي وتوجـد زاوية مقدارها 109° ويمكن تمثيله علي الشكل التالي :

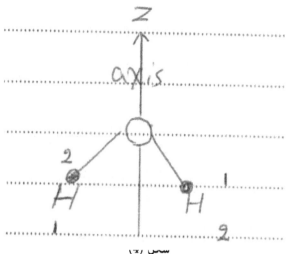

شكل (٤)

يلاحـظ مـن الشـكل أن عمليـة دوران المـاء حـول المحـور الرئيسيـ (Z) مـارا بمركـز الأكسوجين لكي يعود إلي وضعه الأصلي له بعد عملية دوران 180° له C_2

جزئ الامونيا NH_3 :

يلاحظ أن عملية الدوران حول المحور (2) يعطي تماثل كل 120° ثم يسـتمر مـرة أخري في الدوران عند 240° ثم يستمر مرة أخـري في الـدوران إلي 360° ليعـود إلي الوضع الأصلي .

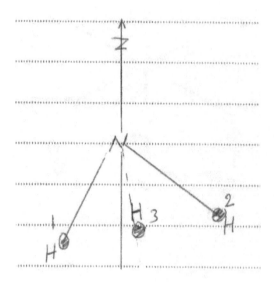

شكل (5)

عنصر التماثل :

يعرف بأنه العملية الفراغية التـي تحـدث إلي وضـع مـا وإذا عـاد الشـئ إلي وضـعه الأصلي بعمليات أو عناصر التماثل ويطلق عليه (E) .

يوجد خمس أنواع من عمليات التماثل ويقابل كل عملية عنصر من عناصر التماثـل واليك تلك العمليات :

مستوي التماثل (المرآة plane of symmetry (mirror يمكنك تخيل مرآه تقطع كرة إلي نصفين متساويين أو بمعني نصف كرة موضوع علي مـرآه تلاحـظ عمليـة انعكـاس الكـرة علي هذه المرآة (مستوي التماثل) يعطي شكلا لا يمكن تميزه عن نصف الكرة الأصـلي أي مطابق للكرة الأصلية .

تخيل أخر يمكن رؤيته وبشكل ملموس لنضع كرة في المـاء وأردت دورانهـا في اتجـاه واحد وتركتها لتسكن لا تعرف آيا مكان الأصـل وآيـا مكـان مكانـه. أي أن الكـرة تقـع في اتجاه بشرط أن يمر بمركز الكرة. شكل (6) .

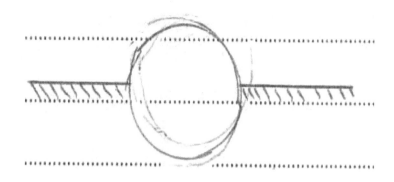

شكل (6) (الكرة) المرآة

بالنسبة لجزئ الماء H_2O مستوي التماثل هو مستوي تخيلي وكأنه قاطع للجزئ
بحيث كل ما هو أن المستوي يوجد شبيه له تماما خلف المستوي كما في الشكل
(المستويان رئيسيان علي المستوي الأفقي للجزئ) وعموما منه ما هو أفقي σn ومنه
ما هو رأسي σv ومنه ما هو قطري σd وهنا نلاحظ المستويين تماثل متعامدين
ومتقاطعين σv. شكل (7)

h= horizontal   ,   v= vertical   ,   d= diagnal

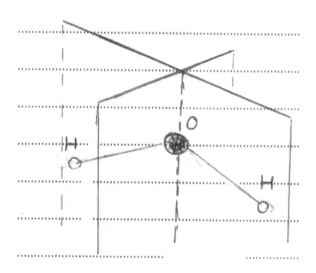

شكل (7)

الدوران حول محور التماثل : Rotation around axis of symmetry

إذا دار الشكل حول محور دوران باتجاه عقارب الساعة بزاوية قدرها $(\frac{2\pi}{n} \& \frac{360}{n})$ حيث n- عدد صحيح بشرط أن يكون الوضع النهائي للشكل لا يمكن تفرقه عن الوضع الابتدائي فيعرف بمحور الدوران ويأخذ الرمز C_n .

مثال: جزئ الماء له 2 من محور المتماثل C_2 لأنه زاوية الدوران المتتالية هي $(360^o/_n), (180^o)$ هي عنصر التماثل .

كذلك جزئ الامونيا C_3 بينما الكرة C_n المكعب بناءا علي ما سبق تفسيره .

3- محور تماثل، C_4 لان زاوية الدوران التماثلية للمحور الذي يمر بوجهين متقابلين يقطع المركز هي $360^o/_4 = 90^o$.

4- محور تماثل C_4 لان زاوية الدوران الميثالية للمحور الذي يمر باركان المكعب المركز هي $360/_3 = 120^o$.

6- محور تماثل C_2 لان زاوية الدوران المتتالية للمحور الذي يلامس منتصفات محددة للمربعات ويمر بالمركز هي $360/_2 = 180^o$.

$$\Delta E(R) = \frac{-e^2}{R} + \Delta E_\infty \qquad (12\text{- }1)$$

عملية الدوران والانعكاس:

Rotation and reflection operations (S_n)

هذه العملية تمر بمرحلتين الأولي هي عملية دوران حول مركز الجزئ بزاوية $360/_n$ تليها عملية انعكاس في مستوي عمودي علي محور الدوران ويأخذ الرمز S_n شكل (8)

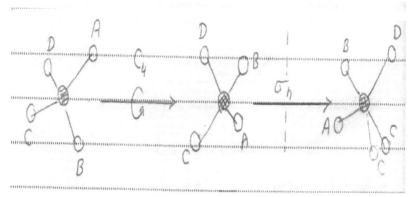

شكل (8) عملية الدوران في الخطوة الأولي والثانية انعكاس في جزئ الميثان

أمثلة علي مستوي التماثل (المرآة)

مثال : **جزئ البنزين**

من منظور الشكل يتضح أن :

- 6 محاور عمودية علي مستوي الجزئ .
- 3 محاور $(C_2)=360/180$ في مستوي الجزئ تمر خلال ذرات الكربون والمركز .
- 3 محاور أخري C_2 تمر خلال منتصف الرابطة بين كل ذرتي كربون متضادين .

وعليه نجد أن جزئ البنزين يحتوي علي C_6 محاور تماثل وعلي مستوي تماثل أفقي (Horizontal) σh كما يوجد إحتمال آخر عندما يكون مستوي المرايا عمودي ويحتوي علي المحور الرئيسي ولكن يوجد محوران يقطعان لزاوية بين المحورين C_2 الذي يكونان عمودان علي المحور الرئيسي وفي هذه الحالة يرمز للمستوي بالرمز () σd - قطري- diagonal شكل (9) .

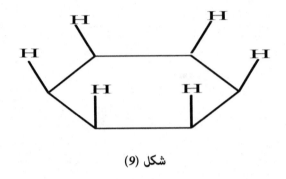

شكل (9)

مثال: للحل جزئ الإيثان شكل (10)

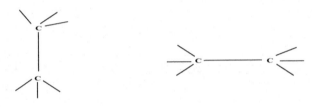

شكل (10)

مركز التماثل:

أو مركز الارتكاز inversion center يقال أن جزئ له مركز تماثل لو كانت إيه نقطة ذات إحداثيات (X, Y, Z) من خلال هذا المركز يوجد لها نقطة مشابهة تماما عند الإحداثيات (X^{-}, Y^{-}, Z^{-}) وعملية التبديل بين هذه النقاط المتشابهة خلال هذا المركز يأخذ الرمز (i) كما يوضحه الشكل .

وهذا يعني عند دوران إحداثيات الذرة (N) علي الجانب الآخر فان الإحداثيات المرتبطة بالذرة يمكن تعينها ببساطة بتغير فقط المعلومات المطلوبة لوصف وضع نصف الجزئ يكون كافيا لمعرفة النصف الآخر من دوران مركز .

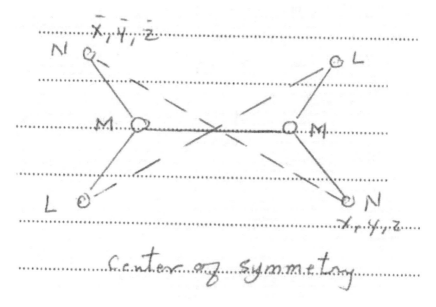

شكل (11) *Center of symmetry*

التماثل: The resemblance

سؤال: هل لجزئ الماء والامونيا مركز تماثل ؟

هل لكره التنس والمكعب مركز تماثل ؟

ملحوظة: نفترض جزئ له محور تماثل C_n ومستوي تماثل عمودي علي هـذا المحـور σn فان محور التماثل هو أيضا محور الـدوران والانعكـاس معـا S_n ويمكـن توضيح ذلك لجزئ غاز رابع كلوريد الكربون حيث المحور S_4.

مثال: اثبت أن S_2 يؤدي إلي نفس عملية (i) بمعني أن $S_2 = i$.

الحل

من الشكل (12) يتبين تكافؤ العملية S_2 , i ولكن كيف يمكننا إثبات هذه رياضيا نفترض وجود نقطة في الفراغ تأخذ الإحداثيات (X, Y, Z) كما في الشكل. إذا علم أن المحـور (Z) هو محور الدوران

C_2 هــذه العمليــة تنقــل النقطــة إلي (X^-, Y^-, Z^-) ولــو عكســت العمليــة علــي المستوي (XY) الذي يمثله (σh) إلي النقطة (X^-, Y^-, Z^-). وهي نفس النتيجة لو أجرينا عملية i الموجودة عند نقطة الأصل وعموما هو ما يسمي بالدوران الذي يتبعه انعكاس Rotary reflection وتعرف " إذا دار الجــزئ حــول محــور لعــدد (n) مــن الــدورات ثــم يتبعــه انعكاس من مستوي عمودي علي المحور وعاد الجزئ إلي وضعه الأصلي فان هذه العملية يرمز لها بالرمز (S_n) وسنعطي أيضا مثالا لذلك شكل (12) .

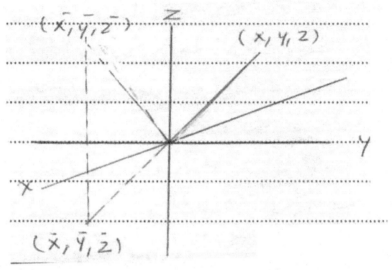

شكل (12) S_n-محور دوران -انعكاس للميثان

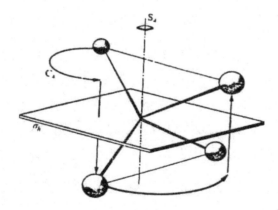

شكل (13) $S4$ - محور دوران- انعكاس للميثان

الماء والامونيا ليس لهما $\sigma h\ (S_n)$

جزئ الميثان يحتوي علي ثلاثة S_n له 4 محاور يبدأ كل محور من ذرة الكربون إلي ذرة الهيدروجين زاوية الدوران $360/90=4$.

عملية التطابق : Identity operation

هي عملية تؤدي إلي ترك الجزئ بدون أي تغيير بمعني أن الجزئ يترك كما هو ويرمز لهذه العملية بالرمز E .

مثال: $I^2=E$

الحل

نفترض أن النقطة (X, Y, Z) تنتقل إلي $(-X,-Y,-Z)$ بواسطة عملية (i) ثم يليها نقل النقطة $(-X,-Y,-Z)$ إلي نفس نقطة البداية (X, Y, Z) بواسطة (i) .

تقسيم الجزيئات إلي مجموعات :

classification of molecules into group

كي تخضع الجزئيات تبعا لنوع التماثل فانه يتطلب إلي عمل قائمة لكل عنصر تماثل وكذلك المجموعة الذي ينتمي إليها تلك الجزئيات والتي تقع في نفس القائمة .

مثلا الميثان ورابع كلوريد الكربون وكلاهما له تركيب رباعي الأوجه منتظم regular tetrahedrons وبذلك ينتميان لمجموعة واحدة بينما الماء ينتمي لمجموعة أخري .

واسم المجموعة التي ينتمي إليها الجزئ تحدد بواسطة عناصر التماثل التي تميزها ولتحديد المجموعة يوجد نظامين .

إذا فما هي الأنظمة المحددة للمجموعات ؟

1- نظام سكوين فلايز Schoen flies system

2- نظام هيرمان – ماوجوين Hermann- Mauguin system

والنظام الأول: هو الأكثر شيوعا استخداما لدراسة الجزيئات المنفردة والثاني خاص بدراسة التماثل من البللورات وسوف نركز علي النظام الأول والخاص بدراسة الجزيئات .

نظام سكوين فلا يز :

المجموعات: C_1, C_i, C_S groups

اذا كان الجزئ يحتوي علي مستوي تماثل لعنصر وحيد متماثل يعيد الجزئ إلي حالته الأصلية ولا يوجد غيره فان الجزئ ينتمي إلي المجموعة (C_2) مثل مركب الكينولين شكل (14) .

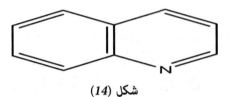

شكل *(14)*

The plance of symmetry quinoline Molecule

ثانيا المجموعة C_i **:**

إذا كان المركب يحتوي مركز تماثل كمركز يعيد الجزئ إلي وضعه الأصلي ولا توجد عناصر تماثل أخري .

مثال : ميزو حمض الطرطريك شكل (15) .

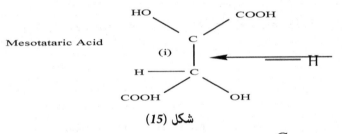

Mesotataric Acid

شكل *(15)*

ثالثا: المجموعة C_1 -

إذا كان الجزئ ليست له عناصر تماثل ولكن يعود الأصلي بعد أن يدور دوره كاملة 360° فالمركب $[HBrC-FCl]$ ليأخذ الشكل الفراغي .

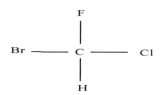

لاحظ اختلافا لمجموعة الذرات المرتبطة بـالكربون. وهـذا يعنـي بـان ذرة الكلـور أو البروم يعود إلي الأصل بعد دورة كاملة 360°.

المجموعة C_n

إذا كان الجزئ يحتـوي عـلي عنصرـ تطـابق (i) , n- محـور التماثـل أي C_n- قاعـدة مزدوجة وهي :

1- عنصر تماثل موجود في الجزئي .

2- اسم مجموعة ينتمي إليها الجزئ (C_1) .

C_1- لان الجزئ سيدور حول محور التماثل 360° ليعود إلي حالته الأصلية لذا فـان الجزئ كلوروفلوريد بروموميثان يتميز بالعناصر ($E_, C_1$) .

مثال : H_2O_2- ينتمي للمجموعة C_2 انظر الشكل (16)

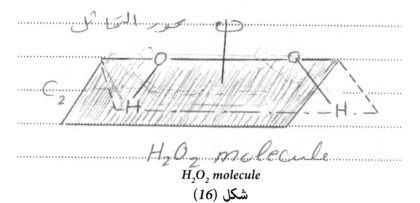

H_2O_2 molecule

شكل *(16)*

المجموعة C_{nv}

الجزئ الذي ينتمي لتلك المجموعة يحتوي علي:

1- C_n- محور تماثل ; σv - مستوي رأسي عاكس

مثال : عند إجراء مجموعة من عمليات التماثل المتتالية علي جزئ ما تؤدي في النهاية إلي وضع لا يمكن تميزه عن الوضع الابتدائي للجزئ، مع وجود نقطة واحدة لا يتأثر موضعها في الجزئ بأي من عمليات التماثل المتتالية عندئذ يقال لتلك العمليات بأنها مجموعة النقطة. ولنأخذ مثال جزئ H_2O نلاحظ به أربعة عمليات تماثل وعناصره علي للترتيب التالي:

$$E, \sigma v, \sigma' v, C_2$$

وستتم الدراسة علية فيما بعد بالتفصيل وللاختصار يأخذ $E, 2\sigma v, C_2$ أو C_2v شكل (16) .

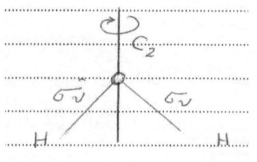

شكل (17)

مثال آخر: جزئ الامونيا (18)

$$E, C_3, 3\sigma v \quad \text{أو} \quad C_3v$$

يلاحظ أن المجموعات في الجزئ تحتوي علي التطابق E لان الجزئ يجب أن يعود إلي وضعه الأصلي بعد عملية التماثل في الجزئ المتعددة .

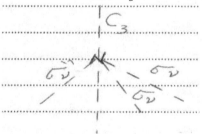

شكل (18)

المجموعة C$_n$h

الجزئ المنتمي لتلك المجموعة يجب أن يتوافر فيه ما يلي :

1- محور التماثل

2- مستوي لمرآة أفقي وبالتالي تلك المجموعة C$_n$h- تحتوي علي عنصر- عاكس
reflection element (J)

مثال: ثنائي كلور ايثيلين Trans- dichloroethylene شكل (19)

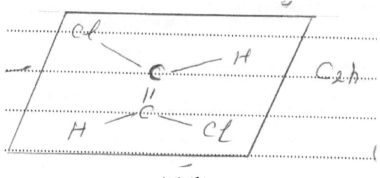

شكل (19)

1- مثال: لمجموعة C3h ثلاثي هيدروكسيد بورون Boron trihydroxide .

المجموعة D$_n$

هذه المجموعة تحتوي علي :

1- محور تماثل C$_n$ 2-عدد n

من محور التماثل الثنائية وعمودية علي محور التماثل لنتصور الشكل التالي (20) .

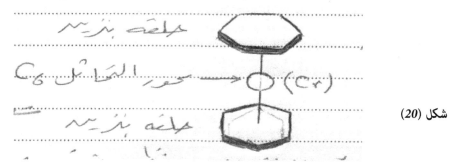

شكل (20)

كما هو واضح حلقة البنزين لها ستة محاور كما ذكر سابقا وعمودية علي محور التماثل .

لو حدث تطبيق بين جزيء البنزين من منظور فوقي يلاحظ عدم تطابق إلا إذا دار مرة أخري للتطابق (C_2) .

المجموعة Dnh

هذه المجموعة يجب أن يتوافر فيها ما يلي:

1- ينتمي للمجموعة D_n بالإضافة إلي 2- مستوي مرآة افقي σh ويمثل تلك المجموعة أيضا الشكل (21)

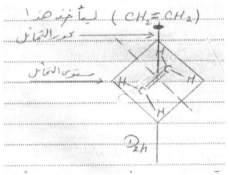

شكل (21)

من أمثلة هذه المجموعة حيث يتم دوران النظام حول محور تماثل Cn بزاوية قدرها 360° بحيث أن النظام كما سبق لا يمكن تمييزه عن الأصل. ولنا أن نتخيل أيضا BF_3 نلاحظ أن عملية الدوران حول المحور العمودي علي مستوي الجزئي. ولكي تتم الدورة ليصل إلي الأصل يأخذ المقدار $\frac{360}{3} = 120^\circ$ حيث ينتقل الجزئ من الوضع (a) إلي الوضع (b) المشابه له تماما وعلي ذلك فان محور الدوران يسمي C_3 أو محور دوران من الرتبة 3 ، كما أن الجزئ BF_3 له عناصر دوران أخري فتخيل مثلا عملية الدوران حول أي من روابط $F\text{-}B$ فإذا تمت هذه العملية بزاوية دوران قدرها $\frac{360}{2} = 180^\circ$ فإننا ننتهي إلي وضع مماثل

تماماً وبالتالي يوجد ثلاث محاور تماثل من C_2 وكل منها يمر بأحد الروابط .

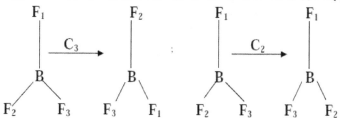

هل ينطبق ما سبق علي الجزئ NH_3 ؟

الإجابة: لا ينطبق والسبب يرجع إلي أن محاور التماثل الدورانية الثنائية الثلاثة التي تربط بالرابطة NH ليست في مستوي واحد. وبالتالي يختفي المستوي الأفقي σ_h . والثلاثة المحاور التماثل الثنائية (C_2) يحل محلها ثلاثة مستويات σ_V، وبالتالي ينتمي الجزئ إلي المجموعة C_3v

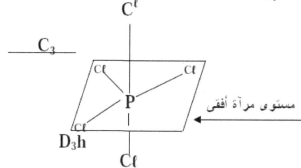

شكل (22)

مثال: عن المجموعة D_3h– مثل خامس كلوريد الفوسفور PCl_5 شكل (22).

مثال: عن D_4h- كلوريد الذهب الرباعي $AuCl_4$ شكل (23) .

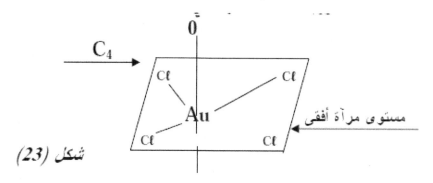

شكل (23)

وأما D,h-كما فى حلقة البنزين شكل، (24)

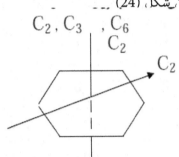

$$C_2 , C_3 , C_6$$
$$C_2$$
$$C_2$$

ملحوظة: نجـد أن البنـزين يحتـوي عـلى العنـاصر σ_h، $,6C_2$، E, C_6 أيضـا الاسطوانة – منتظمة تنتمي إلي $C\infty h$ بينما المخروط Cone يأخذ $C\infty v$ أي أن الجزيئـات ثنائيـة الـذرة المتجانسـة homonuclear تأخـذ المجموعـة $C\infty h$ وغـير المتجانسة heteronuclear تأخذ المجموعة $C\infty v$.

المجموعة $D_n d$ هذه المجموعة من الجزيئات تحتوي علي :
1- تأخذ المجموعة D إضافة لذلك:
2- مستوي المرآة ينصف الزاوية بين كل المحاور المتجاورة، C_2 مثلا فانه يأخذ شكلا ينتمي للمجموعة $D_2 d$ شكل (25)

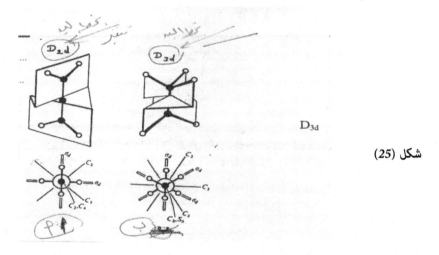

D_3d

شكل (25)

$D_2 d$ يتحول من عملية الالتواء إلي $D_3 d$.

مجموعة المكعب T_d (رباعي الأوجه) ، (O_h- ثماني الأوجـه). والجـزئ الـذي ينتمـي لتلك المجموعة يجب أن يحتوي علي:

أولا: يوجد أكثر من محور تماثل مثل رابع كلوريد الكربون والميثان :

جدول (*1*) يبين أهم الجزيئات التابعة لمجموعة التماثل الأكثر شيوعا

رمز المجموعة التماثليه	الأمثلة
$D\infty h$	جميع الجزيئات الخطية المتميزة بمركز تماثل
$C\infty v$	جميع الجزيئات بدون مركز تماثل
$C_n v$	n =2 ,H_2O، بيريدين، بيرول، هاليد البنزين n =3، النشادر، PCl_3، $CHCl_3$
$D_n h$	n =2 ,الايثان، النفثالين n =4، بيوتادابين حلقي Cyclo butadiene n =6 ,البنزين Benzene
$D_n d$	n =2 ,الين Allene، n=3 هكسان حلقي
C_2	H_2O، (غير مستو) unasymmetry
C_2	ستايرين Styrene
T_d	ميثان- رابع كلوريد الميثان
O_n	SF_6

عمليات التماثل المتتالية (المتتابعة):

كيف تتم مثل تلك العمليات بأخذ اخذ جزئ ينتمي لتلك العمليـة بـالمرموزه (Oh) ومثال الجزئ هو SE_6 . وعمليات التماثل إنما هي عمليات لمؤثرات تؤدي إلي تغـير وضـع ما في الجزئ إلي نقطة أخري في الفراغ.

ولنفهم هذه العملية لنأخذ جزئ بسيط وليكن ثلاثي فلوريد البورون.

ونلاحظ أن عملية دوران الجزئ بزاوية 240° وما انتهت عملية الدوران ليعـود إلي الأصل إلا بزاوية قدرها 360° ليصل إلي حالة التطابق الأصلية (E) إذا فما هي عمليات التتابع Successive لنصل إلي أصل التطابق (E).

لنأخذ المثال سداسي فلوريد الكبريت شكل (26) .

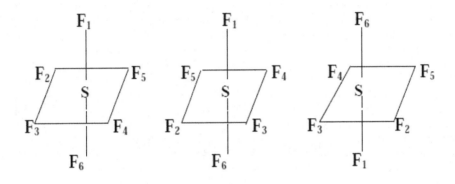

شكل (26)

نلاحظ أن تلك العمليات تشبه عملية التبادل بين الذرات وهل هي كـذلك؟ نلاحـظ من تلك العملية ليس بالشرط أن تتبادل أي من الذرات مع بعضها البعض Commute .

وهذا يعني أن حاصل ضرب أي عمليتي تماثل هو عملية تماثل أيضا لنفس النظام مثلما ذكرنا سابقا في العملية الحسابية في أول الباب وعموما عملية التماثل لأي من العناصر السابقة لابد وان تحقق الشروط التالية :

1- حاصل ضرب أي عنصرين من عناصر الجزئ هو أيضا عنصرـ من عناصر نفس المجموعة .

2- تتبع عناصر المجموعة الواحدة قانون التباديل والتوافيق الحسابي السابق الـذكر .

3- يعتبر (E) احد عناصر مجموعة الجزئ من حيث انه لو إعتبرنا AE=EA أي انه عنصر من المجموعة ذاتها .

4- يوجد شرط أخر ليس من الضروري حاصل $\hat{A}\hat{E}$ هو $\hat{E}\hat{A}$.

مثلا:

وان كان $\hat{E}$ في الأول هو في الثاني وهذا قد يخالف الشرط (3)

مجموعة الدوران الكاملة R_3 –

وهذه المجموعة من الدوران فالجزئ الذي ينتمي إليها يجب أن تتوافر فيه هذه الأمور :

أن يكون الجزئ كرويا وعليه فان الذرة في الجزئ هي التي تنتمي إلي المجموعـة R3 وليس الجزئ.

عملية تحديد عناصر التماثل التي يحتويها الجزئ هي التي تجعلنا نصف الجزئ إلي المجموعة التي ينتمي إليها والتي تعرف نقطة المجموعة group point لكي نميزها عـن المجموعة الفراغية وهذا يسهل المقارنة بين التركيب والشكل .

(انظر الأشكال) شكل (26) .

شكل (26)

***

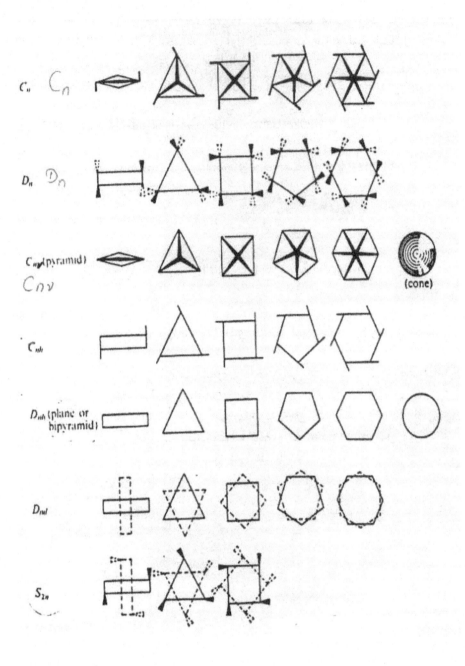

الباب الثالث عشر
عمليات التماثل
Symmetry operation

مقدمة :

من أهمية دراسة التماثل: لأن الدوال الموجية الجزيئية Molecular wave functions الدوال الخاضعة بتوزيع الإلكترونات وأيضا المرتبطة بالتذبذب electron distribution function , "vibration function" وكذلك أطياف NMR nuclear magnetic resonance spectra وكلها تعتمد علي التماثلية فمثلا لو أخذنا مركب وليكن رباعي سيانيد كلوريد النيكل .

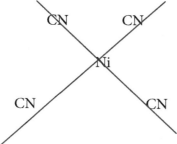

أولا: هذا المركب مستوي .

ثانيا: المجموعات Ni-CN خطية .

ثالثا: الزوايا CN-Ni-CN متساوية وبزاوية 90° .

رابعا: المجاميع متساوية ومتكافئة (4CN) مع ارتباطها بالنيكل (السالبيه) .

فالرموز المستخدمة لوصف التماثل إنما تحمل كم كبير من المعرفة وعلي المشتغلون بالكيمياء الإلمام بتلك الرموز وتفسيراتها :

فما هي عمليات وعناصر التماثل لنأخذ المثال التجريدي التالي "Summetry and the element operations" المثلث المتساوي الأضلاع.

ثم أخذ خط من رأس المثلث الثلاثة لنسقطها علي القاعدة المقابلة نلاحظ أن كل خط يقسم المثلث إلي قسمين كل منهما متشابه ومتطابق مع الأخر. وبالتالي نلاحظ أن الجزء أ ب د متماثل مع الجزء أجـ د ناحية رياضية لحساب المثلثات .

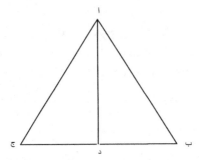

ويمكن وجود تماثل أخر من الرؤوس الثابتة. وبناءا علي ذلك أن جزيئا ما به تماثل فهذا يعني أن اجزاءا أخري معينه منه يمكن أن تتغير داخليا وبأجزاء أخري دون تغيير في تحديد الجزء أو اتجاهه identity and orientation ولنا أن نلاحظ الأجزاء المتغيرة داخليا هي أجزاء متساوية ومتكافئة كل منها مع الآخر بواسطة التماثل .

ولنأخذ الأمثلة الآتية :

المركب BCl_3 ثلاث ذرات كلور متكافئة أي (3Cl) والمركب خامس كلوريد الفوسفور PCl_5 هرمي- هرمي معكوس (Trigonal – bipyramid) ثلاث ذرات كلور متكافئة equatorial atom . بينما توجد ذرتان اخريتان كلور غير متكافئة محورية.

عمليات التماثل :

يعني التغيير الداخلي للأجزاء المتكافئة في الجزئ ومنها أربعة أنواع مختلفة وهي :

1- الدوران حول المحور (Cn). ويلاحظ في هذه الحالة أن الجزئ يدور بزاوية $\frac{2\pi}{n}$ حول المحور الذي يمر خلال الجزئ $\frac{360}{n}$ ويطلق علي هذه العملية بالدوران المحتمل .

وناتج الدوران هو :

أ- غير مرتبط بالحالة الأولية .

ب- تطابق الإتجاهين Superimopsable .

لنأخذ الأمثلة الآتية وهي مستوية ولها دوران محتمل لمحور محتمل :

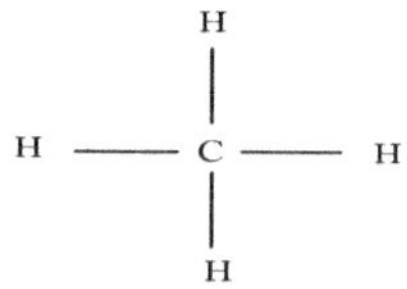

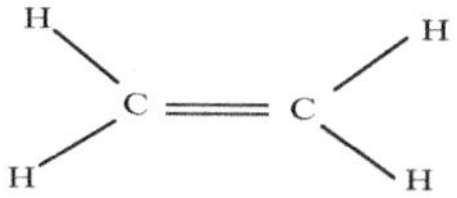

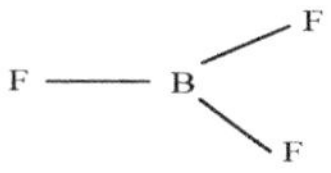

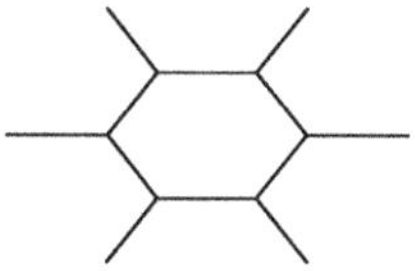

هل يمكن توضيح المحور المحتمل لكل جـزئ مـن المركبـات السـابقة فمـثلا لـو دار

الجزئ حول المحور وليكن (Z) 360° درجة يحدث التالي:

(I)- يكرر مرتين وبالتالي نرمزه بالرمز C_2

(II)- يكرر ثلاث مرات متساوية وله الرمز C_3

(III)- يكرر نفسه أربع مرات متساوية وله الرمز C_4

(IV)- يكرر نفسه ست مرات متساوية وله الرمز C_6

أما إذا حول نفسه بزاوية غير محددة فاننا نكتب (n) كعـدد وتكـون حينئـذ زاويـة

الدوران $360/n$.

أما إذا كانت الجزيئات غير خطية أو أن الزوايا غير متساوية فيما بـينهم بـان يكـون
احد الذرات مختلفا عنهم، مثلما في مركب الأمونيا أو الكلوروفورم وبالتالي يكون لها أكـثر
من مستوي تماثل انظر الشكل الفراغي :

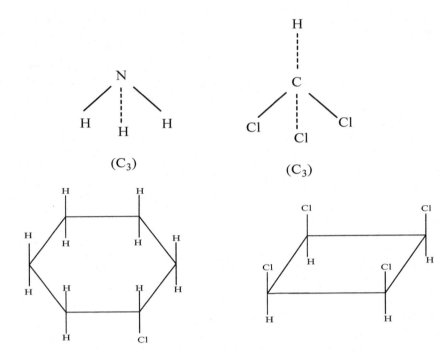

(C_3) (C_3)

Chloro cyclohexane   1.2.3.4 tetrachlore cyclo butane

من الأشكال السابقة للجزيئات الامونيا الكلوروفورم كل منهما له محور C_3 يمـر بـين قمة الهرم ومراكز القاعـدة الثلاثيـة والمركـب 1، 2، 3، 4 – ربـاعي كلوروبيوتـان الحلقـي يأخذ الرمز C_4.

هل المركب – كلوروهكسان يأخذ محور دوراني D_nh ولماذا ؟

سؤال آخر: ارسم الشكل الفراغي لجزئ الماء من سياق الشرح السابق .

الجزيئات الخطية والجزيئات الثنائية الذرية تأخذ $(C\infty)$ أي تأخذ عدد لانهائي من محاور الدوران لان الدوران حول محـور الجـزئ يعطـي كلهـا اتجاهـات مطابقـة للأصل $360\big/360$ وحيث لا توجد زاوية محددة، حتى يمكن التعرف عليها في الجزئ $(C\infty)$.

ومـن أمثلـة هـذا النـوع ثاني أكسـيد الكربـون – جـزئ خطـي O= C =O منهـا الجزيئات الثنائية الذرة Br_2, Cl_2, O_2 → أو NaCl . $O=O, Cl-Cl$] ......,

العملية المتطابقة :

العمليات التي تؤدي إلي وضع متطابق مع الجزئ ذاته وليس مكافئا له فقط أي العودة إلي نقطة الأصل مثلما كان، فإنها تعرف بالعملية المتطابقة. فالجزيئات الخطية أو الثنائية الذرة تعود مرة أخري إلي أصلها مهما حدث لها من دوران .

ويرمز له بالرمز E فمثلا إذا حدث التطابق بعد مرتين فإننا نقول أن التطابق حدث بعد مرتين أي C_2^2 أو ثلاث C_3^3 وهكذا مثل ما هو في الماء، الامونيا .

$$E=C_2 \times C_2=C_2^2 \qquad Water$$

$$E=C_3 \times C_3 \times C_3=C_3^3 \qquad Ammonia$$

عمليات من نوع واحد : Operation of one type

لو أخذنا جزئ الكلوروفورم أو الماء أو الامونيا وتم الدوران في أي اتجاه وليكن مع إتجاه عقرب الساعة ليأخذ الدوران $C_3^3=C_3 \times C_3$ ثم اخذ الاتجاه الآخر من عقرب الساعة لتعطي العلاقة التالية $C_3 \times C_3=C_3^{-1}$ وعليه في C_3^{-1}, C_3 تعطي تكافؤ ولا تعطي تطابق لحالة الجزئ .

وتعرف هاتين العمليتين بأنهما ينتمان لنوع واحد. ويمكن القول بان الكلوروفورم له $2C_3$، حيث (2) -عدد الدورانات سواء أكان الدوران في اتجاه أو عكس الاتجاه. وعموما الأوضاع الناتجة عن الدوران متطابقة.

سؤال: وضح هل يمكن تطابق الأوضاع لجزئ 2,1 ثنائي كلورو ايثيلين ؟

جزئ الميثان: CH_4 أو رباعي كلوروميثان لابد من رسم الشكل لرباعي الكربون أولا حتى نتمكن من الإجابة .

الحل

يوجد محور C_3 الذي يمر خلال H-4 هو محور C_3 والاتجاه في دوران هو اتجاه عقرب الساعة للوجه A الذي سوف يجعل اتجاه H-3 إلي H-1 ، H-1 إلي H-2 ، H-2 إلي H-2 شكل (27) .

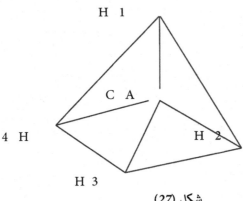

شكل (27)

وهو نفس المحور هو أيضا C_3^{-1} وعندما يتم إنجاز الدوران حول C_3^{-1} في عكس إتجاه عقرب الساعة لنفس الوجه (A) فان H-1 تنقل للوضع H-3 ، H-3 تنقل للوضع H-2، H-2 تنقل للوضع H-1

أي أن كل وجه له حينئذ C_3 ، C_3^{-1} وبالتالي هذا الشكل له أربع أوجه، فانه يكون لدينا $8C_3$ تنتمي لنفس النوع .

ماذا لو أخذنا وجها أخر غير (A) فماذا تكون النتيجة ؟

وكحالة عامة $$A^{-1}A=E \quad or \quad A.A^{-1}=E$$

الانعكاس علي سطح مستوي مرآة σ:

The mirror plane, σ Reflection at a plane

لنفترض جزئ مكون من ذرتين في مستوي معين وعلي بعد معين من مرآة فالصورة علي المرآة ستكون علي نفس المسافة للمرآة. لذا نقول أن

الجزئ له مستوي مرآة (عنصر مماثل (Symmetry element) ويرمز له بالرمز σ أي له تماثل مرايا واحد يعرف بالمستوي الجزيئى شكل (28) .

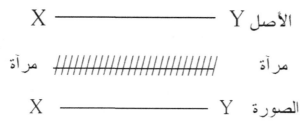

الشكل (28)

مثال: جزئ BCl_3
له مستوي أفقي واحد في اتجاه المستوي xy له ثلاثة مستويات مرايا عمودية علي المستوي xy لكل مستوي يحتوي علي رابط بين البورون والكلور ويكون الرسم علي النحو التالي: شكل (29) .

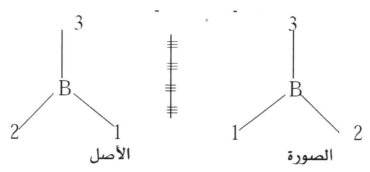

مثال: الجزئ $PtCl_4$
له أربع مستويات رأسية اثنان علي طول المحور x ، y وهما yz, xz (مستويان رأسيان) المستويان الآخران هما مستويان محوريان كل منهما عمودي علي الآخر. شكل (30) .

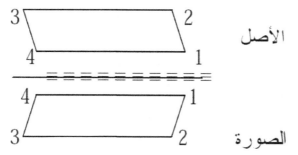

خواص وتمثيل المجموعات :

أساسيات عامة : المجموعات التي تنتمي إلى المجموعة General foundation C_nh-

كلها تحتوي على Sn لوجود $\sigma n , Cn$. فإذا كان واحد من Sn موجود في الجزيئي، فإن الجزئ يمكن أن ينطبق على الشكل منه في المرايا Supermposed . وإذا كانت Sn غير محتوية فان التطابق غير موجود ويكون مستحيلاً .

والمجموعات التي تحتوي على عنصر انعكاسي فإنها تحتوي على العنصر S على الأقل لان الإنعكاس يتم بالدوران (π) يتبعه انعكاس من المستوى σn انظر الشكل (31) .

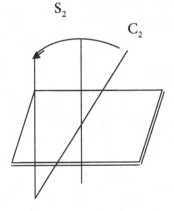

S_2

C_2

6h   Inversion

مركز التماثل

عملية الدوران في اتجاه عقرب الساعة وفي عكس اتجاه عقرب الساعة: وقد ورد سابقا ولنأخذ المثال التالي، لجزئ الماء. .

مثال: جزئ الماء

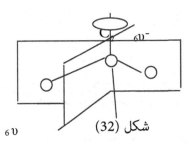

شكل (32)

عناصر التماثل لجزئ الماء هي : $E, C_2, \sigma v, \sigma v^-$

$$E, C_2, 2\sigma v$$

وهذا التحديد المذكور ليس كافيا لأننا حصلنا عليه في اتجاه عقرب الساعة فقط ولنأخذ عملية الدوران حول المحور لجزئ الماء مع اتجاه عقرب الساعة بالرمز C_3^+ ،

وعكس الاتجاه $C_2^-(\dfrac{2\pi}{2})$.

وعند عملية الدوران للماء سواء في الإتجاه أو عكس الإتجاه يتبعه دوران الجزئ 180° حيث يكون التطابق (E) أي أن $C_2^- = C_2^+$ لذا فإن :

$$E = C_2^- \, C_2^+ = C_2^2$$

وبما أن عدد العمليات أربعة سيصبح الجدول المتعدد للمجموعات (the group multiplication system C_2) 4×4 حيث يتصدر كل صف وعمود عملية تماثل والمربع الموجود لتقاطع كل صنف وعمود تمثل عملية متتالية .

الجدول المتعدد المجموعة $C_2 v$

العملية	4	3	2	1
C_2	E	C_2	σv	σv^-
1	E	E	C_2	σv	σv^-
2	C_2	C_2	E	σv^-	σv
3	σv	σv	σv^-	E	C_2
4	σv^-	σv^2	σv	C_2	E

عملية الإبدال علي النحو التالي :

العنصر المحايد في هذه الحالة هو (E) لهذه المجموعة (diagonal) لكل عملية معكوس وهو نفس العملية $C_2^- C_2 = E$ وبالمثل للعمليات الاخري E- تمثل القطر مما يؤدي إلي نوع التماثل حول القطر (ab) مما يلاحظ أن العناصر أعلي القطر ما هي إلا معكوس عناصره أسفل القطر والعكس. وكذلك خاصية التوزيع لذلك يمكننا أن نقول أن العناصر $E, C_2, \sigma v, \sigma v^-$ مجموعة متماثلة وتعرف $\sigma_2 v$.

مثال آخر: **جزئ الامونيا** NH_3

عناصر التماثل لهذا الجزئ هو :

$$E, C_2, \sigma v, \sigma v^-, \sigma v^{//} = E, C_3, 3\sigma v$$

كما ذكرنا هذا التحديد ليس كافيا لأننا حصلنا عليه من عناصر التماثل في حركة الجزئ في اتجاه واحد فقط من اتجاه عقرب الساعة. سوف ترمز لدوران جزئ الامونيا حول محاور التماثل الثلاثة $(\frac{360}{3})$ في عكس اتجاه عقرب الساعة بالرمز C_3^- وفي اتجاه عقرب الساعة C_3^+. نلاحظ أن الجزئ يعود لأصله بإجراء العملية C_3^+ تتبعها العملية C_3^- وذلك يدور الجزئ حول محور الدوران الرئيسي- C_3 بزاوية 120^0 ويكون التطابق $C_3^+ \; C_3^- = E = C_3^+$.

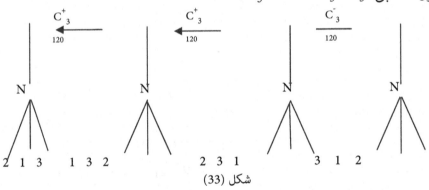

شكل (33)

وهذا يعني مثلا لو دار الجزئ مرتين ليأخذ زاوية في اتجاه معين 240^{0} كل واحدة منهما 120^{0} فانه يمكننا الوصول إلي وضعه يكون مطابقا له لو دار الجزئ عكس الأول لمسافة واحدة. ليأخذ فقط زاوية 120^{0} . فمن الشكل (33) يتبين أن $C_3^- = C_3^+ \; C_3^-$.

لنفترض أن C_3^+ تبعها σv (عكس الاتجاه) فان العمليتين يمكن الحصول عليها بعملية واحدة وهي إجراء العملية σv (في الاتجاه الآخر) وبالتالي تكون قد عدنا إلي الحالة الأولي. وبذلك يكون لدينا العلاقة التالية :

$$\sigma v^- = \sigma v \; C_3^+$$

ولدينا مثال أخر ثالث فلوريد البورون والذي يقع في مستوي تماثل واحد σ وينتمي لهذه المجموعة C_3 فلو فرضنا أن الذرات F هي رؤوس مثلث متساوي الأضلاع وحدث لها العمليات السابقة. انظر الشكل (34)

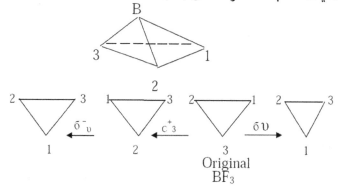

شكل (34)

الجدول المتعدد للمجموعة The group multiplication table (C3)

خواص المجموعة الواحدة :

مثال: المجموعة $C_3\sigma$ مجموعة النشادر كمثال (NH_3) شكل (35)

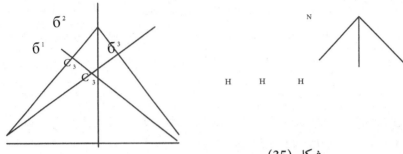

شكل (35)

ومن هنا نجد أن عمليات التماثل لجزئ NH_3 هي :

$2C_3$ عملية الدوران حول المحور Z بزاوية 120^0 . ويمكن أن تـتم عمليـة الـدوران C_3^+ , C_3^- في اتجـاه عقـارب السـاعة أو في اتجـاه معـاكس. وبـذلك يجـب أن نميـز بـين عنصري التماثل C_3^- , C_3^+ كعنصرين مختلفين. حيث أن كل نتيجة عملية متطابقـة مـع الوضع الأصلي إلا إنها مختلفة في طريقة الوصول إلي هذا الوضع .

$3\sigma-$ انعكـاس في مسـتوي التماثـل الـرأسي المـار بـذرة النتروجيـن واحـد ذرات الهيدروجين N-H .

E- عملية التطابق أي أن عناصر هذه المجموعة هي 6 ويمكن اشتقاق جدول حاصل ضرب التماثل التالي :

		عناصر المجموعة					
		E	C_3^+	C_3^-	σv	$\sigma v'$	$\sigma v''$
E	1	E	C_3^+	C_3^-	σv	$\sigma v'$	$\sigma v''$
C_3^+	2	C_3^+	C_3^-	E	$\sigma v'$	$\sigma v''$	$\sigma v'$
C_3^-	3	C_3^-	E	C_3^+	$\sigma v''$	σv	σv
σv	4	σv	$\sigma v''$	$\sigma v'$	E	C_3^-	C_3^-
$\sigma v'$	5	$\sigma v'$	σv	$\sigma v''$	C_3^+	E	C_3^+
$\sigma v''$	6	$\sigma v''$	$\sigma v'$	σv	C_3^-	C_3^+	E

تفصيل الجدول :

يلاحظ من الجدول أن عناصر التماثل C_{3v} مكتوبة في السطر الأفقي الاعلي وكذلك العمود الأخير أقصي اليسار، كذلك العناصر مكتوبة في أقصي اليمين العمود مقلوب أقصي اليسار وأسفل سطر معكوس السطر الأول .

القيم في الإطار تعبر عن عملية تماثل واحدة تساوي عدة عمليات تماثل تؤخذ من الإتجاه الأعلي أولا مضروبة في العملية المقابلة في العمود الرأسي أقصي اليسار .

مثال **(1)** : $E = C_3^- \; C_3^+$

وهذا يعني أن التطابق E في العمود (4) يساوي C_3^- الموجودة في الإتجاه الرأسي لنفس العمود (إلي اعلي) مضروبة في C_3^+ في العمود (7) في الاتجاه الأفقي للتطابق E الموجودة في رقم 4 .

مثال **(2)** : $E = C_3^+ \; C_3^-$

وهذا يعني أن التطابق في العمود رقم (5) يساوي C_3^+ الموجودة في الإتجاه الرأسي لنفس العمود إلي اعلي مضروبا في C_3^- في العمود رقم 7 في الاتجاه الأفقي للتطابق E الموجودة في العمود (4) انظر شكل السهم.

يتضح أن من (2,1) في الأمثلة أن $E = C_3^- \; C_3^+$ هي أيضا $E = C_3^+ \; C_3^-$ أي أن الترتيب ليس مهما :

مثال **(3)** : $C_3^- = C_3^+ \; C_3^-$

C_3^- في العمود (5) = C_3^+ في الامتداد الأفقي للحد C_3^- حتى الصف الثاني (2) حيث C_3^+ .

مثال**(4)** اوجد العمليات المساوية للعملية $\sigma v'$ ؟

نبحث في الجدول عن $\sigma v'$ نلاحظ أن :

العمود الثالث - الصف الثاني $\sigma v = \sigma v \; C_3^+$

العمود الأول - الصف الثالث $=\sigma v'' C_3^{+}$

العمود الرابع - الصف الرابع $=C_3^{-} \sigma v'$

العمود السادس - الصف الخامس $=E\sigma v'$

العمود الخامس - الصف السادس $=C_3^{+} \sigma v''$

خواص المجموعة :

المجموعة هي قائمة من العناصر مثل :

1- العملية $C_l = g_1, g_2, g_3 \ldots\ldots g_4$ ومرتبطة بقاعدة الربط لذا فالرمز g_i, g_j تعني أن العملية (i) بدأت أولا تعقبها العملية (j) .

2- القائمة (list) تحتوي علي عنصر التطابق الذي يرمز إليه (E) كما $Eg_l = g_1E = g_i$.

3- القائمة التي تحتوي علي التعاكس لكل عنصر من القائمة كما في g_i هي g_1^{-1} بحيث أن $E = g_1\, g_1^{-1}$.

4- قاعدة الربط هي قاعدة مشتركة (جماعية) associate بحيث أن $(g_i g_i) g_k = g_1 (g_i\, g_k)$ وقد تعرضنا له سابقا :

5- أن أي إرتباط لأي عنصرين في القائمة يجب أن يكون الناتج نفسه عنصرا بالقائمة مثل $g_i g_i = g_k$ وتسمي هذه بخصائص المجموعة والعلاقة $g_i g_j = g_j\, g_i$ تعرف بالمجموعة التبادلية Commutation group .

مجموعات نقاط التماثل : Symmetry point group

التطابق والتكافؤ :

علينا أولا توضيح معني عناصر التطابق والتكافؤ :

1- عنصر التماثل: يعرف بأنه العملية الفراغية التي تأخذ الجزئ إلي ترتيب متكافئ.

2- عملية التماثل المتطابق identical symmetry operation تعرف بالعملية التي تأخذ الجزئ إلي وضعه الأصلي .

تحديد نوع المجموعة التي ينتمي إليها الجزئ: لتحديد نوع المجموعة يوجد عـدد معين من عمليات التماثل التي يجب توافرها في الجزئ وهي :

1- معرفة محور الدوران (C_n) , n- عدد الأوضاع التي تـؤدي إلي الشـكل الفراغـي المتكافئ .

2- إذا فرض وجود أكثر من عدد من الأوضاع فيؤخذ المحور الذي له أكثر من وضع وعموما توجد بعض الإستثناءات كما في الشكل الرباعي مثلا الـذي بـه محـور رئيسي واحد .

البحث عن مستويات التماثل في الجزئ وهم :

1- مستوي عمودي علي المحور الرئيسي ويرمز له بالرمز σh

2- مستوي افقي σv

– محاور أخري غير المحور الرئيسي فيرمـز لهـا بـالرمز (n) وهـي التـي تحـدد العملية وتأخذ الرمز (C_n) إن وجدت في الجزئ .

– مستويات التماثل الرأسية التي تنصف الزاوية بين محورين من المحاور (n) ويرمز لها بالرمز σd .

البحث عن مركز التماثل (i) :

يمكن أن يدخل مستوي التماثل الأفقي σh من خلال إرتباطه مـع الـدوران حـول المحور الرئيسي بمعني حدوث عملية دوران يتبعها عملية انعكاس .

كما يجب أن نضع في الإعتبار تتبع عملية التماثل بالرموز فمثلا إذا كان لدينا عنصرـ ينتمي للمجموعة C_4 فان المحور C_4 يأخذ الرمـوز التاليـة فـي حالـة دوران الجـزئ حولـه وهي :

أ-   في حالة دوران $\frac{1}{4}$ تكتب C_4^1 .

ب-   في حالة دوران $\frac{1}{2}$ تكتب C_4^2 (كما في C_2^1 أو C_2) .

ج-   في حالة دوران $\frac{3}{4}$ تكتب C_4^3 .

وبالنسبة للحركة الدورانية والتي يتبعها انعكاس من المستوي σh

أ-   في حالة دوران وانعكاس S_4^1

ب- في حالة دوران نصف وانعكاس S_4^2

ج- في حالة دوران $\frac{3}{4}$ وانعكاس S_4^3

أمثلة :

حدد المجموعة التي ينتمي إليها الايون $[PtCl_4]^2$ وعناصر التماثل المتواجد :

الحل

علينا إتباع الآتي :

1- رسم الايون في الشكل الفراغي له (27) .

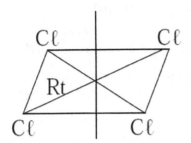

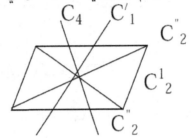

شكل (27)

2- نبحث عن المحور الرئيسي فنجد C_4 (لدوران 90° - لأربع مرات حول المحور $360/90 = 4$) .

3- البحث عن المحاور الاخري الجانبية (الثانوية) نجدها C_2 كما يلي :

أ- محوران يمران بذرات الكلور C_2 .

ب- محوران يمران بجوانب المربعات في المنتصف C_2 وهذان المحوران عمودان مع المحور C_4 الرئيسي .

4- البحث عن مستويات التماثل وهما نوعان :

أ- مستوي افقي وعمودي علي المحور الرئيسي C_4 (σh) .

ب-مستوي رأسي يحتوي محور الدوران الرئيسي- C_4 , σh هذا في عدم وجود محاور جانبية .

5- البحث عن مستويات رأسية أخري :

أ- مستويان رأسيان يحتويان علي المحورين الجانبين اللذان ينصفان الزاوية σh_2 .

ب-مستويان رئيسيان يحتويان علي المحورين اللذان يمران بمنتصف جوانب المربعات σv_2 وعليه نلاحظ أن الايون المذكور يحتوي علي $\sigma h, 2\sigma v, 2\sigma d$.

6- البحث عن مركز التماثل (i)

نلاحظ الدوران يتبعه عملية إنعكاس ويتم بواسطة σh وفي هذه الحالة نلاحظ أن الدوران يأخذ ربع دائرة (90°) ثم يتبعه إنعكاس ليعطي وضع مكافئ أو تركيب مكافئ (equivalent configuration) يعطي العملية Sn حيث n = 4 عند اكتمال الدورة .

ومن الأهمية بمكان تعيين العمليات المحددة التماثلية علي النحو الأتي :

المحور C_4 - يعطي ثلاث حالات :

I- C_4 - ربع دورة .

II- C_4^2 - نصف دورة (C_2^1 أو) C_2 هي نفسها .

III- C_4^3 - ثلاث أرباع الدورة .

كذلك بالنسبة للمحاور S_4 ليعطي :

I- S_4^1 - ربع دورة .

II- S_4^2 - نصف دورة كما سبق .

III- S_4^3 - ثلاث أرباع الدورة .

وبالتالي تحتوي قائمة عمليات التماثل علي النحو التالي :

σv_2
تحتوى على
$2C_2$

σv_2
تحتوى على
$2C_2$

σh

$2\ S_4$
دوران
انعكاس

(i)

$2\ C''_2$
محاور تنصف
الزوايا

$2\ C'_2$
محاور تمر
بمنتصف جوانب
المربعات

C_2

$2\ S_4$
بسبب الدوران
تجاه عقرب
الساعة

E

جدول (1) بعض مجموعات نقاط التماثل الهامة وعناصر تماثلها

رمز المجموعة	عناصر التماثل	رمز المجموعة	عناصر التماثل
C_i	E , i	C_5h	$E,C_3,C^2_{3,}$бh$,S_3,S^5_3$
C_2	$E\ ,\ C_2$	D_2h	$E,C_2(z),C_2(4),C_2(x),I,$ б$_{xy}$
$C_{2\upsilon}$	$E, C_2, \sigma v,$ б$'\upsilon$		б$_{x2}$, б$_{y2}$
$C_{3\upsilon}$	$E, 2C_3, 3\sigma v$	D_5h	$E,2C_{5,}2^2_{5,}\ 5C_2,$ б$_h,2S_5,2S^3_5,5$ б υ
$C_{4\upsilon}$	$E, 2C_4, C_2, 2\sigma v,2$ бd		
$C_{\infty\upsilon}$	$E, 2C_\infty, \infty\sigma v$	D_6h	$E,2C_6,2C_3,C_2,3C'_2,3C''_2,i\ ,2S_{3,}2S_6,$ б$_h$,3бd,3бυ
C_{2h}	E, C_2, i , бh		
T_j	$E, 8C_3, 6C_2,6S_4,6$ б$_d$	D_2d	$E,8C_3,3C_2,6S_4,6$бd
Oh	$E,8C_3,6C_2,6C_4,3C'_2\neq 3C^2_4,6S_4,8S_6,3$бh$,65_d$		

لنأخذ مثال توزيع لمجموعة C_{4v} ونري كم يكون الجدول العام حيث تلاحظ أن الجدول يحتوي علي 64 مجموعة تماثل

C_{4v}	E	C_4^1	C_4^2	C_4^3	σv	$\sigma v'$	σd	$\sigma d'$
E	E	C_4^1	C_4^2	C_4^3	σv	$\sigma v'$	σd	$\sigma d'$
C_4^1	C_4^1	C_4^2	C_4^3	E	σd	σv	σd	σd
C_4^2	C_4^2	C_4^3	E	C_4^1	$\sigma v'$	$\sigma d'$	$\sigma v'$	$\sigma v'$
C_4^3	C_4^3	E	C_4^1	C_4^2	$\sigma d'$	σd	$\sigma v'$	σv
σv	σv	$\sigma d'$	σv	$\sigma v'$	E	C_4^1	C_4^2	C_4^3
$\sigma v'$	$\sigma v'$	σv	$\sigma d'$	σd	C_4^1	E	C_4^3	C_4^2
σd	σd	$\sigma d'$	σd	$\sigma d'$	C_4^2	C_4^3	E	C_4^1
$\sigma d'$	$\sigma d'$	σd	$\sigma v'$	σv	C_4^3	C_4^2	C_4^1	E

لاحظ: لو أتينا بعمل ارتباط العمليات المثالية في جزئ ما نلاحظ أن ناتج أي عمليتين منها يعطي عملية تماثلية تالية في نفس القائمة كما لوحظ في المجموعات C_{2v}, C_{4v}, C_{3v} ، وليس محلية جديدة علي الإطلاق. وبذلك يكون جدول التعددية لأي مجموعة هو الذي يعطي جميع الاحتمالات للترابط بين عنصرين في هذه المجموعة.

كما في حالة جزئ الأمونيا مثلا NH_3 والتي تأخذ الشكل الهرمي Pyramidal والمحدد الرئيسي في هذه المجموعة هو C_3.

1- المحاور يأخذ المحاور الآتية :

- دوران $\frac{1}{3}$ – 120^0 في اتجاه عقرب الساعة وبالتالي C_3^1

- دوران $\frac{2}{3}$ – 240^0 في اتجاه عقرب الساعة وبالتالي C_3^2

لا توجد محاور جانبية :

2- المستويات :

- يوجد مستوي متماثل في المحور الرئيسي σv - رأسي

- لا يوجد مستوي تماثل أفقي σh

7- المجموعات الهامة في التماثل :

المجموعات التي لها تماثل كثيرة ومن أمثلتها :

أ- الجزيئات الثنائية الذرة: $C\infty h, \; C\infty v$

ب- الجزيئات الرباعية الأوجه: Tetrahedral Td

ج- الجزيئات الثمانية المنتظمة الأوجه Qctahedral Oh.

8- الجزيئات التي لها محور تماثلي رئيسي :

أ- Cn- الجزئ الذي يحتوي علي محور تماثل واحد فقط.

ب--$C_n v$ الجزئ الذي يحتوي علي عدد (n) من مستويات التماثلية الرئيسية ($n\sigma v$)

ج- Cnh- الجزئ الذي يحتوي علي مستوي أفقي واحد (σhv) إذا كان الجزئ يحتوي علي محور أو محاور ثانوية (جانبية) فانه ينتمي إلي المجموعة D :

أ- Dn- لا يوجد محور تماثل أفقي σn.

ب- Dnh- يوجد محور تماثل أفقي σh.

ج- Dn- لا يوجد محور تماثل أفقي ولكن يوجد محور تماثل σd

د- S_{2n}- وجود $S_n, \; C_n$ ولا يوجد عناصر تماثل أخري .

هـ- C_2- وجود مستوي تماثل فقط ولا يوجد عناصر تماثل أخري كانت المجموعة C_1 .

9- التحرك الفراغي للجزيئات -لنأخذ مثال (NH_3) :
التغيرات تشبه المعادلات الجبرية (المصفوفات) ولكن في الحقيقة هـي طـرق لكتابـة ما يحدث عندما تجري العمليات التماثلية المتتابعة مثل $E=C^-C^+$.

ولنفـرض أن C_{3v} لجــزئ يحتــوي عــلي مــدارات S مرتبطــة بالــذرة كــالأتي S_C, S_B, S_A انظر الشكل (28).

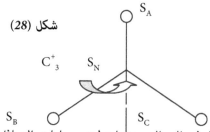

شكل (28)

والآن نتتبع ماذا يحدث لهذه الدوال عندما تطبق عمليات التماثل علي الجزئ :
تأثير عملية التماثل σv علي المدارات S^1

$$S_N, S_A, S_C, S_B \leftarrow S_N, S_A, S_B, S_C$$

هذا التغير يمكن التعبير عنه بالمصفوفة $D_{(\sigma v)}$.

$$\begin{vmatrix} 1 & 0 & 0 & 0 \\ 0 & 1 & 0 & 0 \\ 0 & 0 & 0 & 1 \\ 0 & 0 & 1 & 0 \end{vmatrix} S_N, S_A, S_C, S_B \rightarrow S_N, S_A, S_B, S_C$$

أي أن المدارات قبل الانتقال × المصفوف = المصفوفة لإحداث الانتقال .
المدارات بعد الانتقال :

هذه المصفوفة يرمز لها بالرمز $D_{(\sigma v)}$ وتسمي مثـل هـذه العمليـة σv وبـنفس الطريقة عمل مصفوفات تمثل العملية التماثلية .

فمثلا عملية C_3^- يكون لها التأثير التالي علي المدارات S كما يلي :

$$\begin{vmatrix} 1 & 0 & 0 & 0 \\ 0 & 0 & 1 & 0 \\ 0 & 0 & 0 & 1 \\ 0 & 1 & 0 & 0 \end{vmatrix} S_N , S_A , S_B , S_C \rightarrow S_N , S_C , S_A , S_B$$

وكذلك العملية C_3^+ التي تعيد العملية إلي حالتها الأولي بعد التغير في C_3^- :

$$\begin{vmatrix} 1 & 0 & 0 & 0 \\ 0 & 0 & 0 & 0 \\ 0 & 1 & 0 & 1 \\ 0 & 0 & 1 & 0 \end{vmatrix} S_N , S_A , S_B , S_C \rightarrow S_N , S_B , S_C , S_A$$

ويرمز لهذه العملية بالمصفوفة DC_3^+ ، لذلك نكتب المصفوفة هكذا :

$$D(E) = \begin{vmatrix} 1 & 0 & 0 & 0 \\ 0 & 1 & 0 & 0 \\ 0 & 0 & 1 & 0 \\ 0 & 0 & 0 & 1 \end{vmatrix}$$

والخاصية المهمة لتلك المصفوفات يمكن حدوثها وذلك باستخدام قواعد خاصة بضرب تلك المصفوفات (جبرية) لحساب $D(\sigma v) \times D(C_3^+)$.

مثلاً :

$$D(\sigma v) \times D(C_3^+) = \begin{vmatrix} 1 & 0 & 0 & 0 \\ 0 & 1 & 0 & 0 \\ 0 & 0 & 0 & 1 \\ 0 & 0 & 1 & 0 \end{vmatrix} \begin{vmatrix} 1 & 0 & 0 & 0 \\ 0 & 0 & 1 & 0 \\ 0 & 0 & 0 & 1 \\ 0 & 1 & 0 & 0 \end{vmatrix}$$

أي أن : $\sigma v' = \sigma v\, C_3^+$

خواص عمليات التماثل :

- عملية دوران C_3^-, C_3^+ للمجموعة C_{3v} لها نفس الخواص ويختلفا فقط في الاتجاه .
- الثلاث انعكاسات لهم نفس الخواص ويختلفا في الدوران .
- وباستخدام المدارات S في الجزئ المنتمي للمجموعة C_{3v} يمكن لنا معالجة تلك الملاحظات بعمل الآتي :

تجمع العناصر القطرية Diagonal في كل مصفوفة لنحصل علي :

X =	$D(E)$	DC_3^+	DC_3^-	$D\sigma v$	$D\sigma v'$	$D\sigma v''$
(ch-i)	4	1	1	2	2	2

- المصفوفة الممثلة للعمليات من نفس النوع تتميز بتساوي مجموع العناصر القطرية وهذه خاصية هامة .
- سوف نطلق علي مجموع العناصر القطرية الخاصة بالمصفوفة المرتبطة بعملية تماثل واحدة " خواص العملية ويرمز لها بالرمز (X) .

وعمليات التماثل التي لها نفس الخواص نقول إن لها نفس التصنيف .

9-التمثيل غير المختزل :

المدار المركزي S_N يختلف عن المدارات الثلاثة الاخري S_A, S_B, S_C وبذلك يمكن اختزال المصفوفات 4X4 إلي الحالة التالية:

(4) اتجاهات   اتجاه واحد   3 اتجاهات

$$(S_N, S_A, S_B, S_C)D^4 = D^1(S_N) + D^3(S_A, S_B, S_C)$$

وبذلك يكون تمثيل المصفوفات ذات 3 اتجاهات للعملية C_3 كالأتي :

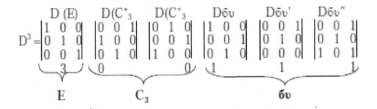

$$D^3 = \underbrace{\underbrace{\overset{D(E)}{\begin{vmatrix}1&0&0\\0&1&0\\0&0&1\end{vmatrix}}}_{3}}_{E}\;\underbrace{\underbrace{\overset{D(C^{+}_{3}}{\begin{vmatrix}0&0&1\\1&0&0\\0&1&0\end{vmatrix}}}_{0}\;\underbrace{\overset{D(C^{+}_{3}}{\begin{vmatrix}0&1&0\\0&0&1\\1&0&0\end{vmatrix}}}_{0}}_{C_3}\;\underbrace{\underbrace{\overset{D\sigma\upsilon}{\begin{vmatrix}1&0&0\\0&0&1\\0&1&0\end{vmatrix}}}_{1}\;\underbrace{\overset{D\sigma\upsilon'}{\begin{vmatrix}0&0&1\\0&1&0\\0&0&0\end{vmatrix}}}_{1}\;\underbrace{\overset{D\sigma\upsilon''}{\begin{vmatrix}0&0&1\\0&1&0\\1&0&1\end{vmatrix}}}_{1}}_{\sigma\upsilon}$$

ملاحظة مهمة: عملية الاختزال للمصفوفات مطلوبة للوصول بالحسابات إلي ابسط صورة لها فالمصفوفات D^3 يمكن اختزالها إلي مصفوفات $D^1 = 1\times 1$ $D^2 = 2\times 2,$. لإمكانية حل المدارات S_C , S_A, S_B إلي ثلاث حالات ولكل حالة لها علاقة خاصة كما يلي:

$$S_1 = S_A + S_B + S_C$$
$$S_2 = 2S_A - S_B + S_C$$
$$S_3 = S_B - S_C$$

والأشكال التالية يبين حالات الانتقالات: شكل (29)

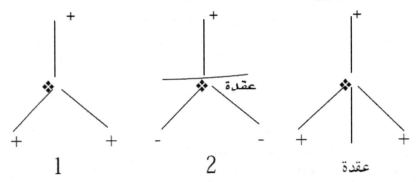

شكل (29)

ثلاثة نماذج لتماثلات مختلفة توضح العلاقات الخطية للمدارات المذكورة ويلاحظ ما يلي :

- وجود عقدة في الارتباط الثاني والثالث لذا فان لهما تماثل مختلف عن الأول .
- بناءا علي ذلك يمكننا وضع المصفوفات 3×3 إلي الوضع التالي $D^3 = D^1 + D^2$.

D^2- هي مصفوفة من 2×2 علي النحو التالي $\begin{vmatrix} 2 & 2 \\ 2 & 2 \end{vmatrix}$

وأما D^1- هي مصفوفة من $(1)\times(1)$ $[X]$

ويمكن اختصار المصفوفة D^2 علي النحو التالي :

$$D^2 = \begin{vmatrix} 1 & 0 \\ 0 & 1 \end{vmatrix} \begin{vmatrix} -1/2 & -1/2 \\ 3/2 & -1/2 \end{vmatrix} \begin{vmatrix} 1 & 0 \\ 0 & -1 \end{vmatrix} \begin{vmatrix} -1/2 & 1/2 \\ -3/2 & 1/2 \end{vmatrix} \begin{vmatrix} -1/2 & -1/2 \\ -1/2 & 1/2 \end{vmatrix}$$

$$DE \quad DC^{+} \quad D\sigma v \quad D\sigma v' \quad D\sigma v''$$

$$X \quad 1 \quad -1 \quad 0 \quad 0 \quad 0$$

وأخيرا المصفوفة D^1, D^2 لا يمكن إختزالها لذا يطلق عليها مصفوفات جامدة .

وعموما يمكن وضع قائمة خواص محتملة للمجموعة C_{3v} والتي يمكن تمثيلها كما يلي :

C_{3v}	E	$2C_3$	$3\sigma_v$
A_1	1	1	1
A_1	1	1	-1
E	2	-1	0

لاحظ العدد $(2)\leftarrow(2C_3)$ يدل علي وجود اثنين من C_3 لمحور دوران في المجموعة ومن الجدول يمكن توضيح بعض الحيثيات :

- الأعمدة ذات الأرقام الثلاثة توضح عمليات التماثل $3\sigma_v$ ، $2C_3, E$ والأعمدة تشير إلي تصنيف العملية .
- الحروف علي أقصي اليسار هي أسماء العمليات غير المختزلة D^1- تمثيل أحادي الإتجاه ويمثل الحرف A وأما A_2, A_1 - يمثلان لإثنين من المصفوفات أحادي الاتجاه .
- المصفوف ثنائي الإتجاه غير المختزل يمثله (E) ولنا أن يتبادر إلي وجود رمز آخر وهو E- الممثل في التطابق لذا يجب أن نفرق بينه وبين السابق .

ومن الاستنتاجات الهامة لنظرية المجموعات العلاقة الآتية :

عدد التمثيل غير المختزل = عدد الأنظمة

في المجموعة C_{3v} بها ثلاث تنظيمات وثلاثة تمثيلات غير مختزلة وهي $E, A_2, 2_1$.

10- انتقال أساس أخر :

لاحظ أن S_1, S_N يختلفان عن S_3, S_2 وبدلا من استخدام تلك الرموز سوف نستخدم المحاور الكارتيزية (X, Y, Z) بحيث تكون الذرة عند نقطة التلاقي. شكل (30) .

تأثير $\sigma v-$ عملية التماثل الانعكاس علي المحاور C_{3v} في اتجاه عقرب الساعة .

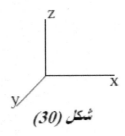

شكل (30)

$$Z, \ \ Y, \ -X \leftarrow Z, \ \ Y, \ X$$

ولكي تتساوي الحالتين ادخل المصفوفة كالتالي :

$$-X, \ \ Y, \ Z = X, \ \ Y, \ Z \begin{vmatrix} -1 & 0 & 0 \\ 0 & 1 & 0 \\ 0 & 0 & 1 \end{vmatrix}$$

الدوران حول المحور C_3^+:

ولنفترض أن الدوران حول المحور C_3^+ (في عكس اتجاه عقرب الساعة) 120° فانه يحدث للمحاور التأثيرات التالية :

$$X \rightarrow \frac{1}{2}X + \frac{1}{2}\sqrt{3}\,y$$

$$Y \rightarrow -(\frac{1}{2}\sqrt{3}) - \frac{1}{2}\,y$$

$$Z \rightarrow Z \; \text{(بدون تغيير)}$$

لنحصل علي العلاقات التالية :

$$X \rightarrow (\tfrac{1}{2}X + \tfrac{1}{2}\sqrt{3})(-\tfrac{1}{2}\sqrt{3}X - \tfrac{1}{2}Y)Z, X, Y, Z \quad \begin{vmatrix} -\dfrac{1}{2} & -\dfrac{1}{2}\sqrt{5} & 0 \\[2mm] \dfrac{1}{2}\sqrt{3} & -\dfrac{1}{2} & 0 \\[2mm] 0 & 0 & 1 \end{vmatrix}$$

$$-\tfrac{1}{2}\sqrt{3}X - \tfrac{1}{2}Y . Z = X, Y, Z$$

انظر الشكل (31) التالي الذي يوضح بالرسم هذه الانتقالات بتأثير σv C_3^1 :

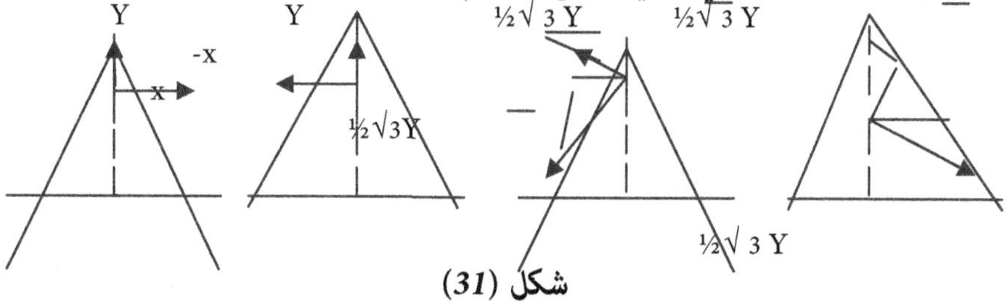

شكل (31)

وباستنتاج كل عمليات التماثل للجزئ $C_3\,v$ بنفس الطريقة نحصـل عـلي الخـواص في ثلاث اتجاهات واتجاهين لتمثيل الجزئ بالمصفوفات وهي :

	DE	DC_3^+	DC_3^-	$D\sigma v$	$D\sigma v'$	$D\sigma v''$
X=	3	0	0	1	1	1
3 اتجاهات						
X=	2	-1	-1	0	0	0
اتجاهين		C_3	تصنيف	σv		تصنيف

وباستخدام التصنيف فان Class (الفصل)

X=	2	-1	0

وبمقارنة الخواص تلك بالخواص في جدول الخواص، نجدها هي نفسها للتطابق E (لاحظ E تستخدم في الصفوف 2×2 بينما A_1 , A_2 يستخدم فيها المصفوف (1×1)

.

يتضح أن X_{1Y} أن الأساس للتمثيل غير المختزل E ، المحور Z يبقي بدون تأثير .

مثال : اوجد كم من المحاور x, y, z تنتقل في المجموعة C_2v خواص تلك المجموعة ؟

الحل

- نضع عناصر التماثل للمجموعة 2v وهي :
- المجموعة C_2v لها عناصر التماثل التالية $E, C_3, \sigma v, \sigma v'$.
- نبحث عن تأثير كل عملية من هذه العمليات علي المحاور الثلاثة.
- ونمثل حالات التغير باستخدام المصفوفات لكل حالة .
- تحديد الخواص وذلك بمجموع الأرقام في المصفوفة من المحور الذي يمر من اليسار لليمين .

العملية $E, X, Y, Z \rightarrow X, Y, Z$

العملية $C_2, X, Y, Z \rightarrow -X, -Y, Z$

العملية $\sigma v, X, Y, Z \rightarrow -X, -Y, Z$

العملية $\overset{r}{\sigma v}, X, Y, Z \rightarrow X, -Y, Z$

تمثيل المصفوفات :

$$X,Y,Z\begin{vmatrix}1&0&0\\0&1&0\\0&0&1\end{vmatrix} X,Y,Z\begin{vmatrix}-1&0&0\\0&-1&0\\0&0&1\end{vmatrix} \begin{vmatrix}-1&0&0\\0&1&0\\0&0&1\end{vmatrix} \begin{vmatrix}1&0&0\\0&-1&0\\0&0&1\end{vmatrix}$$

$\leftarrow$ تدل علي الإختزال من 3×3 إلي 2×2

ملاحظات علي كتابة المصفوفة:

- المصفوفة في (E) يجب أن يكون محورة من اليسار ويحتوي علي1 والباقي أصفار .
- المصفوفات الاخري التالية ما هي إلا تغيير للإشارات في حالة E تبعا لتغيير إشارة المحور. فمثلا C_2 غيرت $x \leftarrow -x, y \leftarrow -y$ فتم وضع الإشارات بالسالب في المصفوفة الخاصة بالحد C_2 .

تحديد الخواص :

	E	C_2	σv	$\sigma v'$
X=	3	-1	1	1
3 اتجاهات				
2 اتجاه	2	-2	0	0

وبالتالي يمكن أن نخلص علي خواص المواد الأصلية Z,Y,X بجمع الأرقام في الصف الأفقي نحصل علي خواص X وفي الصف الأفقي الثاني نحصل علي خواص y ونجمع الأرقام في الصف الأفقي الثالث لنحصل علي Z وهي :

x =	1	-1	-1	1
y=	1	-1	1	-1
z =	1	1	1	1

يلاحظ من المصفوفة أن المصفوفة كلها (1×1) وبذلك تكون الأعداد هي الخواص نفسها لهذه المجموعة. ولذلك فان التمثيل غير المختزل للمحاور z, y, x يعبر عنه بالرموز B_2, B_1, A_1.

ولماذا لم تستخدم E في التعبير عن أي من المحاور z, y, x الإجابة: لأن E تعبر عن علاقة بها مصفوفه 2×2 وهو لا يوجد في الحالة $C_2 v$.

مثال: اوجد الخواص x للمجموعة $C_3 v$ إذا كانت عناصر عمليات التماثل الآتية: $E, 2C_2, 3\sigma v$ ثم اوجد خواص مجموعة عملية الاختزال من 3×3 إلي 2×2.

نكتب عناصر التماثل في المجموعة $C_3 v$ وهي $E, C_3^+, C_3^-, \sigma v, \sigma v', \sigma v''$:

$$DE = \begin{vmatrix} 1 & 0 & 0 \\ 0 & 1 & 0 \\ 0 & 0 & 1 \end{vmatrix} \quad DC_3^+ = \begin{vmatrix} -\frac{1}{2} & -\frac{1}{2}\sqrt{3} & 0 \\ +\frac{1}{2} & -\frac{1}{2} & 0 \\ 0 & 0 & 1 \end{vmatrix} \quad DC_3^- = \begin{vmatrix} -\frac{1}{2} & \frac{1}{2}\sqrt{3} & 0 \\ -\frac{1}{2}\sqrt{3} & -\frac{1}{2} & 0 \\ 0 & 0 & 1 \end{vmatrix}$$

تمثل حالات التغير باستخدام المصفوفات :

المصفوفات موجودة في المثال :

$$D(\sigma v) = \begin{vmatrix} -1 & 0 & 0 \\ 0 & 1 & 0 \\ 0 & 0 & 1 \end{vmatrix} \quad D(\sigma v') = \begin{vmatrix} \frac{1}{2} & -\frac{1}{2}\sqrt{3} & 0 \\ -\frac{1}{2}\sqrt{3} & -\frac{1}{2} & 0 \\ 0 & 0 & 1 \end{vmatrix} \quad D(\sigma v'') = \begin{vmatrix} \frac{1}{2} & \frac{1}{2}\sqrt{3} & 0 \\ \frac{1}{2}\sqrt{3} & -\frac{1}{2} & 0 \\ 0 & 0 & 1 \end{vmatrix}$$

نحدد خواص كل حالة بجمع كل حالة، بجمع الأعداد في محور كل مصفوفه من اليسار لليمين :

D(E)	$D(C^+_3$	$D(C^-_3$	D(σ υ)	D(σ υ)	D(σ υ)
X = 3	0	0	1	1	1
	تصنيف واحد			تصنيف واحد	

تختزل هذه المصفوفة إلي مصفوفات 2×2 بحذف العمود الأخير والصف الأخير في كل مصفوف وتوجد الخواص في المصفوفات غير المختزلة.

$$x_2 = \begin{vmatrix}1 & 0\\0 & 1\end{vmatrix} \begin{vmatrix}-\frac{1}{2} & -\frac{1}{2}\sqrt{3}\\ \frac{1}{2}\sqrt{3} & -\frac{1}{2}\end{vmatrix} \begin{vmatrix}-\frac{1}{2} & \frac{1}{2}\sqrt{3}\\ -\frac{1}{2}\sqrt{3} & -\frac{1}{2}\end{vmatrix} \begin{vmatrix}-1 & 0\\0 & 1\end{vmatrix} \begin{vmatrix}-\frac{1}{2} & \frac{1}{2}\sqrt{3}\\ -\frac{1}{2}\sqrt{3} & -\frac{1}{2}\end{vmatrix} \begin{vmatrix}\frac{1}{2} & \frac{1}{2}\sqrt{3}\\ -\frac{1}{2}\sqrt{3} & -\frac{1}{2}\end{vmatrix}$$

$$D(E) \quad D(C_3^+) \quad D(C_3^-) \quad D(\sigma v) \quad D(\sigma v') \quad D(\sigma v'')$$

$$x=2 \quad -1 \quad -1 \quad 0 \quad 0 \quad 0$$

وبتصنيفها نحصل علي الخواص : X=2-1-1

وهي تمثل عملية التطابق E حيث المصفوفات 2×2 .

جدول خواص المجموعة الكاملة :

جدول خواص المجموعة الكاملة C_3v:

- التمثيل غير مختزل والمعبر عنه بالمحاور z, y, x في غاية الأهمية لأنه يحتوي علي قائمة جداول الخواص .
- وبنفس الطريقة يمكن استخدامها علي دوال أخري x^2, xz, z^2 وملاحظة إنتقالها وتكتب في جدول الخواص أيضا .
- لذا فان الجدول الكامل للمجموعة C_3v نراه في الجدول التالي:

C_{3v}	E	$2C_2$	$3\sigma v$		
A_1	1	1	1	z_1	$x^2+y^2+z^2, 2z^2-x^2-y^2$
A_2	1	1	−1		
E	2	1	0	(x, y) (xz, yz)	(xy, x^2-y^2)

يلاحظ من الجدول وجود رموز جديدة مثل R_x, R_y, R_z وهذه الرموز ترمز إلي الدوران وتبين كم من الانتقالات التي أجريت بعمليات التماثل للمجموعة .

مثال: انظر الشكل (33) التالي نلاحظ أن R_Z هي الحركة الدورانية حول المحور z :

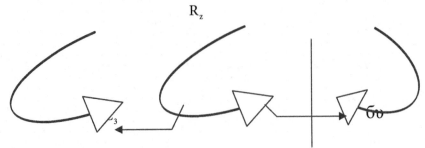

R_z

Transformation of rotation in $C_{3\upsilon}$ molecules .

شكل (37)

والدوران حول المحور (z) بمصفوف غير مختزل (x). يلاحظ أن الدوران حول المحور z في اتجاهين (مع وعكس عقرب الساعة) .

وهذا الدوران يعطي الجزئ فرصة للانتقال من $Rz \leftarrow Rz$. وهذا يعني أن $Rz = Rz1$ وتكون الخاصة $x(C_3) = 1$.

أما الانعكاس بالعملية σv فإنها تعكس الدوران وفي هذه الحالة تنتقل Rz إلي Rz وهذا يعني أن Rz إلي Rz- وتكتب $-R = R(-1)$ وكذلك الرقم (1-). وخواص الجزئ حول المحور (Z) يمثل بالصفوف غير مختزله بالرمز Az في جدول الخواص .

استخدام جدوال الخواص الكامل :

ما نطلبه في الكيمياء هو الخواص المحسوبة من محاور المصفوفات الممثلة للمجموعة. وكذلك فان جدول الخواص يجعلنا نقول أن التكامل هو صفر بدون الدخول في حساب التكامل بالتفصيل. وهذا يجعلنا نوفر الكثير من الوقت ويعطينا فهم كيفي عن خواص الجزيئات .

التكاملات المتلاشية واللامتلاشية :

Vanishing and nonvanishing integral

لنفترض التكامل التالي : $I = \int f_1(r) f_2(r) dr$

حيث f_1 ,f_2 احدي المدارات في مدارات المختلفة في الذرة. ولا يحدث تداخل بين المدارين وفي هذه الحالة فان التكامل I يعبر عن مدي التداخل بينهما حيث (I) هو "مقدار التداخل" overlap integral ومن

الأهمية معرفة ما إذا كان S=0 أو أن له قيمة مقدرة فإذا كانت S=0 فإننا نفهـم أن المدارات الذرية f_2, f_1 لا حدوث تداخل لتساهم في عملية الربط في الجـزئي. ومـن خـلال نظرية المجموعات يمكن القول بان I لا تتغير بـأي عمليـة تماثـل للجـزئ أي أن $I \leftarrow I$ لكل عملية تماثل .

ولنفـترض أن f_1 تنتمـي إلي قاعـدة التمثيـل D_1 في f_2 تنتمـي إلي قاعـدة التمثيـل D_2 .والآن كيف تحدد إذا ناتج حاصل الضرب بين f_2, f_1 ينتميان إلي قاعدة التمثيـل A_1 فـان التكامل (I) من الممكن أن يقدر بقيمة وإذا حـدث عـدم الانـتماء إلي A_1 .فانـه في هـذه الحالة I=0 وتتلاشي لان I هي احدي مكونات A_1 .

تداخل المدارات في جزئ الامونيا NH_3 :

وطريقة تعيين قاعدة التمثيل غير المختزل التي تنتمي إليها حاصل f_2, f_1 عـلي النحـو التالي :

- حدد قاعدة التمثيل غير المختزل لكـل مـن f_2, f_1 ثـم نكتبهـا في صـفين بترتيـب العمليات .
- اكتـب القيـم المميـزة المقابلـة لحاصـل ضرب f_2, f_1 وذلـك بضرب السـطرين (المحددين في 2) في بعضها البعض .
- نجعل f_1 - المدار S، S_N في جزئ $_{NH}3$ ، f_2 هي الترابط S_3 كما في الشكل(34) .

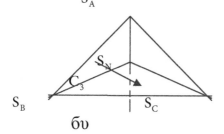

شكل (34)

في المجموعة C_3v الأولي f_1 بالحد A_1 والثانية f_2 من مكونات E لذا فانه من خواص C_3v أي أن :

f_1: 1 1 1

f_2: 2 -1 0

بضرب الأرقام في كل عمود $1 \times 2 = 2$, $-1 = 1 \times -1$, $1 = 1 \times 1$ $\times 1$ صفر = صفر ، وبترتيب حاصل الضرب في نفس الترتيب :

$f_2 f_1$:2 -1 0

افحص حاصل الضرب كما يلي :

إذا كان المجموع لا يحتوي علي A كما ذكرنا سابقا فالتكامل يساوي صفر وهذا هو التلاشي في المجموعة C_3v : نأخذ الشكل التالي :

$$C_1 \times (A_1) + C_2 \times (A_2) + C_3 \times (A_3)$$

وإذا كان صفر = C_1 فان التكامل يساوي صفر وفي المثال الذي نحن بصدده الخواص هي 0 ,1- ,2 وهي للرمز E فقط. وبالتالي فان C = صفر والتكامل سيكون بصفر أيضا .

وبفحص الشكل السابق لتلك الدوال يوضح لماذا اخذ هذا الشكل هكذا فإننا نقول حيث أن (S_3) لها عقدة تمر خلال المدار S_N وإذا كانت F_2 هي الرابط S_1 ,f_1 احدي مكونات S_N وكما أن A_1 لها الخواص المجموعة 1 ,1 ,1 والناتج هو 1 ,1 ,1 فعلي ذلك S, S_N حدث التداخل لا يختفي ولا يتلاشي. وتسفر النتيجة في تحديد وضع المدارات في جداول الخواص بفرض اختفاء التكامل ليعطي الخواص الفيزيائية المطلوبة للمدارات. وهذا يحدث بأن نجعل هذا التكامل لا يتغير بتغير في عناصر تماثل الجزئ وذلك لحصول Al في جداول الخواص حيث أن f_3, f_2, f_1 يجب أن تحتوي قيم Al . في الجزيئات التي تنتمي إليها مجموعة التماثل Td هي يتلاشي التكامل الذي له الصورة $S = \int d_X{}^2 \times d_y{}^2 d\tau$ في الجزئ رباعي الأوجه .

الحل

نعود إلي خواص Td في الجدول :

نستخلص الخـواص التـي تعطـي بواسـطة $d\tau$ $d_y^2\times$ d_X^2 تكـون xd_{Xy} ثـم

($d_X^2\times d_{yZ}$) ونلاحظ أما إذا كان $d_X^2\times dx_{yz}$ تحتوي علي A_1 .

من الجدول نلاحظ أن :

x,d_{Xy} من مكونات .

ومن الجدول d_{X^2} من مكونات E الذي يميز العلاقة .

***

الباب الرابع عشر
الطرق التقريبية لحساب المدارات الجزيئية

نظرية هيكل وتطبيقاتها علي بعض الجزيئات الثنائية الأربطة:

تمكن هيكل تطبيق نظرية التعبير والجمع في المركبات الهيدروكربونية ذات الروابط المتزاوجة. مثل تلك المركبات العضوية تحتوي علي رابطة من نوع σ والاخري من نوع π وتتأتي من المدار (P) الخارجي لذرة الكربون لتكون (σ - سيجما) وهذه غير نشطة وفعالة وأما المستوي (π - Pi – نشطة) وعموما لا تتكون مثل تلك الرابطة إلا بين ذرتي كربون وابسط الجزيئات واقلهم لابد من وجود ذرتين من الكربون وهو جزئ الايثيلين ليأخذ هذا الشكل :

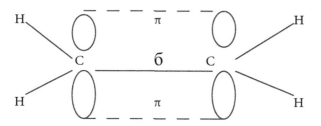

وقد تمكن هيكل من تلك الخاصية بأنه يمكن دراسة كل رباط منفصل عن الآخر .

وبالتالي يمكن كتابة الدوال التي ترمز عن المدار الخارجي P في ذرة الكربون علي النحو التالي :

$$\psi_{\pi} = \sum_{i=1}^{n} a_i \phi_i . P_z \qquad (14\text{- }1)$$

كذلك يمكن حساب الطاقة الكلية لالكترونات π في الجزئ باستخدام فرضية من فروض الكم علي النحو التالي :

$$E = \frac{\int \psi_\pi \left| \hat{H} \right| \psi_{dt}}{\int \psi_\pi^r \, \psi_\pi \, d\tau} \qquad (14-2)$$

لتعطي قيمة تقريبية لصورة من صور الطاقة للمدار مع استخدام التكامل وشرطي التعامد والمعايرة .

ولقد سبق وان تعرضنا مسبقا لمثل تلك المعادلة سواء باستخدام معادلة تجريدية لنصل إلي تلك النتيجة وهي :

$$\begin{vmatrix} H_{11} - E & H_{12} - ES_{12} \\ H_{12} - ES_{11} & H_{22} - E_{22} \end{vmatrix} \qquad (14-3)$$

وقد طبقنا قاعدة باولي مسبقا علي مثل هذا النظام الذي يتكون من إلكترونين والحل لهذه المصفوفة التي تعطي عدد N من الجذور. كل يعبر عن طاقة لأحد المدارات (N) الجزيئية فانه يمكن استخدام محددة سلاتر .

تطبيق نظرية هيكل علي جزئ الايثيلين :

سبق وأن رسمنا جزئ الايثيلين وعليه فان المصفوفة تحتوي فقط علي مصفوفة من اثنين .

وباستخدام المعادلة السابقة وبأخذ عدة اختصارات وتدخل عدة ثوابت (α) والمعروف بثابت كولومب. وسوف نفترض أن H_{11} مساويا H_{12} مساويا (α),(α)- عبارة عن الطاقة الالكترونية ولسوف يتم أخذ ثابت أخر وليكن (a) ونفترض أيضا أن S_{22} S_{11}=   =1

وأما S_{11}= S_{22} = صفر.

وهو ما يحققه شرطي المعايرة والتعامد والاستبدال نصل إلي المصفوفة علي النحو التالي :

$$\begin{vmatrix} \alpha - a & B \\ B & \alpha - a \end{vmatrix} = 0 \qquad (14-4)$$

وبالقسمة علي (a) نحصل علي مصفوفة لنأخذ بعد ذلك المصفوفة وباختصار آخر

علي ما يلي $X=\dfrac{\alpha - a}{B}$ لتصبح :

$$\begin{vmatrix} X & 1 \\ 1 & X \end{vmatrix}=0 \qquad (14\text{- }5)$$

وبضرب الطرفين في الوسطية لأي مصفوفة نصل :

$$X^2 - 1=0 \qquad (14\text{- }6)$$

لتكون المعادلة :

$$X^2 = 1$$

أي أن :

$$X^2 =\pm 1$$

وبالتعويض عن قيمة X في الاختصار :

$$\frac{\alpha - a_1}{B}=-1 \qquad \& \qquad \beta=\alpha-a_1 \quad or \quad a_1=\alpha+\beta$$

ومن ناحية أخري :

$$\frac{\alpha - a_2}{B}=-1 \qquad \& \qquad a_2=\alpha-\beta \qquad (14\text{- }7)$$

وبالتالي نحصل علي طاقتين وهما (a_2, a_1).

ونجد أن زوج الالتكرون في الحالة الاستقرارية يلزم مستوي الطاقة (a_1) ومن المعلوم بان الايثلين مرتبط بوجود رابطة أخري وهي (π) وبالتالي يكون رسم مخطط مستويات الطاقة علي الشكل التالي شكل (1-14) .

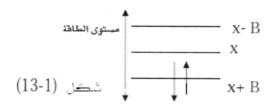

مستوى الطاقة
x- B
x
x+ B

شكل (13-1)

يلاحظ من الشكل أن زوج الإلكترون يشغل المدار الأكثر ثباتا. بناءا أيضا عن الغزل لباولي ($\uparrow\downarrow$) وبما أن الجزئ أكثر ثباتا في حالة وجود الربط بين الذرتين. وهو ما يعرف بالمدار الرابط Bonding molecular orbital (BMO) . وبالتالي في مثل هذه الحالة فان الطاقة علي النحو :

$$E=2(\alpha+\beta)=2\alpha+2\beta \qquad (14\text{- }8)$$

وحيث أن طاقة الإلكترون في المدار الأول من (P_z) وذرة كربون α بفرض أن الجزئ في الحالة الأرضية ولا يوجد تأثير متبادل عليه أو واقع في مجال كهرومغناطيسي. وبالتالي فان الطاقة الكلية للالكترونات المنعزلة هي $2a$ أي أن مجموع الطاقة اللازم للرباط هو :

$$E_{b\pi}=(2\alpha+2\beta)-2\alpha=2\beta$$

$$binding\pi \quad energy \qquad (14\text{- }9)$$

لنأخذ مثالا أخر لثلاث ذرات كربون وهو نظام لالكيل ويكون التركيب علي النحو التالي :

$$CH_2=CH-CH_3 \;\&\; CH_3-CH=CH_2$$

وعموما الثلاث ذرات كربون كل منهم مشارك في المدار $2P_Z$ وبالتالي فان الدالة الذاتية لهذا النظام تأخذ مجموع مدارات P_2 والتي يمكن كتابتها علي النحو التالي :

$$\psi=\alpha_1\phi_1+\alpha_2\phi_2+\alpha_3\phi_3+\ldots\ldots.. \qquad (14\text{- }10)$$

وهنا تكون المصفوفة من الدرجة الثالثة. علي هذا النحو بعد اخذ الاختصارات والوصول إلي النتيجة للمصفوفة البسيطة:

$$\begin{vmatrix} \alpha-a & B & 0 \\ B & \alpha-a & B \\ 0 & B & \alpha-a \end{vmatrix}=0 \qquad (14\text{- }11)$$

وبقسمة الحدود علي B نحصل علي $\frac{\alpha - a}{\beta}$ ولنرمز لها بالرمز X مثلما سبق في حالة الايثيلين ولتأخذ المصفوفة الاختصار التالي:

$$\begin{vmatrix} X & 1 & 0 \\ 1 & X & 1 \\ 0 & 1 & X \end{vmatrix} = 0 \qquad (14\text{- }12)$$

ومفكوك هذه المصفوفة نحصل علي:

$$X^3 - 2X = 0 \qquad (14\text{- }13)$$

لتعطي القيم الثلاث عن قيمة (X) والمعبر عنها بالجذور الثلاث:

$$X = \pm\sqrt{2} \qquad , \qquad X = 0 \qquad (14\text{- }14)$$

أي أن :

$-a_5,\ a_2,\ a_1$ قيم ذاتية الطاقة وبالتعويض :

$$a_1 = \alpha + \sqrt{2B} \qquad , \qquad X = -\sqrt{2}$$

$$a_1 = 0 \qquad , \qquad X = 0 \qquad (14\text{- }15)$$

$$a_3 = X - \sqrt{2B} \qquad , \qquad X = +\sqrt{2}$$

وتكون الطاقة بعد مفكوك الجذور :

$$a_1 = \alpha + 1.414B$$

$$a_1 = \alpha \qquad (14\text{- }16)$$

$$a_2 = \alpha - 1.414B$$

نجد أن الإلكترونين في الأيون الموجب للاليل واقعان في المدار الجزيئـي Ψ- للطاقـة الكلية علي هذا النحو (الايون الموجب – $C_3H_5^+$)

$$\therefore E_{C_3H_5^+} = 2a_1 = 2\alpha + 2\times 1.414\,B \qquad (14\text{- }17)$$

لنلاحظ أيضا أن طاقة الكـاتيون تختلـف عـن طاقـة الجـذر والانيـون: وبالتـالي فـان $a_2 = \alpha$ في المعادلة حيث أن الإلكترون الإضافي يشغل فلك

جزيئي لارابط وعليه فان طاقة الربط هي 2.85B. وعموما الطاقات الثلاثة يمكن تمثيلها علي الآتي :

$$\therefore E_{C_3H_5^+} = 2a_1 + \alpha_2 \qquad (14\text{-}19)$$

$$E_{C_3H_5^+} = 2a_1 + 2\alpha_2 = 2(\alpha + \sqrt{2B}) + \alpha$$

$$= 3\alpha + 2\sqrt{2}B = 3\alpha + 2.828B \qquad (14\text{-}20)$$

$$E_{C_3H_5^-} = 2a_1 + 2\alpha_2 = 2(\alpha + \sqrt{2B}) + 2\alpha$$

$$= 2a + 2\sqrt{2}B = 4\alpha + 2.828B \qquad (14\text{-}21)$$

ويمكن تمثيل مواضع الالكترونات في الحالات الثلاث كما يلي :

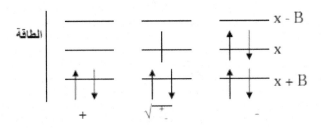

شكل (2)

وتكون الطاقة الربط لكل إلكترون علي النحو التالي :

وهي عبارة. $E_{\Pi b}$ لكل إلكترون. ففي حالة الكانيون (+) علي النحو :

$$BEPE^+ = 1.415\,B \qquad (2)$$

$$BEPE^\theta = 0.943\,B \qquad (3) \qquad (14\text{-}22)$$

$$BEPE^- = 0.704\,B \qquad (4)$$

ولكي نقدم بإيجاد طاقة الرباط (BE) فانه يلزم رسم التركيبة لجزئ الأليل. وكما ذكرت في البدء توجد حالة عدم تغير بين ذرات الكربون الثلاث بما يشبه تركيبة رنين structure resonance علي النحو :

$$C=C-C^+ \longrightarrow \overset{+}{C}-C=C$$

أو يمكن الأخذ : $^{+\xi}C-C-C^{+\xi}$

وبفرض أن الطاقة علي موقع معين وإنها تعبر عن طاقة لنظام حقيقي. في هذا النظام، وكما هو واضح هذا النظام مختلف عن السابق من حيث التغير علي موضع معين وعموما يمكننا كنظام عام لطاقة عدم التحديد (DE)- Delocalization energy .

$$DE=E_{\Pi}-(\sum E_{ethylene}+K E_{2PZ})$$

E_{2PZ} وحدة ايثيلين .

$2P_Z$ تعبر عن طاقة إلكترون في مدار معزول في ذرة كربون معزولة. وعدد تلك الذرات في النظام المزدوج هو K. وبالنسبة لنظام أنبل فإن عدد وحدات الايثيلين هي I وبالتالي بالنسبة $C_3H_5^+$ هي :

$$DE=(2\alpha+2.83B)-\{2\alpha+2B)+0(\alpha)\}$$
$$=2\alpha+2.83B-2\alpha+2B+Zero$$

$$DE=0.83\ B \qquad (14\text{-}\ 23)$$

وبالنسبة $C_3H_5^+$:

$$DE=(2\alpha+2.83B)-(2\alpha+2B+\alpha)$$
$$=2\alpha-3\alpha+2.83B-2B$$

$$DE=0.83\ B \qquad (14\text{-}\ 24)$$

وأما في حالة الانيون :

$$DE=(4\alpha+2.83B)-(2\alpha+2B+2\alpha)$$

$$DE=0.83\ B \qquad (14\text{-}\ 25)$$

وتكون حينئذ طاقة الربط لعدم التغير علي النحو :

$$C_2H_5^+=0.83/2=0.414\,B \qquad (2)$$
$$C_2H_5=0.83/4=0.207\,B \qquad (4) \qquad (14\text{-}\ 26)$$
$$C_2H_5^-=0.83/3=0.276\,B \qquad (3)$$

وهذا ما يعرف بالثبات النسبي :

لنأخذ مثالا أخر علي إيجاد الدالة الذاتية ولتكن لجزئ الايثيلين فلإيجاد معامل ما نستخدم شرط التناسق للمدارات الجزيئية علي النحو التالي :

$$\psi = \alpha_1\phi_1 + \alpha_2\phi_2 \quad (14\text{- }27)$$

حيث α_1, α_2 معاملين لدالتي ذرتين وهما α_1, α_2 علي التوالي وشرط التناسق (شرط المعايرة) للمدارات الجزيئية بمعني :

$$\int \psi\psi \, d\tau = 1 \quad (14\text{- }28)$$

ثم بالتعويض في المعادلة للدالة نحصل علي :

$$\int (\alpha_1 \phi_1 + \alpha_2 \phi_2)(\alpha_1 \phi_1 + \alpha_2 \phi_2) \, d\tau = 1 \quad (14\text{- }29)$$

وبعد حاصل الضرب لنحصل في النهاية علي

$$a_1^2 \int \phi_1 \phi_2 \, d\tau + 2a_1 a_2 \int \phi_1 \phi_2 \, d\tau + a_2^2 \int \phi_2 \phi_2 \, d\tau = 1 \quad (14\text{- }30)$$

وإذا فرضنا أن :

$$\int \phi_1 \phi_2 \, d\tau = \int \phi_2 \phi_2 \, d\tau \quad (14\text{- }31)$$

لأن إحداهما تشابه الاخري ولكن مع استخدام شرط التعامد أي أن:

$$\alpha_1^2 + \alpha_1^2 = 1 \quad (14\text{- }32)$$

وهذا يعني أن :

$$\alpha_1^2 + \alpha_1^2 + \alpha_1^2 \ldots\ldots\ldots\ldots + \alpha_n^2 = 1 \quad (14\text{- }33)$$

لتعود إلي مصفوفة جزئ الايثيلين السابقة :

$$\begin{vmatrix} X & 1 \\ 1 & X \end{vmatrix} = 0 \quad (14\text{- }34)$$

وإذا كانت العوامل α_2, α_1 مع المصفوفة لنحصل علي:

$$\begin{vmatrix} \alpha_1 X & \alpha_2 \\ \alpha 1 & \alpha_2 X \end{vmatrix} = 0 \quad (14\text{- }35)$$

لنحصل علي خارج المصفوفة لمعادلتين وهما :

$$\begin{aligned} \alpha_1 X + \alpha_2 &= 0 \\ \alpha_1 + \alpha_2 X &= 0 \end{aligned} \qquad (14\text{- }36)$$

الحالة الثانية الأرضية عندما X=-1 كما ذكرنا سابقا وإذا ما عوضنا فأننا نحصل علـي :

$$\alpha_1 = \alpha_2$$

وبالتعويض في المعادلة :

$$\alpha_1^2 + \alpha_1^2 = 1$$

عن أي منهما في تلك المعادلة لنحصل علي :

$$\alpha_1 = \pm\frac{1}{\sqrt{2}} \qquad (14\text{- }37)$$

وإذا ما عوضنا عن α_1 لنحصل علي α_2 :

$$\alpha_1 = \frac{1}{\sqrt{2}} \qquad (14\text{- }38)$$

وبالتعويض عن قيم المعاملات α_1, α_2 في الدالة الذاتية :

$$\psi_1 = \frac{1}{\sqrt{2}}\phi_1 + \frac{1}{\sqrt{2}}\phi_2 \qquad (14\text{- }39)$$

ولإيجاد ψ_2 وبالتعويض عن X=1 فإننا نحصل علي :

$$\alpha_1 = -\alpha_2 \qquad (14\text{- }40)$$

وبالتالي فان التعويض عن أي منهما للحصول علي قيمة α_1 مثلاً :

$$\alpha_1^2 + (-\alpha_1^2) = 1$$

$$\alpha_1 = \pm\frac{1}{\sqrt{2}}$$

$$\alpha_2 = -\frac{1}{\sqrt{2}} \qquad (14\text{- }41)$$

ونكون المعادلة الذاتية :

$$\psi_2 = \frac{1}{\sqrt{2}}\phi_1 - \frac{1}{\sqrt{2}}\phi_2 \qquad\qquad (14\text{-}42)$$

ويمكن توضيح هاتين الدالتين ψ_1 , ψ_2 فى الشكلين الآتيين :

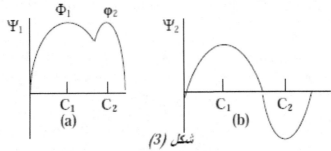

شكل (3)

تطبيق نظرية هيكل على جزئ البيوتاداىين .

$$\underset{\text{Butadiene}}{C = C \longrightarrow C = C}$$

وبكتابة المصفوفة لهذا الجزئ نلاحظ يتكون من أربع ذرات كربون فتكون المصفوفة إذا 4X4 على هذه الصورة :

$$\begin{vmatrix} \alpha - B & B & 0 & 0 \\ B & \alpha - B & B & 0 \\ 0 & B & \alpha - B & B \\ 0 & 0 & B & \alpha - B \end{vmatrix} = 0 \qquad (14\text{-}43)$$

وبإجراء التعويض مثلما اجرى ما مضي في جـزئ الايثيلـين والاليـل. للإختصـار التـالي- بالقسمة علي (β) ثم نأخذ خارج القسمة مساويا (X)

$$\begin{vmatrix} X & 1 & 0 & 0 \\ 1 & X & 1 & 0 \\ 0 & 1 & X & 1 \\ 0 & 0 & 1 & X \end{vmatrix} = 0 \qquad (14\text{-}44)$$

والحل لهذه المصفوفة فانه يتبع الطرق الجبرية المعروفة في حل المصفوفات لتحصـل في النهاية علي هذه المعادلة :

$$X^4 - 3X^2 + 1 = 0$$

وبتحليل تلك المعادلة نحصل علي :

$$(X^2 - X - 1)(X^2 + X - 1) = Zero$$

وبالتالي فان الجذور الأربعة لهذه المعادلة علي النحو: معادلة تربيعيه :

$$X = \frac{1 \pm \sqrt{1+4}}{2}, \qquad X = \frac{-1 \pm \sqrt{1+4}}{2}$$

$$X = \frac{\pm 1 \pm \sqrt{5}}{2}$$

لنجد أن :

لنأخذ الترتيب التالي لقيم (X) من نوع التباديل والتوافيق :

$$X_1 = \frac{-1 - \sqrt{5}}{2} = -1.618; \; \xi_1 = \alpha + 1.618\beta$$

$$X_2 = \frac{+1 - \sqrt{5}}{2} = -0.618; \; \xi_2 = \alpha + 0.618\beta$$

$$X_3 = \frac{-1 + \sqrt{5}}{2} = -0.618; \; \xi_3 = \alpha - 0.618\beta \qquad (14\text{- }42)$$

$$X_4 = \frac{+1 + \sqrt{5}}{2} = 1.618; \; \xi_4 = \alpha - 1.618\beta$$

لنرسم مخطط الطاقة الكلية لجزئ بيوتادايين .

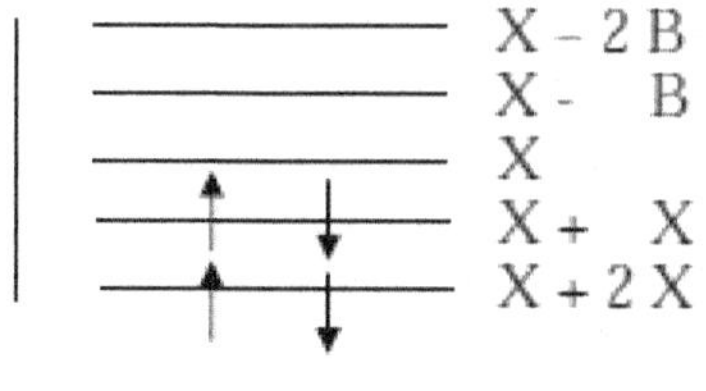

شكل (3)

تبعا لقاعدة باولي للتركيب الالكتروني للغزل. وبالتالي فان الطاقة الكلية وطاقة الربط لجزئ البيوتادايين كما يلي :

$$E_{b\pi} = 2(\alpha + 1.618\,\beta) + 2(\alpha + 0.618\,\beta)$$

$$= 4.0\alpha + 4.47\,\beta \quad , B_{\pi} = 4.47\,\beta$$

ولحساب طاقة عدم التقيد :

$$DE = 4.0\alpha + 4.47\,\beta - 2(2\alpha + 2\,\beta)$$

$$= 4.0\alpha + 4.47\,\beta \; - 4\alpha - 4\,\beta = 0.47\,\beta$$

ومن الحسابات لوحظ أن جزئ البيوتادايين ثابت بمقدار 0.47β وهذا المقدار يعبر عن مقدار الثبات لعدم تغير الإلكترون في منطقة معينه:

لنأخذ أمثلة أخري لتبين أن نظرية هيكل لم يصادفها الحظ بصفه مستمرة ولكن لو أخذنا مركبات حلقية مثل بيوتادايين الحلقي الذي يكتب علي هذا النحو :

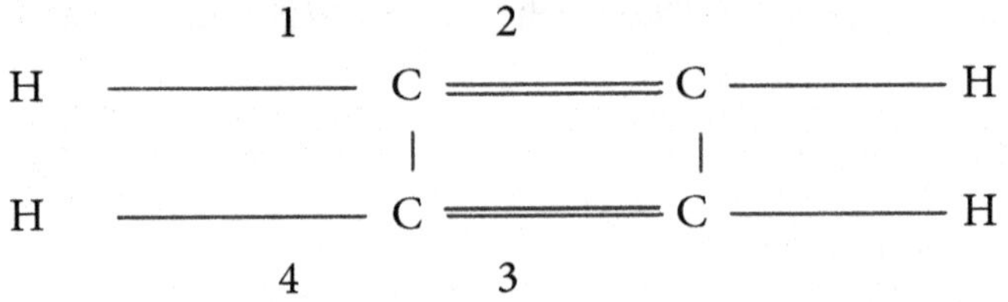

1
2
H
C
C
H
H
C
C
H
4
3

وتكتب المصفوفة علي هذا النحو :

$$\begin{vmatrix} X & 1 & 0 & 0 \\ 1 & X & 1 & 0 \\ 0 & 1 & X & 1 \\ 1 & 0 & 1 & X \end{vmatrix} = 0 \qquad (14\text{- }46)$$

وبإيجاد قيمة المصفوفة لتعيين الجذور نجد المعادلة :

$$X^4 - 4X^2 = 0$$

$$= X^2(X^2 - 4) = 0$$

$$X^2(X-2)(X+2)=0 \qquad (14-47)$$

وعليه فان الجذور هي :

$$X_1=-2 \quad ; \quad \xi_1=\alpha+2B$$
$$X_2=0 \quad ; \quad \xi_2=\alpha$$
$$X_3=0 \quad ; \quad \xi_3=\alpha$$
$$X_4=2 \quad ; \quad \xi_4=\alpha-2B$$

انظر المخطط نجد أن ξ_2 , ξ_3 علي خط واحد لـ α.

نجد في حالة البيوتادايين الحلقي فان المدارات ψ_2,ψ_1 لا يوجد تطابق رباط وتوزيع الالكترونات موزعه تبعا لقاعدة هوند لتكون الحالة المستقرة لهذا الجزئ حالة ثلاثية لتعبر عن جذر (شق ثنائي) biradical حر. وتكون الطاقة الكلية المعبرة في هذه الحالة علي النحو :

$$E_\pi=2(\alpha+2\beta)+1\alpha+1\alpha$$
$$=4\alpha+4\beta \qquad (14-48)$$

وعدم التغير حينئذ : $DE=(4\alpha+4\beta)-2(2\alpha+2B)=0$

لنري أن نظرية هيكل لم تكن موفقه في هذه الحالة من منظور رابطة التكافؤ فالجزئ لا يأخذ ثبات في حالة عدم التقيد. ومن السهل أن يفتح في أي لحظة والجزئ في حالة biradical لجذر مزدوج حر - وهذه حالة تعتبر ثلاثية التكرارية :

وعموماً: برسم منحنيات الخواص العقدية للمدارات الجزيئية في المركب العضوي (بيوتادايين) بالطريقة التالية :

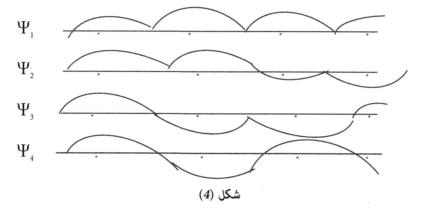

Ψ_2

شكل (4)

- 2□□-

يلاحظ أن المناطق التي تكون فيها الشحنة الالكترونية ذات كثافة عالية فإنها تعبر عن منطقة ربط فمثلا في ψ_2 يلاحظ التجمع ما بين ذرتي 1 ,2 ,3 ,4. وبالتالي هي مناطق الربط المزدوج ووجود عقده ما بين (2 ,3) وهي تعتبر منطقة تنافر. وعدم وجود ربط بحيث لا توجد كثافة الكترونية سالبة. شكل (4) .

وبالنسبة للدالة ψ_1 يلاحظ تجمع علي جميع مراحل الذرات 1 ,2 ,3 ,4 أي وجود حالة ربط متأرجح بين الذرات الأربع ولكن ψ_4 لا يوجد ربط كامل حيث لا يوجد تجميع كثافة في منطقة من المناطق وعموما عدد العقد تتناسب في أي دالة مع طاقة هذه الدالة تناسبا طرديا فتزداد طاقة الفلك الجزيئي زيادة عدد العقد .

ويوضح الجدول(1) لجزئ البيوتادايين الدالة الموجية الكاملة التالي:

المدار الجزيئي	الطاقة لقيم الجذور	C_1	C_2	C_3	C_4
1	-1.618	0.372	0.601	0.601	0.372
2	-0.618	0.601	0.372	-0.372	-0.601
3	0.618	0.601	-0.372	-0.372	0.601
4	1.618	0.372	-0.601	0.601	-0.372

توجد معادلات وقوانين لإيجاد مثل تلك القيم وتكتفي بالقيمة النهائية فقط .

***

الباب الخامس عشر
المعالجة الكيفية لجزيئات ثنائية الذرية متجانسة الانوية
Qualitative treatment of homonuclear diatomic molecules

هنا نريد اشتقاق معلومات عالية حول التركيب الالكتروني لعديد الذرات من نتائج الميكانيكية الكمية لذرة الإيدروجين عمليا السلوك الزاوي للالكترونات لذرات عديدة الإلكترون تأخذ نفس دالة الموجه لذرة الإيدروجين. إضافة لذلك نحن نحتاج لعمل تحسين بسيط لعمل واحد فقط لإيجاد مستوي الطاقة وذلك لإدخال نموذج كيفي لاشتقاق التركيب الالكتروني لذرة أو أغلبية عدة ذرات. ومن هذه المعلومات البسيطة نستطيع بعد ذلك معرفة سلوك الدورة للعناصر. وكذلك أيضا نعمل تركيب رموز تركيبة الذرات الأرضية. ومن خلال تلك المعرفة يمكن إيجاد الطاقة لذرات عديدة الإلكترون علي طول مع تصور الأغلفة للأربطة الرابطة واللارابطة الجزيئية. ومن هذا يمكن اشتقاق عدة صفات للجزيئات المتجانسة وأيضا تركيب رموز الجزيئات البسيطة

أغلفة الجزيئات الرابطة واللارابطة :

لنتناول الآن مرة أخري الطاقة الكلية للجزئ الحامل لإلكترون مفرد أما الرابط (ξ_+) أو اللارابط (ξ_-) واحد إلكترون- لغلاف جزيئي ناشئ عن ارتباط خطي لمدارين من ذرتين لنأخذ :

$$\xi_+ = \frac{H_{AA} + H_{AB}}{1+S} + \frac{1}{R_{AB}} \qquad (15\text{-}1)$$

$$\xi_- = \frac{H_{AA} - H_{AB}}{1-S} + \frac{1}{R_{AB}} \qquad (15\text{-}2)$$

ومن المعادلة (14-2) :

$$a\left[H_{AA} - \left(\frac{H_{AA} + H_{AB}}{1-S_{AB}}\right)\right] + b\left[H_{AA} - \left(\frac{H_{AA} + H_{AB}}{1+S_{AB}}\right)S_{AB}\right] \qquad (15\text{-}3)$$

نجد أن H_{AA} تشتمل E_A الطاقة للذرة المعزولة والمقدار $\langle 1S_A | -1/r_B | 1S_A \rangle$.

التكامل الأخير وقيمته هو الرتبة للحد $1/R_{Ab}$ حيث R_{AB} - مدي الربط. وبالنسبة للطاقة الكلية إذا :

$$\xi_+ \sim \frac{E_A + H_{AB}}{1-S} \qquad (15\text{-}3)$$

$$\xi_- \sim \frac{E_A - H_{AB}}{1-S} \qquad (15\text{-}4)$$

وعند فصل نهائي، كلا من تلك تؤول إلي E_A والتغير في الطاقة علي ربط الذرات من فصل نهائي إلي نقطة مسافة الربط هي، إذا لحالة الربط ξ_+.

$$\xi_+ - E_A \cong \frac{E_A + H_{AB}}{1+S} - E_A \qquad (15\text{-}5)$$

$$= \frac{H_{AB} - E_A S}{1+S}$$

وبالنسبة لحالة اللارابط فالطاقة ξ_- هي :

$$\xi_- - E_A \cong \frac{H_A - H_{AB}}{1-S} - E_A$$

$$= \frac{H_{AB} - E_A S}{1-S} \qquad (15\text{-}6)$$

وتكامل التكامل S. دائما يأخذ القيمة ما بين Zen ,1+ لو الأغلفة مصطفة في السطح(علي السطح) مع بعضها البعض. وبالتتابع يكون وضع اللارابط يكون بعض الشئ أكثر لا رابطا عن الرابط. في هذا الحد كلما إعتبرتا الطاقة وكلاهما يعتمد مباشرة علي قيمة H_{AB}

والآن نعتبر جزئ يحمل إلكترونين فكل مدار جزيئي يكن حاملا لاثنين من الإلكترون ناشئا عن الذرتين وكل منهما يساهم بإلكترون مفرد كلا الإلكترونين في ربط الغلاف الجزيئي وهذا يؤدي إلي

مساعدة ثبات الجزئ كما في He مثلا، حيث يملك أربعة من الالكترونات في جزئ ثنائي الذرية، اثنين منهم يمكن في غلاف الربط الجزيئي ولكن اثنين آخرين يأخذا لارابط غلاف جزيئي. وبناء علي هذا النموذج سيؤدي إلي عدم ثبات أو اقل ثباتا عن الذرتين المنفصلتين بين هذين النموذجين. ايون جزئ الهليوم He_2^+ حاملا لثلاث من الإلكترونات اثنين منهم رابط والثالث لا رابط وهذا هو حاصل تأثير الربط. وعنصر He_2^+ تماما ثابت مع الإحتفاظ للنموذج $He-He_2^+$ بالرغم من انه علي طول الخط نشط .

لنعتبر الآن إمكانية المدارات 1S ,2S من كل ذرة تساعد في الربط وناتج L.C.A.O المدار الجزيئي ليأخذ الشكل :

$$\psi = C_1 1S_A + C_2 1S_B + C_3 2S_A + C_4 2S_B \qquad (15\text{-}6)$$

حيث C^1S عبارة عن معامل عددي معينه متغيره فلو رمزنا المدارات الذرية بنفس العدد كالعامل في المعادلة (6) ويكون الناتج المعين :

$$0 = \begin{vmatrix} H_{11}-\xi & H_{12}-\xi S_{12} & H_{13}-\xi S_{13} & H_{14}-\xi S_{14} \\ H_{12}-\xi S_{12} & H_{22}-\xi & H_{23}-\xi S_{23} & H_{24}-\xi S_{24} \\ H_{13}-\xi S_{13} & H_{23}-\xi S_{23} & H_{33}-\xi & H_{34}-\xi S_{34} \\ H_{14}-\xi S_{14} & H_{24}-\xi S_{24} & H_{34}-\xi S_{34} & H_{44}-\xi \end{vmatrix} \qquad (15\text{-}7)$$

حيث H_{11} مساوية $H_{1SA\ 1SA}$ ، H_{14} مساوية $H_{1SA\ 2SA}$ وهكذا والطرح يشمل علي تكامل التداخل. فالتداخل وتكامل هاميلتوينان داخل المدارات 1S ,2S علي نفس الذرة المنتهية. إضافة لذلك كل الأجزاء الداخلة لكلا المدارين $1S^-$, $2S^-$ تكون صغيرة مقارنة بمثل تلك الداخلة فقط 1S أو الغلاف 2S ولهذا المعادلة (7) يمكن أن تكتب:

$$\begin{vmatrix} H_{11}-\xi & H_{12}-\xi S_{12} & 0 & 0 \\ H_{12}-\xi S_{13} & H_{22}-\xi & 0 & 0 \\ 0 & 0 & H_{33}-\xi & H_{34}-\xi S_{34} \\ 0 & 0 & H_{34}-\xi S_{34} & H_{44}-\xi \end{vmatrix}=0$$

(15-8)

والمعادلة (8) تقسم إلي اثنين 2X2 معين. واحد داخل المدارات الذرية $1S_A$, $1S_B$ والأخر داخل المدارات الذرية $2S_A$, $2S_B$ والطاقة المقربة هي:

$$\xi_{15}^{+} \cong \frac{H_{1S_A\ 1S_A}+H_{1S_A 1S_B}}{1+S} \qquad (15\text{-}9)$$

$$\xi_{15}^{-} \cong \frac{H_{1S_A\ 1S_A}-H_{1S_A 1S_B}}{1-S} \qquad (15\text{-}10)$$

$$\xi_{25}+ \cong \frac{H_{2S_A\ 2S_A}+H_{2S_A 2S_B}}{1-S_{2S_A 2S_B}} \qquad (15\text{-}11)$$

$$\xi_{25}- \cong \frac{H_{2S_A\ 2SB}-H_{2S_A 2S_B}}{1-S_{2S_A 2S_B}} \qquad (15\text{-}12)$$

حيث نملك استخدام واضح للمدار الذري المبين تحت الحرف. والمعادلة 9 هو الربط مع احتفاظ التفكك للمدارات الذرية 1S بينما بالنسبة للمعادلة (10) ألا وهو اللارابط كذلك المعادلة (11) والمعادلة الرابط واللارابط في المدار 2S .

لمثل هذا التقريب يمكن إجراء هذا الشكل للمدارات الذرية الرابطة واللارابطة والمستخدمة في تكوين المدارات الجزيئية للجزيئات المكونة من ذرتين متجانستين الانوية. وكل مدار رابط يأخذ الشكل التالي :

$$\xi_{+} \cong \frac{H_{AA}+H_{AB}}{1+S_{AB}} \qquad (15\text{-}13)$$

$$S_- \cong \frac{H_{AA}-H_{AB}}{1-S_{AB}}$$

(15-14)

ينشأ ارتباط عند تدخل مدارات ذرية عديمة الطاقة degenerate أو لنأخذ المثال لمجموعة المدرات الذرية 2P وبسبب إنها غير دائرية (لا دائرية) الشكل (15-1) .

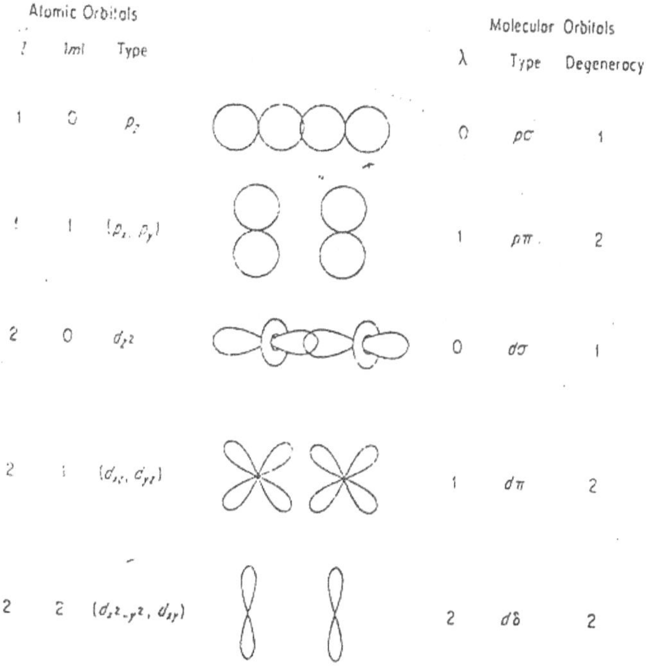

Atomic Orbitals				Molecular Orbitals		
l	$\|m\|$	Type		λ	Type	Degeneracy
1	0	p_z		0	$p\sigma$	1
1	1	(p_x, p_y)		1	$p\pi$	2
2	0	d_{z^2}		0	$d\sigma$	1
2	1	(d_{xz}, d_{yz})		1	$d\pi$	2
2	2	$(d_{x^2-y^2}, d_{xy})$		2	$d\delta$	2

شكل (15-1) التفاعل البيني للمدارات الذرية التي لها قيمة اعلي من الصفر وكلما كانت قيمة λ صغيرة كان التفاعل البيني اكبر

ويعتمد التفاعل البيني علي توجيه المدارات. والتماثل الموضعي لطاقة الوضع المعملية بواسطة الذرة في الجزئ الثنائي الذرية هو $C_{\infty v}$.

تعين قيمة الحد (m) القيمة λ للتمثيل من مجموعة نقطة $D_{\infty v}$ للجزئ من المدارات التي تمتلك قيمة L. فالربط لمدار هو الربط السائد واللارابط بعد ذلك وهكذا وكل σ متوقعه فقد مضاعف للطاقة مضاعفة (ومخطط مستوي الكلي العام الناشئ من 1S, 2S, 2P علي أساس هذا السبب الذي يري في الشكل (15-2) .

Atomic orbitals on A　　　Molecular orbital　　　Atomic orbitals m B

$2P\sigma^* — 3\sigma_{\varepsilon}^{+}$

$2P\pi^* — — 1\pi_g$

2P — — —　　　　　　　　— — — 2P

$2P\pi — — 1\pi_u$

$2P\sigma — 3\sigma_g^{+}$

$2S\sigma^* — 2\sigma_u^{+}$

2S —　　　　　　　　— 2S

$2P\sigma — 1\sigma_v^{+}$

1S —　　　　　　　　— 1S

$1S\sigma — 1\sigma_g^{+}$

شكل *(15-2)* مخطط مستوي طاقة المدار لواحد الكتروني لجزئ ثنائي الذرية متجانس النووية مستخدما *2P, 2S, 1S*- مدارات ذرية

لاحظ وجود اثنين من الملاحظات. اليسار يبين المدارات الذرية حيث يستمد المدارات الجزيئية. وقيمة λ مثل π,σ والرابط واللا رابط (الموضوع عليها نجمة) والملاحظة علي اليمين مستخدمة للرمز المنظم من مجموعة نقطة $D_{\infty v}$ مع إجراء علاقة لنشير لرتبة وجود المدار للأنواع المنظمة. كما يوجد استثناءات لهذا الترتيب موجود تماما كما الترتيب (n+1) للمدارات الذرية .

التركيب الالكتروني :

الشكل (2-15) يمكن استخدامه لإيجاد التركيب الالكتروني لمعظم جزيئات ثنائية الذرية المتجانسة الناشئة من الذرات إلي العدد

الذري 10. والقاعدة كما هو ملاحظ كما في شكل الأساس aufbau للذرات. فكل مدار nondegenerite يمكن له أن يجمع لاثنين من الالكترونات والمدارات المضاعفة الأنحلال degonosagte ويمكن تراكم كلي لأربع. كل ذرة تساهم لكل الالكترونات للجزئ .

إذا كمثال Li_2 فكل ذرة ليثيوم تساهم بثلاث الكترونات لتعطي المجموع (6) فاثنين من الالكترونات تكونان في الموضع للمدارات $2S\sigma, 1S\sigma^{A}, 2S\sigma$ والتركيب يكتب على $(1S\sigma)^2, (1S\sigma^2), (2S\sigma)^2$ وتأثير اللارابط $1S\sigma^*$ يهمل بينما $1S\sigma$ يرتبط مع الاحتفاظ للمدار الذري 2S وتترك اثنين من الالكترونات الرباط الكيميائي وبالتالي نجد أن الجزئ في حالة مستقرة .

وفي جزئ النتروجين N_2 : كل ذرة نتروجين تشارك بسبعة الكترونات ليكون المجموع 14 ويكون التركيب إذا:

$(1S\sigma)^2, (1S\sigma^*)^2, (2S\sigma)^2, (2S\sigma^{A})^2, (2P\sigma)^2, (2P\Pi)^4$ وتأثير الربط للمدارات $2S\sigma, 1S\sigma$ قد يهمل بواسطة :

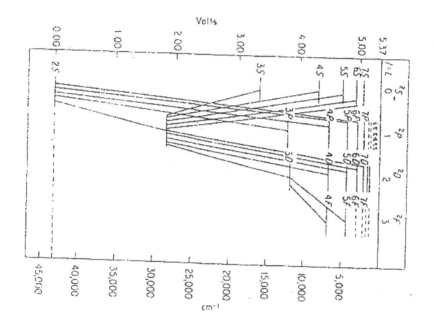

جدول (3): مخطط مستوي الطاقة لذرة الليثيوم

Molecule	Configuration	Net Bonding Electrons	Bond Energy (kcal mol⁻¹)
H_2	$(1s\sigma)^2$	2	104
He_2	$(1s\sigma)^2(1s\sigma^*)^2$	0	0
Li_2	$(1s\sigma)^2(1s\sigma^*)^2(2s\sigma)^2$	2	27
Be_2	$(1s\sigma)^2(1s\sigma^*)^2(2s\sigma)^2(2s\sigma^*)^2$	0	0
B_2*	$(1s\sigma)^2(1s\sigma^*)^2(2s\sigma)^2(2s\sigma^*)^2(2p\sigma)^2$	2	67
C_2*	$(1s\sigma)^2(1s\sigma^*)^2(2s\sigma)^2(2s\sigma^*)^2(2p\sigma)^2(2p\pi)^2$	4	144
N_2	$(1s\sigma)^2(1s\sigma^*)^2(2s\sigma)^2(2s\sigma^*)^2(2p\sigma)^2(2p\pi)^4$	6	227
O_2	$(1s\sigma)^2(1s\sigma^*)^2(2s\sigma)^2(2s\sigma^*)^2(2p\sigma)^2(2p\pi)^4(2p\pi^*)^2$	4	119
F_2	$(1s\sigma)^2(1s\sigma^*)^2(2s\sigma)^2(2s\sigma^*)^2(2p\sigma)^2(2p\pi)^4(2p\pi^*)^4$	2	37
Ne_2	$(1s\sigma)^2(1s\sigma^*)^2(2s\sigma)^2(2s\sigma^*)^2(2p\sigma)^2(2p\pi)^4(2p\pi^*)^4(2p\sigma^*)^2$	0	0

* The qualitative prediction is wrong for these two molecules. The $2p\pi$ level lies lower in energy than the $2p\sigma$.

جدول (15-1) التركيب الالكتروني لأول عشرة جزيئات ثنائية الذرية متجانسة النواة كما هو متوقع من الشكل (15-2) مع طاقة التفكك للرابطة العملية

التأثير اللارابط للمدارات $2S\sigma^*, 1S\sigma^*$ وعموما يوجد ومازال ستة الكترونات في المدارات $2P\pi, 2P\sigma$ رابطة بالاحتفاظ بالمدار الذري 2P المعزول. وبالتالي الكترونات مدارات التكافؤ في N_2 يمكن تقسيمها لرابط باثنين ناشئ من المدارات الذرية 25 وستة روابط من المدار 2P لمحصلة الرابطة ثلاثية في الجزئ .

والتركيب المبين لأول عشرة جزيئات ثنائي الذرية في الجدول (1-15) ويشتمل الجدول أيضا طاقة تكسير الرباط للجزئ ويشير الجدول أيضا أن الجزيئات الثابتة ثابتة والاخري غير الثابتة غير ثابتة .

تقدير الطيف الالكتروني لبعض العناصر :

أولا: الليثيوم :

الشكل (4-15) يبين مخطط مستوي الطاقة لاحظ فقط عديد عزل وقيم L مبينه للحالات لاحظ الخطوط متصلة للحالات المقابلة لعملية الانتقالات الملاحظة للادمصاص المباشر أو الانبعاث للأشعة المغناطيسية الكهربية .

وكل الحالات المبينة فوق حالة الاستقرار تقابل التركيبة من حيث أن إلكترون مفرد 2S سوف ينتقل إلي مستوي أعلي. وبالتالي كل هذه الحالات من التغير المقابل لعملية الانتقال ومن والي سيقابلها غزل واحد فقط، التضاعف يمكن حدوثه. انظر إلي الانتقالات نري أنه في الحالة

الأرضية (^2S) يحدث انتقالات فقط من والي حالات ^2P . تماثل حالة الطاقة هي حالة ^2P. انتقالات من هذه الحالة إلي أو من حالة ^2S, ^2D. أمكن ملاحظتها ولكن ليست للحالة ^2P. وهذا يبين حالة الاختيار لعملية التغير في L . وقاعدة الاختيار L الظاهرية هي $\Delta L = \pm 1$. وفي هذه الحالة اكترون واحد فقط هو الوحيد في غلاف التكافؤ .

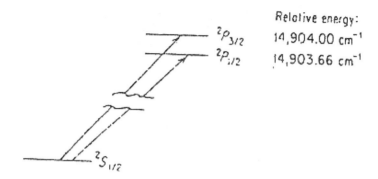

شكل (15-4) الانتقالات من الحالة الأرضية $^2S_{1/2}$ لعنصر الليثيوم إلي أول حالة انتقال نشطة ^2P

Configuration[a]	Atom				
	Li	Na	K	Rb	Cs
np	.34	17.20	57.72	237.60	554.11
nd	—[b]	−.05[c]	−1.10	2.96	42.94
nf	—	—	0	−.01	−.10
$(n+1)p$	0	5.63	18.76	77.50	181.01
$(n+1)d$	.04	−.04	−.51	2.26	20.97
$(n+1)f$	—	0	0	−.01	−.07
$(n+2)p$	0	2.52	8.41	35.09	82.64
$(n+2)d$	.02	−.02	−.24	1.51	11.69
$(n+2)f$	0	0	0	−.01	−.07

[a] Principal quantum number and orbital designation of the outermost level. Since these involve only one electron outside a closed shell, the spin multiplicity is 2 for all levels, and L equals l.
[b] No such level exists.
[c] A negative entry means the $L + \frac{1}{2}$ level lies lower than the $L - \frac{1}{2}$.

جدول (15-2) القيم المختلفة بين $J = L - \frac{1}{2}$، $J = L + \frac{1}{2}$ بالسم$^{-1}$ لبعض الأجزاء

المختلفة في الطيف للمعادن القلوية

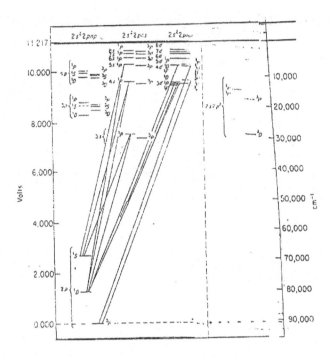

شكل (15-5) مخطط مستوي الطاقة لذرة الكربون مع الإشارة للانتقالات الملحوظة

ΔL أيضا مساوية ± 1 . وفي الحقيقة ΔL لماذا تكون تعين ΔL عدد الكم الأساسي لإلكترون التكافؤ n يعتبر مناسبا مستخدما لإشارة التركيب الكمي المختلف .

ولو تمت دراسة الليثيوم تحت تباين عالي الكفاءة سنري العديد من المستويات في الشكل (15-3) ونجد قفز لاثنين من المستويات. وهذا يقابل قيمة ممكنة لاثنين من J التي تنشأ من الحالة المضاعفة. متى تكون L لا تساوي صفر؟ والانتقالات من الحالة الأرضية لأول حالة 2P يمكن مشاهدتها تخطيط في الشكل (15-4) حيث الانتقالات من والي كلا من ${}^2P_{1/2}$ ${}^2P_{3/2}$ يمكن مشاهدتها. إذا ΔL الظاهرية يمكن أن تكون 0 أو ± 1 كما رأينا فيما بعد هذا هي القيم الوحيدة المسموح بها $\Delta J\tau$ لواحد إلكترون فقط للتحرك .

وتمتلك طاقة الانشطار بين المستويين ما بين L, S ولكن بقيم مختلفة في J ويتأتي من تفاعل غزل المدار البيني والانشطار بين المستويات ذات القيم المختلفة في 1S و L تعتبر في الطبيعة كهربية ساكنة والمستويات بالحد L ليست مساوية للصفر وتنشطر بتفاعل غزل المدار البيني. وقيم الانشطار لعده مستويات يمكن النظر في الجدول (2-15) والذي يبين الزيادة علي زيادة العدد الذري .

عنصر الكربون :

مخطط مستوي طاقة الكربون مع الانتقال الملاحظ انظر الشكل (5-15) وبسبب وجود الكترونين في المدار الخارجي المغلق كل تركيبه لشكل تؤدي إلي حالات أحادية وثلاثية ونري انتقالات مسموحه بين الحالات الثلاثية المختلفة أو بين الحالات الأحادية .

والانتقالات من حالة واحدة تكون ثلاثية والأخر تكون أحادية وليست مبينه. إذا قاعدة الاختيار الغزل إذا مساوية بصفر. والتغيرات في العزم الزاوي المغزلي الكلي ΔL، إما أن تكون بصفر أو ± 1 . بينما التغير في العزم الزاوي لواحد إلكترون ΔL مرة أخري يساوي فقط ± 1 . والمستويات التي بقيمة L ليست مساوية للصفر وتنشطر تحت ثبات عال. ومستوي الانتقالات المشتملة الحالة الأرضية ^3P وأول حالة انتقال ^3D ΔJ ربما تأخذ ± 1 أو صفر انظر الشكل (6-15) .

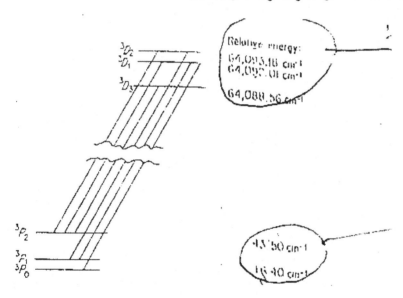

شكل (15-6) الانتقالات من الحالة الأرضية للكربون إلي أو حالة إثارة ^3D

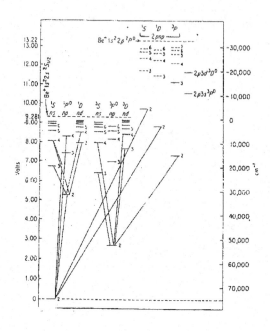

شكل (*15-7*) مخطط مستوي الطاقة لذرة البريليوم الانتقالات العادية (القياسية) وغير القياسية كالقياسية الانتقالات المفردة والثلاثية مرسومة ناحية اليسار وغير القياسية ناحية اليمين

عنصر البريليوم : مخطط مستوي الطاقة لعنصر البريليوم مع حالات الانتقـالات كـما في الشكل (7-15) فالتركيب للحالـة الأرضـية بغـير غـلاف فعـلي وهـو $1S^2, 2S^2$ وبالتـالي يوجد فقط الجزء $^1S_0$ ولكن فقط واحد جديد يبين بغير شـك مظهـر حـالات ناشـئة مـن تركيبة العنصر من حيث اثنين الكترونات يحدث لها انتقال من تركيبه الحالة الأرضية .

وهذه تبين لحالات عديدة مشابهة له وبين العناصر العاليـة. هـذه الحالـة المشـابهة تلاحظ فقط للعناصر الأرضية القلوية (المجموعة 11) للجدول الدوري. وللعناصر الثقيلة الشائعة حيث تحتاج لكمية طاقة قليلة لتأين العناصر حيـث حـدوث انتقـال الكترونـين من مدار الحالة الأرضية إلي الحالة الاخري الاعلي من الغلاف. ولـو أن عمليـة الانتقـالات تتبع مخطط روسيل - ساوندز- إذا فكل إلكترون ينتقل يجب أن يخضع للحد

±1 قاعدة الاختيار لإلكترون واحد Δl . إذا مجموع L المركبة من واحد إلكترون LS هذا يعني أن Δl يجب أن تكون ±2 عندما كل تغير سيتغير بواسطة ±1 و Δl صفر يمكن ملاحظتها لو واحد l تتغير بواسطة $+1$ فالأخر بواسطة(-1)

الزئبق : انظر الشكل (8-15) الذي يبين مخطط مستوي الطاقة بالإضافة مع الانتقالات والصورة الجديدة للزئبق هو حقيقة أن الانتقالات أحادية - ثلاثية الظاهرة. هذا ولماذا في الكيمياء الضوئية يتخذ الزئبق كمؤشر حساس للحالات. والانتقالات الثلاثية للجزيئات العضوية. وتحقيق ΔS قاعدة الاختيار وهذا بسبب العائد إلي القيمة العالية في جزئية غزل الغلاف وبتفسير بعناية للشكل (8-15) الذي يبين أن ΔJ قاعدة الإختيار للقيمة ±1 (حيث j- تعتبر واحد إلكترون عزم زاوي كلي) وان قاعدة ΔJ للقيمة صفر أو ±1 هي المسئولة .

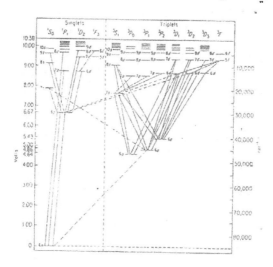

شكل (8-15) مخطط مستوي الطاقة لذرة الزئبق بالانتقالات الملاحظة فالخطوط المنقطة تبين الانتقالات بين الحالات المفردة والثلاثية

مسائل وأسئلة علي الكتاب

أسئلة علي الباب الأول :

1- احسب الطاقة الحركية والطول الموجي لدي -بروجلي لما يلي :

-كرة كتلتها 0.5 جرام تتحرك بسرعة قدرها 500 متر/ ثانية .

-تحرك سلحفاة وزنها واحد كيلو جرام بسرعة 1 سم/ثانية .

-رجل وزنه 90 كيلو جرام يتحرك بسرعة 2 متر/ ثانية .

-طائرة كتلتها 5000 كيلوجرام تطير بسرعة 100 متر/ثانية .

-إلكترون يدور بسرعة قدرها 7×10^6 سم/ ثانية عند درجة حرارة 325k

2- اوجد سرعة إلكترون يدور في مدارات بوهر $3=n-,\ 1=n,\ 2=2$ لايون ذرة الهيليوم ؟

3- باستخدام المعادلات : $2\pi iX/\lambda \ - \ 2\pi ivt$

$$\psi = ae \qquad\qquad e \qquad\qquad \lambda = \frac{h}{mv} = \frac{h}{P}$$

والطاقة الحركية الكلية T وطاقة الجهد (V) اعد كتابة دالة موجة زمن – المعتمد آحادي المحور في جزئية الطاقة. وما هو سلوك دالة الموجه لو أن جسيم يتحرك في مجال ثابت؟ وحدد الطاقة الأكبر عن E .

وماذا يحدث لو الجسيم يتحرك في المحور X الحامل لطاقة محوره V اكبر من E؟ وحدد الكثافة، وما هو الفرق المتوقع من وجهة نظر كلاسيكية ؟

أسئلة علي الباب الثاني :

1- نفترض كرة بنج بونج تتحرك في محور احادي بطول 2.5 متر لطاولة اوجد ما يلي:

-قيمة الطاقة ودالة الموجه للجسيم في هذا المحور .

-اوجد عدد الكم التقريبي لو أن الكرة تتحرك بسرعة قدرها 50 كيلومتر/ ساعة .

- اوجد الفرق في الطاقة بين مستويين مختلفين للكم .

2-معادلة شرودنجر بعد متغيرات مناسبة تم استبدالها علي الصورة الآتية :

$$-\frac{h^2}{2mr^2}\frac{d^2\psi\phi}{d\phi^2}=\square E-V\square\psi\phi$$

حيث (r) نصف قطر ثابت ، ϕ — زاوي تغير أوجد مستويات الطاقة ودالة الموجه .

3- صندوق طوله 10 nm به جسيم يتحرك في محور إحداثي واحد أوجد الإحتمالية الممكنة لهذا الجسيم في المناطق التالية :

-ما بين $\square 0\,nm$ □ $\square\square\square nm$

-ما بين $2\square 0\,nm$ □ $1\square\square nm$

-ما بين $10\square nm$ □ $\square\square\square nm$

4- إذا وجد إلكترون في مستوي n = 5 ثم فقد جزءا من الطاقة علي هيئة إشعاعات عند مستوي n = 4 وكان الطول الموجي 200 nm فما هو طول المسافة بين المدارين ؟

أسئلة علي الباب الثالث :

1-إذا كانت الثوابت (B) لحمض HCL و HBr الدورانية علي التوالي هي 8.473 Cm-1 , 10.5909Cm-1 احسب ما يلي :

-عزم القصور الذاتي .

-طول الرباط .

-الكثافة النسبية للمستويات المشتملة $0\leq J\leq 10$ عند درجة حرارة 300K مستخدما دالة توزيع بولتزمان علما بان الأوزان $H=1$, $Cl=3\square$, $Br\ \square 0$.

أسئلة علي الباب الرابع :

1- احسب طاقة ثوابت القوي ونقطة الصفر للجزيئات الاتية :

$v'_u\ Cm^{-1}$	الجزئ	$v'_u\ Cm^{-1}$	الجزئ
1580.19	O_2	4401.21	H_2

2358.57	N_2	3115.50	$^2H_2$
4138.32	HF^1	2546.47	$3H_2$
2990.95	HCl	351.43	Li_2
2648.98	HBr	195.12	Na_2
2309.01	HI	92.02	K_2
		916.64	F_2

2- احسب كثافة بولتزمان النسبية لمستوي الاهتزاز كلا من $v=0$ □ $1=v$ للجزيئات الآتية :

$$K_2, Na_2\ ,\ F_2\ ,\ N_2,\ H_2$$

3- باستخدام علاقة التبادل اوجد التعبير للحد p لو أن هاميلتونيان يأخذ الأشكال الآتية :

$$\hat{H}= P^2/2m + 1/q \quad \square \quad \hat{H}= P^2/2m + q$$

4- احسب مستويات طاقة مهتز توافقي لمكعب ثلاثي الأبعاد ؟

أسئلة علي الباب الخامس :

1- اوجد قيمة (r) لأقصي احتمالية شدة إلكترون للمدار الهيدروجيني كدالة z (إذا علم أن $-\square\pi r^2$ حجم ذرة دائرية الشكل)

$a=1S$,	$b=2S$	$C=2S_o$,	$d=2P_\pm$
$C=3d_o$	$f=3d_{\pm1}$	$g=3d_{\pm2}$	

2- ما هي العلاقة الظاهرة الموجودة بين r- أقصي احتمالية ,m للمفترض i,n؟

3- جهد التأين الأول للهيليوم هو 0.9035 a,u مفترضا نموذج الهيليوم He من حيث اثنين من الالكترونات مستقلين في المدار 1S تماما (معتبرا الطاقة $E=-\frac{1}{2}\xi^{2}$) بين ما يلي :

-التأثير الفعال من جهد التأين .

-الطاقة الكلية مستخدما المؤثر ξ .

-قيمة r عند أقصي شدة الكترونية لهذا النموذج .

أسئلة علي الباب السادس :

1- مستخدما نظرية التغيير بين كيف يمكن معالجة ذرة الهيليوم المستقرة بطاقة اهتزازية2.84766H- (هارتري) أو بطاقة 77.48943 e.v- ؟

2- اثبت أن عامل هاملتونيان هو عامل هيرمتيان :

$$\left\langle \psi'_N \middle| H \middle| \psi^o_N \right\rangle = \lambda E'_N$$

3- اثبت أن الطاقة الكلية للهيليوم في الحالة المستقرة الأرضية (الرتبة صفر) تساوي المقدار 108.8 ev-- وفي الحالة المتأينة 54.4 ev- وما هي نسبة الخطأ الحسابية في كليهما والحقيقية ؟

4- كيف يمكن معالجة ذرة الهيليوم باستخدام نظرية التشويش مع إيجاد الحالة الأكثر استقرار بالاستعانة بالرسم ؟

أسئلة علي الباب السابع :

1- ما هو تقريب بورن- اوبن هايمر لميكانيكا الكم الجزيئية ؟ والاستفادة منها ؟ وما هو التقريب القريب للحقيقة ؟

2- اشرح وبالتفصيل طاقة بورن- اوبنهايمر الكلية وهل يمكن إيجاد الطاقة عدديا وما هو تقريب تلك الطاقة :

3- ما هو التغير في الطاقة الالكترونية لتفكك ايـون ذرة الإيـدروجين- في الحالـة الأرضـية H_2^+ إلي $H+H^+$ في الإجراء S_{AB}, H_{AB}, E_H (للتقريب L.C.A.O) .

-وماذا عن حالة التأين الأولية ؟

-ما هو التأثير الأكبر لرباط المدار $1S\sigma$ أو عاكس الرباط للمدار $1S\sigma$ ؟

-بناءا علي ما سبق هل نتوقع أن He_Z تمتلك حالة ثبات أرضية؟ ولما لا؟ وما هو مفهوم He_2^+ ؟

4-اشرح ما هي حدود فصل النواة في ايون ذرة الإيـدروجين مـع الاسـتعانة بالرسـم وبـين طاقة التنافر النووية ؟

5-بواسطة L.C.A.O عين حدود قيمة وحدة وفصل ذرة الإيدروجين وهل يمكن البرهنـه علي الطاقة باستخدام دالة الموجه وما هو القانون المستخدم ؟

أسئلة علي الباب الثامن :

1- من المعلوم بان جزئ He_2^+ ثابت (بطاقة تفكك قدرها 3.2 ev) اكتب عن دالة موجه

- رباط التكافؤ اللا منتظم

2- باستخدام المعالجة الشبه تجريبية الآتية:

$$\psi_{MO}=N[1S_A(1)+1S_B(1)][1S_A(2)+1S_B(2)]$$

وطاقة رباط ذرة الإيدروجين والبيانات الآتية :

-القيمة التجريبية هي = 11.37 ev، طاقة التفكك = 4.75 ev ، طاقة التأين = 15.42 ev.

-استنتج طاقة المدار ($1S\sigma_g$) $1S\sigma g^2 \rightarrow 1S\sigma u$ الانتقال الالكتروني لجزئ H_2 .

3- كون دالة موجه رباط التكافؤ لجزئ الإيدروجين مستخدما المدارات الذرية 1S and 2S شاملا فقط جزئية التكافؤ .

4- حاول كتابة الطاقة المأخوذة من دوال موجه في جزئية التكامل للمعادلات ؟

$$\hat{H}_{el} = 2\hat{H}_{H_2^+} + \frac{1}{r_{12}}$$

$$\psi_{MO} = 1S\sigma(1)\,1S\sigma(2)$$

أسئلة علي الباب التاسع :

1-ما هي طريقة المدار الجزيئي لهيكل

2-كيف يمكن تعيين الطاقات لذرة الكربون في مركب البيوتادايين؟

3-مستخدما تقريب هيكل في الحسابات الطيفيه لإيجاد المعاملات الخطية لمركب الالكرولين

4-اشرح دالة موجه الارتباط الخطي L.C.A.O وما هي مصفوفة كثافة الرتبة الصفر والأولي؟

أسئلة علي الباب العاشر :

1-بين التركيب الالكتروني الحالة الأرضية للعناصر الآتية :

V, Cl, Ti, Se, Ni , Si , O , N , C إذا علم أن الأوزان 35, 81,34, 28, 14, 8, 7, 6, 23 علي الترتيب

2-بين التركيب الالكتروني لايونات العناصر :

$$Fe^{3+} , Zn^{2+} , O^{2-}$$

3-لو لم يوجد تحكم تشويش علي دالة موجه عديدة الإلكترون فما هي الأجزاء المتوقعة التي تنشأ من المدارات المفتوحة للعناصر C.N.O. and V ؟

4-مستخدما المجموعة المنتظمة لمحاولة ملائمة لثلاث الكترونات منتظمة للغلاف 1S (أي حاول الملائمة Do إلى (L3) أو إلي (2,1) بدون التعرض لمبدأ باولى.

5-حاول مرة أخري مناقشة وحل المعادلات الداخلية عدة مرات مع المسائل الموجودة في الباب للتعرف أكثر وأكثر عن كيفية المجموعات ونوعيتها.

6-اوجد الحالات المسموحة لباولي للأنظمة العامة ؟

7-بما تفسر أن طاقة التأين في العناصر الثمانية عالية ؟

8-مستخدما طريقة سلاتر اوجد دالة موجه ذرة الهيليوم والليثيوم

9-ما هو مفهوم طاقة الأفلاك الفيزيائي ؟

10- احسب قيمة الطاقة الكلية للحالة الأرضية لذرة الليثيوم ؟

أسئلة علي الباب الحادي عشر :

1- ما هي أنواع الأربطة المختلفة ثم اوجد بطريقة الرسم طاقة التأثير المتبادل بين ايوني لعنصر كدالة للمسافة R ؟

2- ما هو مفهوم تجاذب فاندرفال وما هي قيمته إن وجدت بالتقريب ؟ ووجوده في أي العناصر ؟

أسئلة علي الباب الثاني عشر :

1-ما هو مفهوم كلمة مجموعة ؟

عرف ما يلي بالأمثلة :

-التماثل، عنصر التماثل، الدوران حول محور التماثل، عملية الدوران والانعكاس، مركز التماثل، عملية التطابق.

-ما هي الأنظمة المحددة للمجموعات.

-عرف عمليات التماثل المتتالية .

2-اشرح الأنواع الأربعة في عمليات التماثل .

3-اشرح خواص وتمثيل المجموعات وما هي مجموعات نقاط التماثل ؟

4- اكتب عن جدول الخواص الكامل للمجموعة بالأمثلة .

5- ما هي التكاملات المتلاشية وغير المتلاشية ؟

أسئلة علي الباب الثالث عشر :

1- بين كيف يمكن تطبيق نظرية هيكل علي جزئ البيوتاداين ؟

2- بين كيف يمكن تطبيق نظرية هيكل علي جزئ الأكرولين ؟

أسئلة علي الباب الرابع عشر :

1- فسر أي من المدارات الجزيئية لها $D_{\infty,h}$ المنتظم للجزيئات الثنائية الذرية المتجانسة النووية :

$$a\square\sigma_g^+ \square \quad b\square\sigma_u^+ \square \quad c\square\Pi_g{}_\square \quad d\square\Pi_u{}_\square \quad e\square S_{g+} \square \quad f\square S_{u^+} \square \quad g\square\phi_g \square \quad h\square\phi_{u^+}$$

2- بين التركيب الالكتروني الحالة الأرضية للجزيئات V2, P2, Cr علي أساس مخطط المدار الجزئي البسيط ؟

3- بين ما هي عدد الخطوط الطيفية التي يمكن ملاحظتها لكل من الليثيوم والزئبق؟ (مستخدما الأشكال) ؟

***

المراجع

☐ R.Chang, Basic Principles of Specroscopy, McGraw – Hill, New York – 1971.

☐ H.D. Harmony; Introduction to Molecular Energies and Spectra, Holt, Rinehart and Winston, New York – 1972.

☐ J.D. Roberts, Nuclear Megnetic Resonance, McGraw – Hill, New York – 1957.

☐ D.A. Brown, Quantum Chemistry, Penguin Harmonde. York – 1972.

☐ J. Barrell, Introduction to Atomic and Molecular Structure, Willey, London – 1978.

☐ R.L. Flurry. Jr. An Introduction to Quantum Chemistry, Printed in United State of America – 1983.

***

الفهرس

***

Printed in the United States
By Bookmasters